第2章

2.2.3

“填充”与“描边”命令

第3章

3.2.3

复制图层样式

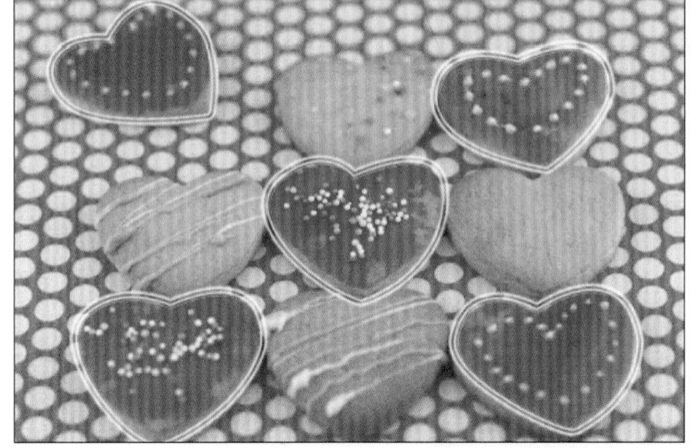

第3章

3.3.1

应用图层混合模式

第5章

5.1.4

混合器画笔工具

第5章

5.2.2

油漆桶工具

第5章

5.4.1

橡皮擦工具

第5章

5.4.3

魔术橡皮擦工具

第6章

6.1.1

钢笔工具

第6章

6.1.5

椭圆工具

第6章

6.1.8

自定形状工具

第6章

6.3.3

描边路径

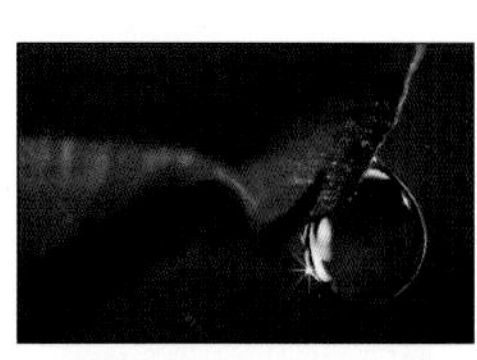

第7章

7.1.5

Lab颜色模式

第7章

7.6.1

使用“反相”命令

第7章

7.6.3

使用“阈值”命令

第8章

8.1.3

横排和直排文字蒙版工具

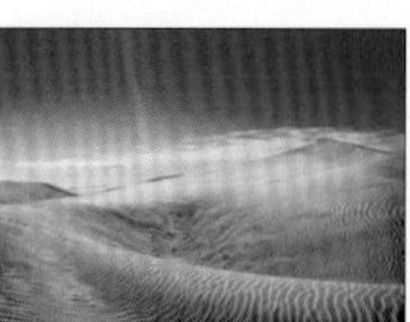

第8章

8.2.2

文字大小的设置

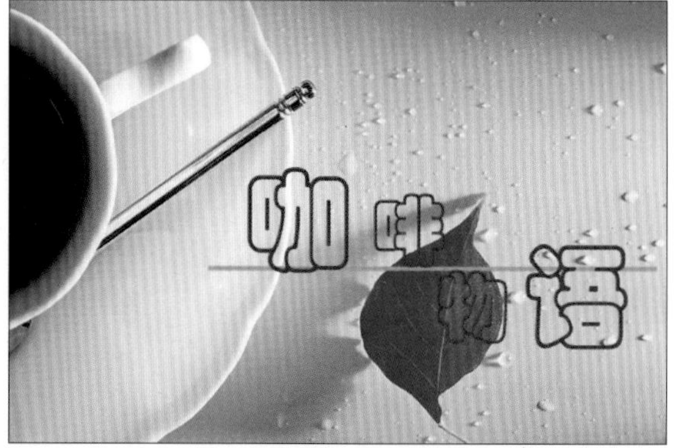

第8章

8.2.4

文字的颜色设置

第8章

8.4.1

设置不同的变形样式

第8章

8.4.3

将文字转换为路径形状

第8章

8.5.2

为文字图层添加样式

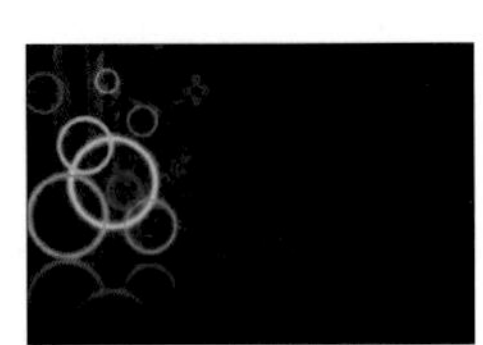

第9章

9.1.1

创建图层蒙版

第9章

9.1.4

创建剪贴蒙版

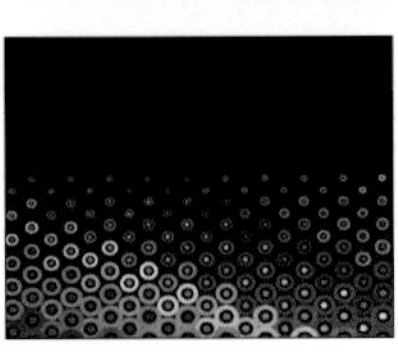

第9章

9.3.6

利用通道更改
图像色调

新手学

Photoshop CS5 图像处理与应用

杰创文化 编著

「超值双色版」 双色印刷+多媒体光盘

科学出版社

内 容 简 介

在日常生活中，我们经常会在街头巷尾、电视网络或是书刊报纸上看到一些制作精美、创意非凡的图像作品，它们大部分都是用Photoshop这款著名的图像处理软件制作而成，其强大的功能和易学易用的特性早就征服了广大用户，因此越来越多的人加入到学习和使用Photoshop的行列。

本书是新手学习使用Photoshop CS5进行图像处理和应用的基础入门读物，书中详细地介绍了初学者应掌握的基本知识、使用方法和操作步骤，并对初学者在学习过程中经常会遇到的问题进行指导，以免初学者在起步的过程中走弯路。本书从实用和易学的角度出发，力求使读者学会用Photoshop进行图像处理，为自己服务。

全书共分12章。第1章介绍Photoshop CS5的基础知识，包括Photoshop CS5的安装与启动过程，Photoshop CS5的工作界面和各种编辑模式，以及Photoshop CS5的应用领域。第2章介绍Photoshop CS5的基本操作，包括文件的基本操作，图像的编辑和调整，以及辅助工具的使用。第3章介绍图层的应用，包括图层的基础知识，图层样式的应用，图层混合模式和不透明度，以及调整图层的应用。第4章介绍选区的创建与编辑，包括选区的创建和基本操作，选区的设置与应用等。第5章介绍图像的绘制和修饰方法，可以了解画笔的应用、图像的填充和修饰等。第6章介绍路径形状的应用和编辑，包括对路径和形状绘制工具的操作。第7章介绍图像的色彩处理方法，包括图像明暗的调整，色彩的调整，对图像色彩的自动调整以及所做的特殊调整等。第8章介绍文字的运用与编辑，读者可对图像添加丰富的文字信息，并能对创建的文字进行修饰性的编辑，让文字效果更加多变。第9章介绍蒙版与通道的运用，包括它们的基础知识，多种分类和具体操作等。第10章介绍滤镜，包括滤镜的不同类型和应用等。第11章介绍动作和文件的批处理。第12章介绍图像的打印和输出。

本书配套1张DVD多媒体教学光盘，内容极其丰富，含有书中所有实例的素材文件和最终效果文件，时长380分钟的153个重点操作的视频教学文件，以及超值附赠的《Photoshop CS3网页梦幻特效设计》一书的多媒体视频教程。

本书适合Photoshop CS5软件的初学者快速提高软件操作及图像处理能力；也适合广大图像处理爱好者、有一定设计经验、需要进一步提高软件水平的从业人员使用；还可作为各类电脑培训学校、大中专院校的教学辅导用书。

图书在版编目（CIP）数据

新手学 Photoshop CS5 图像处理与应用/杰创文化编著.—北京：科学出版社，2010

ISBN 978-7-03-029643-6

I. ①新… II. ①杰… III. ①图形软件，Photoshop CS5 IV. ①TP391.41

中国版本图书馆 CIP 数据核字（2010）第 231928 号

责任编辑：杨 倩 丁小静 / 责任校对：杨慧芳

责任印刷：新世纪书局 / 封面设计：周智博

科学出版社出版

北京东黄城根北街 16 号

邮政编码：100717

http://www.sciencep.com

中国科学出版集团新世纪书局策划

北京市艺辉印刷有限公司印刷

中国科学出版集团新世纪书局发行 各地新华书店经销

*

2011 年 2 月第 一 版 开本：16 开

2011 年 2 月第一次印刷 印张：15

印数：1—5 000 字数：359 000

定价：39.00 元（含 1DVD 价格）

（如有印装质量问题，我社负责调换）

前言 Preface

Photoshop是目前使用最为广泛的专业图像处理软件，具有功能强大、操作界面友好、插件丰富、兼容性好等特点，被普遍应用于广告设计、数码照片制作、印前处理、网站建设、多媒体开发、建筑效果图处理、包装设计、影视动画制作和特效制作等领域。Photoshop极具实用价值，掌握它可以为我们的工作、学习和生活提供不少便利。

本书引导新手学习Photoshop CS5软件的基础知识和操作方法，并通过大量实例来锻炼读者的操作能力，帮助读者快速掌握使用Photoshop CS5软件进行图像编辑的方法、修饰的技巧，并具备一定的创意设计能力。

全书共12章。第1章介绍Photoshop CS5的基础知识，通过学习可以了解Photoshop CS5的安装与启动过程，Photoshop CS5的工作界面和各种编辑模式以及Photoshop CS5的应用领域。第2章介绍Photoshop CS5的基本操作，包括文件的基本操作，图像的编辑和调整，以及辅助工具的使用，为学习后面的内容打下坚实的基础。第3章介绍图层的应用，包括图层的基础知识，图层样式的应用，图层混合模式和不透明度，以及调整图层的应用，读者可以学习到图层的常用编辑操作并能对图层进行有效的管理。第4章介绍选区的创建与编辑，包括选区的创建和基本操作，选区的设置与应用等，通过学习读者可以根据需要创建出不同形状的选区，并能对选区进行反选、移动和变换等。第5章介绍图像的绘制和修饰方法，引导读者了解画笔的应用、图像的填充和修饰等，读者可以运用相关工具对图像进行艺术化的处理。第6章介绍路径形状的应用和编辑，内容包括对路径和形状绘制工具的操作，为创建个性化的图形图像做好准备。第7章介绍图像的色彩处理方法，包括图像明暗的调整，色彩的调整，对图像色彩的自动调整以及所做的特殊调整等，通过学习读者可以将图像设置为自己所需要的色彩。第8章介绍文字的应用与编辑，读者可对图像添加丰富的文字信息，并能对创建的文字进行修饰性的编辑，让文字效果更加多变。第9章介绍蒙版与通道的运用，包括它们的基础知识、多种分类和具体操作等，利用蒙版和通道可在图像中创建出不同的色彩范围和图像选区，并能对图像的特效合成。第10章介绍滤镜，包括滤镜的不同类型和应用等，利用滤镜读者可对图像进行艺术化效果的处理。第11章介绍动作和文件的批处理，通过学习读者在处理大量图像文件时可以大大节省时间。第12章介绍图像的打印和输出，读者可以在对图像进行操作完成后将其设置为自己所需要的格式。

本书是“新手学”系列中的一本，本套丛书采用双色印刷，不仅版式的特色鲜明，还能确保重点突出。图书的编写方式适合新手入门，内容深入浅出、丰富全面、易学实用。书中不仅设置了“提示”环节，有针对性地为新手解释在学习过程中遇到的一些相关术语以及扩展一些实用技巧，还图文并茂地介绍了许多具体实例的操作步骤。同时，在每一章的最后设置了3个“新手提问”，对新手遇到的常见问题进行归纳总结并作出解答，让新手能够赢在起跑线上。

本书配套1张DVD多媒体教学光盘，光盘的内容极其丰富，具有极高的学习价值和使用价值。光盘中不仅收录了书中全部实例的素材文件和最终效果文件，同时还有播放时间长达380分钟的153个重点操作的视频教学文件。此外，还超值附赠了《Photoshop CS3网页梦幻特效设计》一书的多媒体视频教程，读者可结合本书所学知识，学习并掌握运用Photoshop进行网页特效制作的方法。读者花一本书的价钱可以学习两本书的知识，绝对物超所值！具体内容和使用方法请阅读下页的“多媒体光盘使用说明”。

本书由杰创文化组织编写。如果读者在使用本书时遇到问题，可以通过电子邮件与我们取得联系，邮箱地址为：1149360507@qq.com。此外，也可加本书服务专用QQ：1149360507与我们取得联系。由于作者水平有限，疏漏之处在所难免，恳请广大读者批评指正。

编著者

2011年1月

多媒体光盘的内容

本书配套的多媒体教学光盘内容包括“素材”、“源文件”和“视频教程”。其中，“素材”文件为书中所有操作实例在制作时用到的原始文件，“源文件”为操作实例操作完成后的最终效果PSD文件；“视频教程”为书中所有操作实例操作步骤的配音视频演示录像，视频教程设置对应书中各章节的内容，播放时间长达380分钟。读者可以先阅读图书，再浏览光盘，也可以直接通过光盘学习运用Photoshop CS5进行图像处理的方法。

另外，为了拓展读者的知识面，便于读者运用Photoshop进行网页梦幻特效的制作，光盘中还超值附赠了《Photoshop CS3网页梦幻特效设计》一书的多媒体视频教程。丰富的光盘内容，让读者花一本书的价钱学习两本书的知识，绝对物超所值！

光盘使用方法

1. 将本书的配套光盘放入光驱后，将自动运行多媒体程序，并进入光盘的主界面，如图1所示。如果光盘没有自动运行，只需在“我的电脑”中双击光驱的盘符进入配套光盘，然后双击“start.exe”文件即可。

图1 光盘主界面

2. 单击光盘主界面上方的“多媒体视频教学”按钮，可显示“目录浏览区”和“视频播放区”，如图2所示。在“目录浏览区”有以章序号顺序排列的按钮，单击按钮，将在下方显示以小节标题命名的该章所有视频文件的链接。单击链接，对应的视频文件将在“视频播放区”中播放。

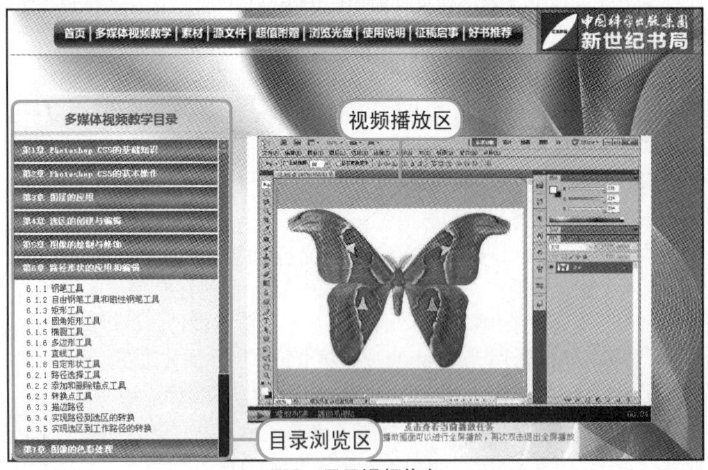

图2 显示视频信息

注意

在视频教学目录中，有个别标题的视频链接名称以红色文字显示，表示单击该链接会通过浏览器对视频进行播放。

3. 单击“视频播放区”中控制条上的按钮可以控制视频的播放，如暂停、快进；双击播放画面可以全屏幕播放视频，如图3所示；再次双击全屏幕播放的视频可以回到如图2所示的播放模式。

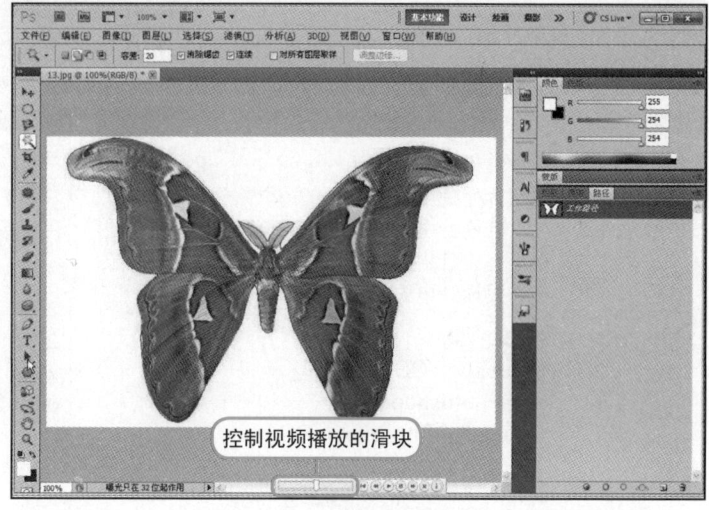

图3　视频全屏播放

4. 通过单击导航菜单（见图4）中不同的项目按钮，可浏览光盘中的其他内容。

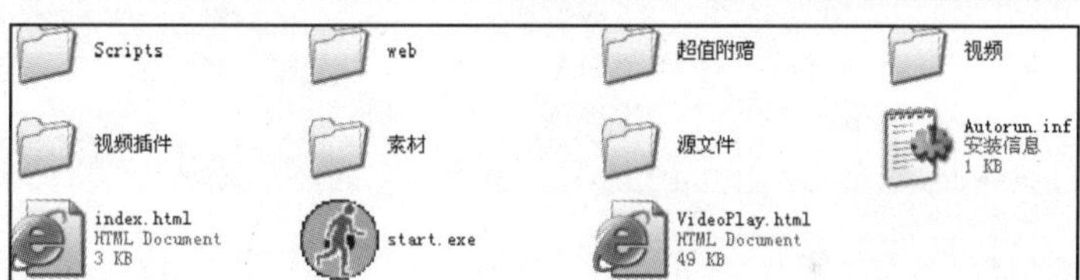

图4　导航菜单

● 单击“浏览光盘”按钮，进入光盘根目录，可以看到素材、源文件、视频教程以及超值附赠的文件，如图5所示。

Scripts　web　超值附赠　视频
视频插件　素材　源文件　Autorun.inf 安装信息 1 KB
index.html HTML Document 3 KB　start.exe　VideoPlay.html HTML Document 49 KB

图5　浏览光盘

● 单击“使用说明”按钮，可以查看使用光盘的设备要求及使用方法。
● 单击“征稿启事”按钮，有合作意向的作者可与我社取得联系。
● 单击“好书推荐”按钮，可以看到本社近期出版的畅销书目录，如图6所示。

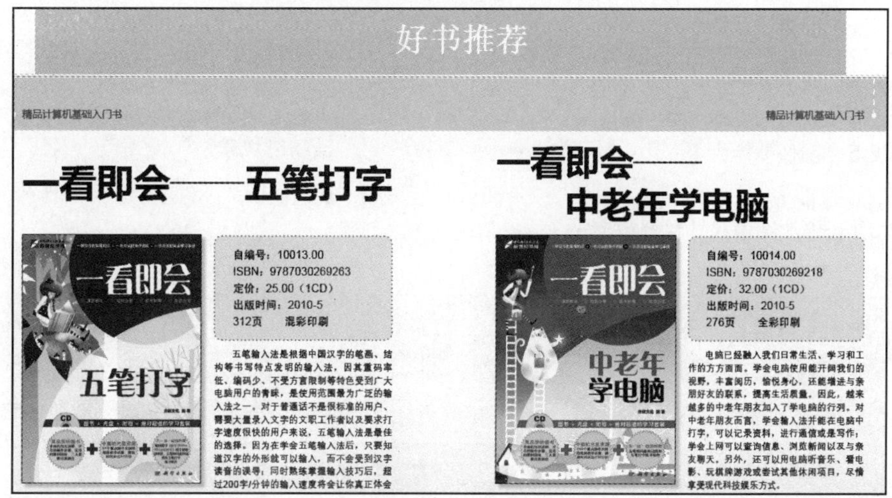

图6　好书推荐

Contents 目录

Contents 目录

视频教程

Contents 目录

第1章

Photoshop软件是Adobe公司推出的一款功能强大的图像处理软件，是设计师们必不可少的亲密伙伴，其应用领域也非常广泛。作为目前的最新版本，Photoshop CS5在操作界面和功能上都更加完善，本章将从其应用领域、安装和界面介绍等基础知识入手，帮助读者认识Photoshop CS5。

Photoshop CS5的基础知识

参见随书光盘

- 第1章 Photoshop CS5的基础知识
  - 1.2.3 启动及退出Photoshop CS5.swf
  - 1.3.3 打开多个文件的排列方式.swf

难 度 ★☆☆☆☆

1.1 了解Photoshop CS5的应用领域

Photoshop CS5强大的图层处理功能可以帮助制作者制作出完美的、不可思议的合成图像，修复数码照片，进行精美的图案绘制、文字处理、专业印刷设计等，因此被广泛应用于广告设计、插画设计、照片处理、包装设计等领域。

第1章

1.1.1 在广告设计中的运用

广告设计是Photoshop CS5最常应用的领域，无论是人们经常阅读的图书、杂志、浏览网页时的产品广告，还是在大街上看到的海报、派送的DM单等，这些都是具有丰富图像的平面广告印刷品，都可通过Photoshop CS5来完成广告创意，表达广告内容。广告设计包括海报、报纸广告、杂志广告、画册、DM单的设计等，其特征是通过文字和图形来表现并传达出广告的信息。利用Photoshop CS5制作出的广告效果如下图所示。

1.1.2 在照片处理中的运用

照片记录下了美丽的风景、年轻的岁月等生活点滴，但由于拍摄的数码照片常会出现构图不佳、光线不好、色彩失真等问题，严重影响到照片效果，利用Photoshop CS5中的数码照片修饰、调整等功能，即可任意轻松地编辑照片或修改照片出现的问题，包括对照片色调进行调整、修复人物照片上的瑕疵、合成特殊的艺术效果等。

1. 修饰照片得到的效果

在照片中利用“调整”命令增强照片的色彩、明暗对比，再结合画笔工具对人物添加妆容，即可修饰出一幅漂亮的艺术照片。

2. 合成照片得到的效果

利用选区创建工具和图层蒙版工具等为图像添加背景、炫耀的光线等图像，即可得到特殊、绚丽的合成图像效果。

1.1.3 在包装设计中的运用

包装是品牌理念、产品特性、消费心理的综合反映，它直接影响到消费者的购买欲。在包装设计中常用Photoshop CS5将商品包装展示面的商标、图形、文字等组合排列在一起，成为一个完整的画面，用以展现产品。

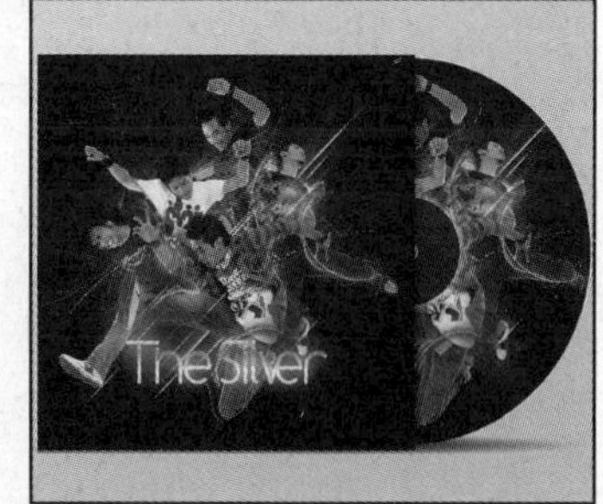

1.1.4 在插画设计中的运用

插画设计借鉴了绘画艺术的表现技法，利用Photoshop CS5的绘图工具以及丰富的色彩，插画设计师们可以在电脑中绘制出美轮美奂的插画作品。插画按其用途可分为书刊插画、广告插画和科学插画等，其创作表现可以具象也可以抽象。利用Photoshop CS5强大的绘图功能，用户可以自由地绘制出想象中的画面。

1.1.5 在网页设计中的运用

作为一种视觉语言，网页在准确传递信息的同时，也会给人以美的视觉享受，因此网页特别讲究排版和布局。通过Photoshop CS5，制作者不仅可以设计网页的排版布局，还可以优化图像、绘制图形，并将其应用于网页上，如下所示。

1.2 Photoshop CS5的安装与启动

在使用Photoshop CS5之前，需要在电脑上安装该软件。其安装方法与普通软件的安装方法相同，也就是将安装光盘放入光驱，通过光盘向导对软件进行安装，安装完成后即可运行Photoshop CS5。

1.2.1 Photoshop CS5 的运行环境

在安装Photoshop CS5之前，需要对所安装软件的计算机运行环境即配置进行检查，确保计算机配置需要达到软件的最低配置要求，因为较好的运行环境可以有效地缩短处理图像所需的时间，让操作过程更为流畅。在Windows环境下，安装Photoshop CS5的配置要求如下所示。

① Intel Pentium 4、Intel Centrino、Intel Xeon或Intel Core Duo处理器。

② Microsoft Windows XP或Windows Vista Home Premium、Business、Ultimate、Enterprise系统。

③ 1GB以上的内存。

④ 64MB视频内存。

⑤ 2GB可用硬盘空间。

⑥ 1024×768分辨率的显示器。

⑦ DVD-ROM光驱。

⑧ 多媒体功能需要QuicdTime 7软件。

⑨ 需要用Internet或电话进行产品的激活。

⑩ 需要宽带Internet的连接，以使用Adobe Stock Photos和其他服务。

1.2.2 安装Photoshop CS5

Photoshop CS5的安装非常方便、简单，只需要将安装光盘中的源程序文件安装到计算机硬盘中即可使用。在安装前必须关闭其他软件，在安装过程中，用户要根据软件安装向导进行安装操作，这需要花费一点时间，具体的安装操作步骤如下。

1 双击图标

打开Photoshop CS5安装光盘，双击Setup.exe安装文件图标，就可以开始安装了。

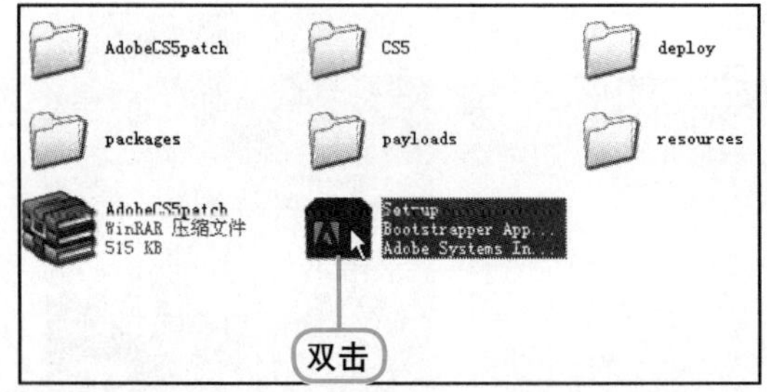

2 初始化安装程序

双击图标后，系统会弹出一个初始化对话框，对系统配置进行检查，这需要一些时间。初始化完成后，单击出现的“确定”按钮。

3 接受安装协议

检查完系统配置文件后，系统会弹出欢迎使用的对话框，出现“Adobe软件许可协议”，认真阅读协议后，单击“接受”按钮，继续安装的下一步。

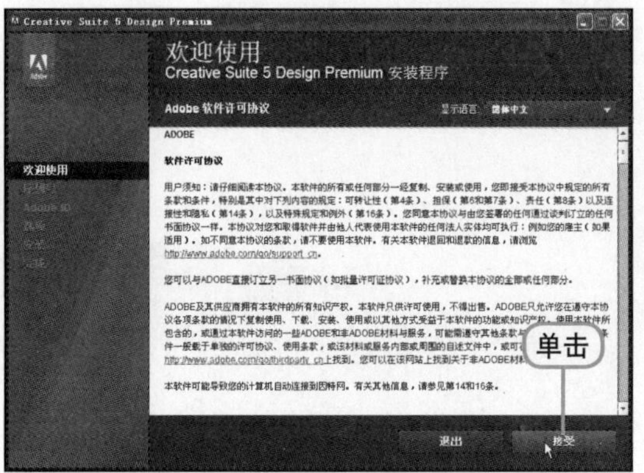

4 选择安装语言

在打开的对话框中，在“提供序列号”下的文本框中输入正确的序列号，用户也可单击“安装此产品的试用版”选项，并在右侧选择语言为“简体中文”，然后单击“下一步”按钮。

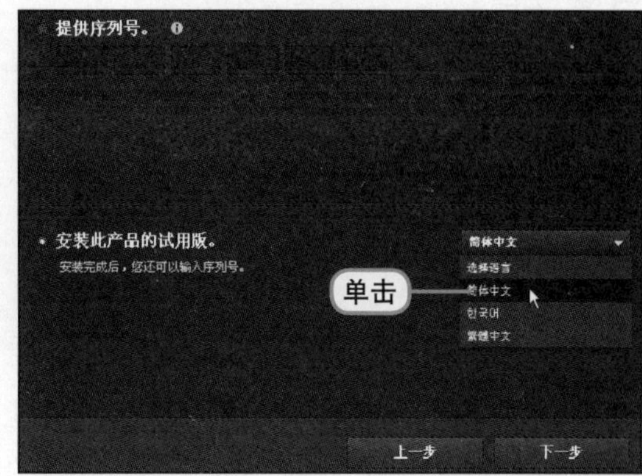

5 安装选项

打开的“安装选项”中提供了Adobe一系列的安装软件选项，勾选需要安装的软件后，单击“安装”按钮，即可开始安装。

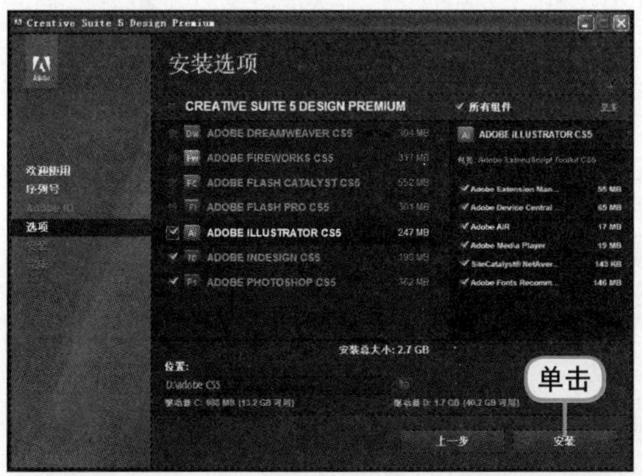

6 完成安装

经过一段时间后，软件安装完成，即会在对话框中提示“安装已完成”，此时单击“完成”按钮，确认完成安装。

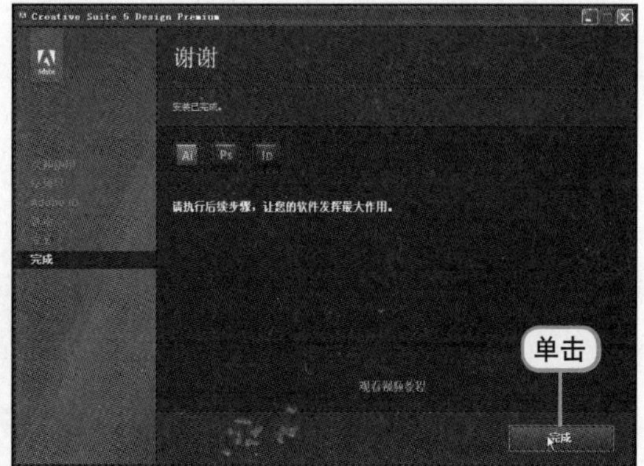

提示：系统检测

在进入许可协议界面之前，安装向导将自动进行系统检查，检查系统当前的运行情况。若用户在安装软件之前打开了Microsoft Office软件，则需要先关闭Office应用程序，再单击“重试”按钮，才可继续进行安装。此时同样不能运行其他版本的Adobe Photoshop软件，可将其他版本先行卸载，也可保留，但必须关闭。

第1章

1.2.3 启动及退出Photoshop CS5

安装Photoshop CS5后，就可以开始启动该软件。方法是在“开始”菜单中找到“Adobe Photoshop CS5”，在其上单击即可开始启动，打开Photoshop CS5的工作界面。需要退出该软件时，直接单击工作界面右上角的红色“关闭”按钮，即可关闭该软件，其具体操作步骤如下。

1 在任务栏中选择程序

执行Windows菜单栏中的“开始>所有程序>Adobe Design Premium CS5>Adobe Photoshop CS5”菜单命令。

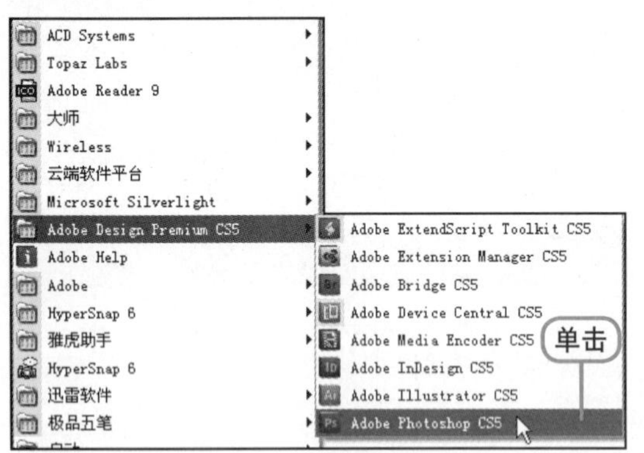

2 运行界面

执行命令后，弹出Photoshop CS5运行界面，系统开始运行Photoshop CS5程序。

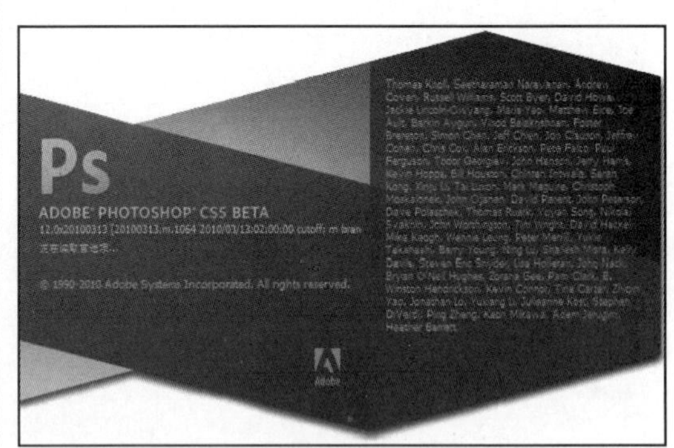

3 打开工作界面

Photoshop CS5运行完成后，就会打开Photoshop CS5的工作界面，默认的工作界面效果如下图所示。如果需要退出，单击工作界面右上角的“关闭”按钮，即可关闭工作界面，退出Photoshop CS5。

提示：退出Photoshop CS5的多种方法

要退出Photoshop CS5，除了单击工作界面上的“关闭”按钮外，还可以使用其他的方法。执行“文件>退出”菜单命令，或者按Ctrl+Q快捷键，即可退出程序。

1.3 Photoshop CS5的全新界面

Photoshop CS5调整了工作界面，使其更加舒适、实用、方便。Photoshop CS5的界面主要由启动程序栏、菜单栏、工具箱、浮动面板和图像窗口等组成，图像的处理通过工作界面来完成。

1.3.1 认识Photoshop CS5的工作界面

在Photoshop CS5中，界面又有了新的调整，色调以银灰色为主，整个工作界面规划得更加合理、简洁，便于图像的编辑，Photoshop CS5工作界面介绍如下。

❶ 应用程序栏：在此栏中，用户可更快捷地启动Bridge软件、查看额外内容、选择缩放级别、排列文档以及选择常用工作区等。

❷ 菜单栏：菜单栏由11个菜单组成，单击每个菜单都可以打开相应的子菜单，对图像、图层的选择和操作更加方便。

❸ 工具选项栏：显示当前选中工具的设置选项，Photoshop CS5为每个工具提供了优化工具的选项，让工具结合选项栏中的选项设置，提供更加符合图像操作的需要。

❹ 工具箱：以浮动面板的形式排列了Photoshop CS5中的所有工具，以图标的形式聚集在一起，单击图标即可选中工具。

❺ 图像窗口：图像窗口中显示打开编辑的图像效果，对图像的所有操作都在图像窗口中进行，并可直接看到编辑的效果，还可对图像窗口的大小进行调整，更方便查看窗口图像。

❻ 面板：面板中聚集了编辑图像时常用的选项和功能。在“窗口”菜单中可以选择Photoshop CS5中所有的面板，通过“窗口”菜单来显示或隐藏面板。

1.3.2 启动Bridge

Photoshop软件中提供了浏览图像的软件Bridge，在应用程序栏中单击“启动Bridge”按钮，就可打开Bridge界面，通过Bridge可有效地管理图像。在Photoshop CS5中还添加了新的Mini Bridge功能，可以帮助用户更快速、方便地查找到需要的图像。

1. 启动Bridge

Bridge是Adobe公司推出的一款管理图像的软件，为Photoshop软件管理图像文件提供了便利。在Bridge中不仅可以查看到计算机中储存的所有文件夹中的图像，还能够查看到图像的原始数据，并将选择的图像在Photoshop中打开。在Photoshop CS5中单击快速启动栏中的“启动Bridge”按钮，就可打开Bridge界面，如下图所示。

2. 启动Mini Bridge

Mini Bridge是Photoshop CS5中新增的功能，是Bridge软件的迷你版，在Photoshop CS5工作界面中可直接使用。在快速启动栏中单击“启动Mini Bridge”按钮，就可打开Mini Bridge面板，在面板中可快速浏览到计算机中各个文件夹下的图像。双击图像就可在图像窗口中打开该图像，也可通过拖曳，将选择图像置入到其他文件中，打开的Mini Bridge面板效果如下图所示。

1.3.3 打开多个文件的排列方式

利用文档的排列功能可以在图像窗口中同时以不同的排列方式显示打开的多个图像。在工作界面的快速启动栏中单击“文档排列”按钮，在打开的下拉菜单中单击排列的各种图标，可选择两联、三联、四联等多种排列方式，其具体操作方法如下。

1 单击“三联”图标

在图像窗口中打开多个文档后，单击应用程序栏中的“文档排列”按钮，在打开的列表中单击其中的一种“三联”图标。

2 查看三联排列图像的效果

单击“三联”图标后，在图像窗口中就可按选中的排列方式同时显示3个图像。

3 单击“四联”图标

在应用程序栏中单击“文档排列”按钮，在打开的列表中单击其中的一种“四联”图标。

4 查看四联排列图像的效果

此时在图像窗口中就可查看到以四联排列图像的效果，如下图所示。

提示：通过标签页切换图像

当同时打开多个文档时，在图像窗口上方位置可看到一排标签页，当需要切换选中的文件时，通过单击该图像上的标签页就可进行切换，也可按Ctrl+Tab快捷键进行切换。

1.3.4 认识Photoshop CS5中的预设工作区

启动程序栏中提供了“基本功能”、“设计”、“绘画”、“摄影”等预设工作区，可根据用户的不同图像处理需求提供不同的工作区。单击双箭头按钮»，在弹出的列表中还可选择“3D”、“动感”等其他预设的工作区。此外，用户还可以进行新建工作区、删除工作区等操作。打开预设工作区的方法如下。

1. 打开“设计”工作区

在启动程序栏中单击“设计”按钮，就可打开Photoshop CS5中提供的“设计”预设工作区。

2. 打开“动感”工作区

单击“显示更多工作区和选项”按钮»，在打开的列表中选择“动感”，就可打开该工作区。

1.3.5 了解菜单栏

Photoshop CS5菜单栏中的11个菜单命令集中了对图像处理的命令，单击某个菜单，就会打开相应的下级菜单，用户可选择需要的菜单命令，应用到图像中。对Photoshop CS5菜单栏的介绍如下。

①	②	③	④	⑤	⑥	⑦	⑧	⑨	⑩	⑪
文件(F)	编辑(E)	图像(I)	图层(L)	选择(S)	滤镜(T)	分析(A)	3D(D)	视图(V)	窗口(W)	帮助(H)

① 文件：主要完成新建、打开、存储、关闭、置入和打印文件等一系列针对文件的基本操作。

② 编辑：主要用于对图像进行编辑，包括还原操作、复制、剪切、填充、变化、自定义图案等。

③ 图像：主要是对图像颜色模式进行选择、调整，调出图像丰富的色彩以及设置文档的大小等。

④ 图层：主要针对图层进行运用和管理，例如空白图层、调整图层、蒙版图层和文字图层等的创建，以及对图层进行删除、复制、合并等。

⑤ 选择：主要针对选区进行操作，它结合选区创建工具，对选区进行反向、修改、变换、载入选区等操作，让图像的选区更加准确和简单。

⑥ 滤镜：可对图像进行风格化、模糊、渲染、纹理、素描等特殊效果的制作和处理。

⑦ 分析：主要用于对一些测量后的数据进行分析，设置其他数据的位置、大小等，包括设置测量比例、选择数据点、置入比例标记等。

⑧ 3D：针对3D图像执行相应的操作，通过这些命令，可以打开3D文件，将2D图像创建为3D图以及3D渲染设置等。

⑨ 视图：用于对整个视图进行调整设置，包括图像的缩小和放大显示、设置标尺、显示或隐藏网格等。

⑩ 窗口：用于设置工作区中图像窗口的排列方式，控制工作界面中的工具箱和各个浮动面板的显示和隐藏。

⑪ 帮助：提供了Photoshop CS5的各项帮助信息。

1.3.6 了解工具箱

工具箱中提供了图像绘制和编辑的各种工具，单击工具箱中的工具按钮，就可直接对工具进行选择。在启动Photoshop CS5时，工作界面最左边的就是工具箱。它以浮动面板的方式展现，可以单列或双列排列工具，用户还可以使用鼠标进行拖曳，调整工具箱的位置。

1. 单列工具箱

默认的Photoshop CS5工作区中，工具箱以单列的显示方式出现在工作区最左侧，如下图所示。

2. 双列工具箱

如果需要将单列显示的工具箱转换为双列显示方式，单击工具箱上面的黑色双箭头◀◀，就可将工具箱中的工具以双列排列工具。

3．移动工具箱的位置

在工具箱上面的黑色标签上单击并按住鼠标拖曳，可以使工具箱悬浮到工作界面中，如右图所示。用这一方法可将工具箱拖曳移动到任意的位置。

工具箱中的工具图标右下角如果显示有三角图标◢，就表示该工具中有隐藏工具，右击图标或按住鼠标不放，就会显示该工具组中的其他隐藏工具，工具箱中的所有工具如下图所示。

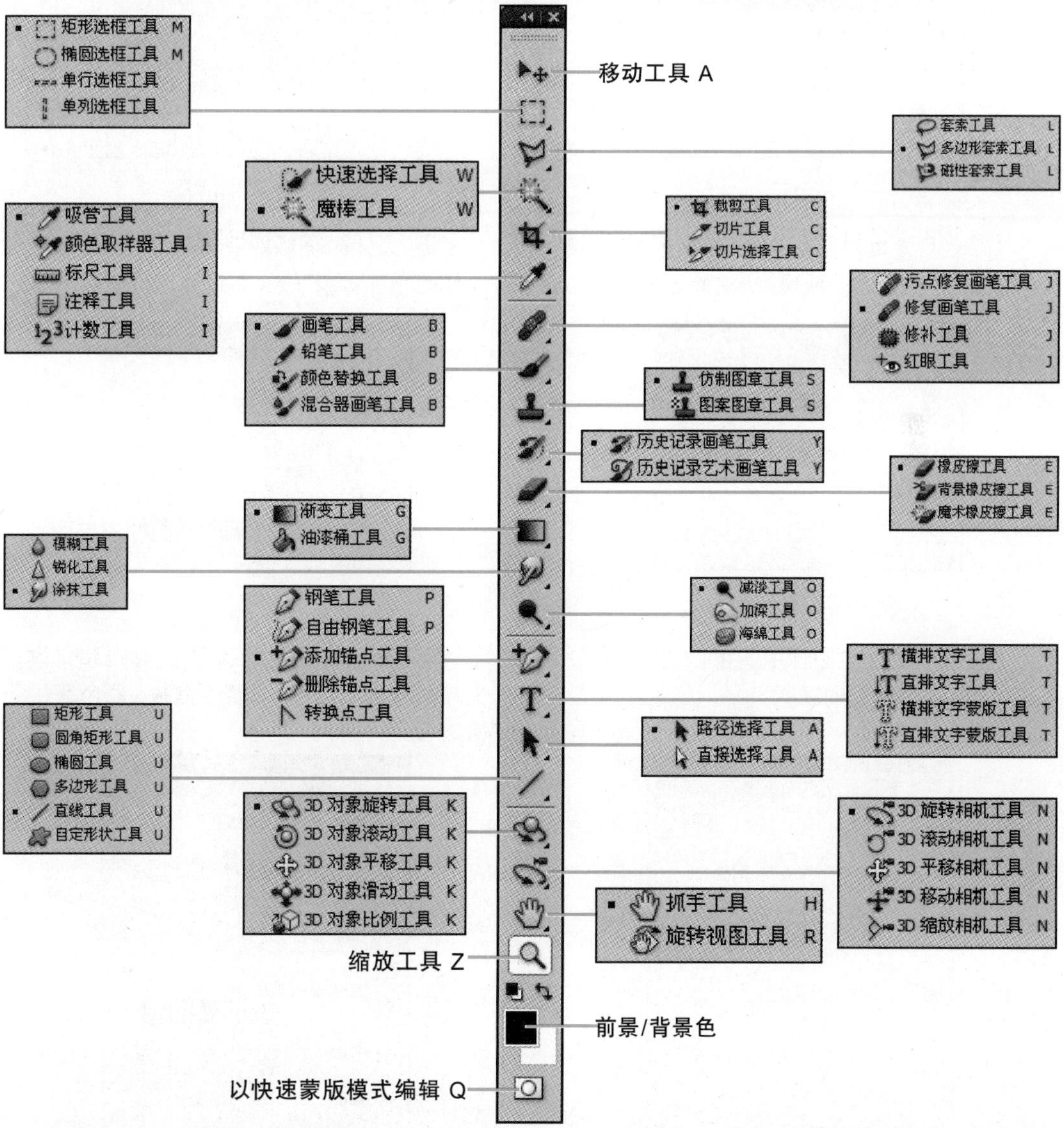

移动工具 A

矩形选框工具 M
椭圆选框工具 M
单行选框工具
单列选框工具

套索工具 L
多边形套索工具 L
磁性套索工具 L

快速选择工具 W
魔棒工具 W

裁剪工具 C
切片工具 C
切片选择工具 C

吸管工具 I
颜色取样器工具 I
标尺工具 I
注释工具 I
计数工具 I

污点修复画笔工具 J
修复画笔工具 J
修补工具 J
红眼工具 J

画笔工具 B
铅笔工具 B
颜色替换工具 B
混合器画笔工具 B

仿制图章工具 S
图案图章工具 S

历史记录画笔工具 Y
历史记录艺术画笔工具 Y

橡皮擦工具 E
背景橡皮擦工具 E
魔术橡皮擦工具 E

渐变工具 G
油漆桶工具 G

模糊工具
锐化工具
涂抹工具

减淡工具 O
加深工具 O
海绵工具 O

钢笔工具 P
自由钢笔工具 P
添加锚点工具
删除锚点工具
转换点工具

横排文字工具 T
直排文字工具 T
横排文字蒙版工具 T
直排文字蒙版工具 T

路径选择工具 A
直接选择工具 A

矩形工具 U
圆角矩形工具 U
椭圆工具 U
多边形工具 U
直线工具 U
自定形状工具 U

3D 对象旋转工具 K
3D 对象滚动工具 K
3D 对象平移工具 K
3D 对象滑动工具 K
3D 对象比例工具 K

3D 旋转相机工具 N
3D 滚动相机工具 N
3D 平移相机工具 N
3D 移动相机工具 N
3D 缩放相机工具 N

抓手工具 H
旋转视图工具 R

缩放工具 Z

前景/背景色

以快速蒙版模式编辑 Q

1.3.7 了解面板

面板汇集了在编辑图像中常用的选项和功能，在利用工具或菜单中的命令对图像编辑后，再配合面板的使用，可以进一步调整各个选项，更好地编辑图像。下面对Photoshop CS5中的14个面板分别作详细介绍。

1. "图层"面板

"图层"面板可对图像中的所有图层进行管理和编辑，面板下方的按钮都有特定的功能，单击就可以进行新建、删除图层等操作。

2. "通道"面板

"通道"面板显示设置的颜色模式下的通道信息，管理图像颜色，对图像色彩的所有编辑都可以在"通道"面板中实现。

3. "路径"面板

"路径"面板对图像中创建的所有路径进行存储管理，并能进行新建、描边路径等操作。

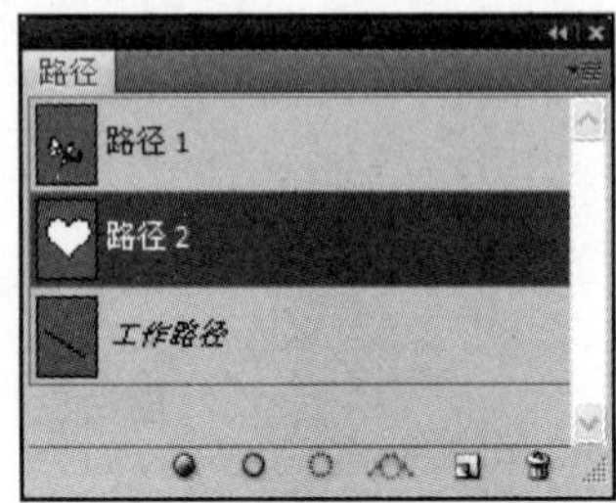

4. "历史记录"面板

"历史记录"面板能够将图像中的操作过程按操作的顺序记录下来，可返回进行还原操作。

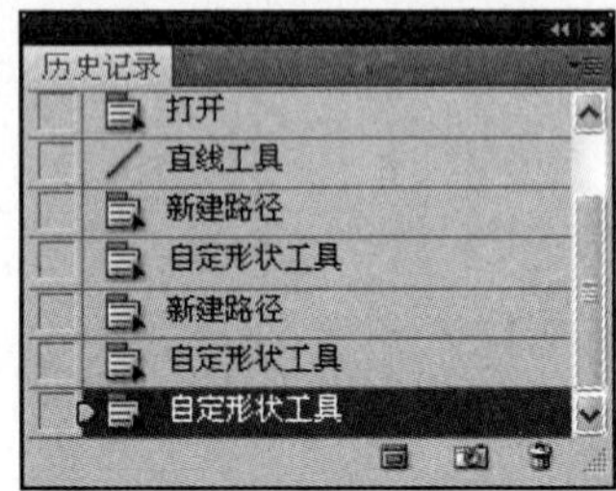

5. "蒙版"面板

"蒙版"面板对图像中的蒙版进行管理和编辑，可直接创建新的蒙版。

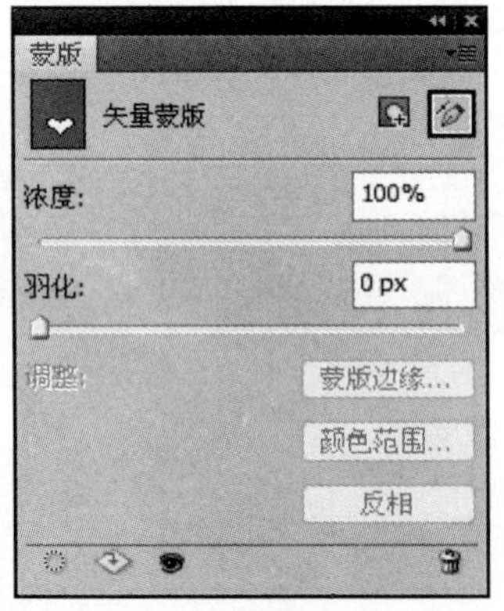

6. "字符"面板

"字符"面板可对文本进行编辑和修改，对文字的字体、大小、间距、缩放、颜色等进行设置。

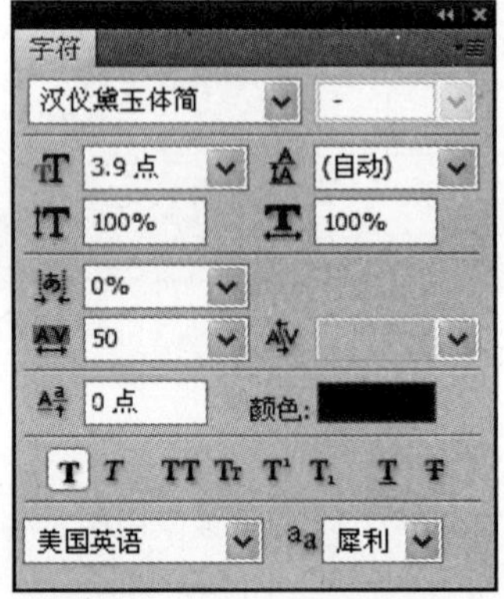

7. “调整”面板

“调整”面板用于对图像中创建的调整图层进行编辑和管理，单击不同的按钮即可创建不同的调整图层。

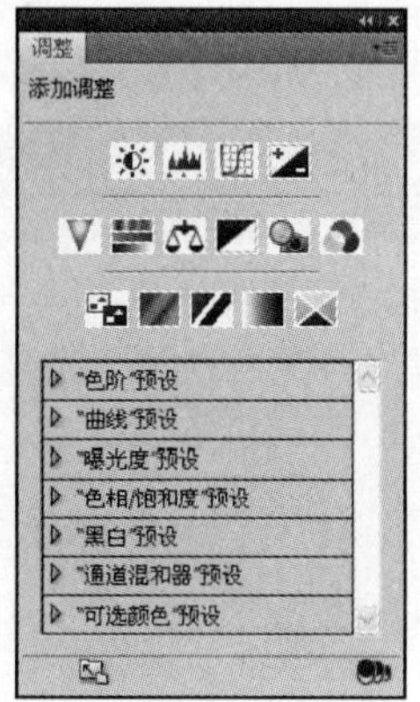

8. “画笔”面板

“画笔”面板用于对画笔工具的笔尖形状进行选择，并能调整画笔直径、角度、间距和动态等。

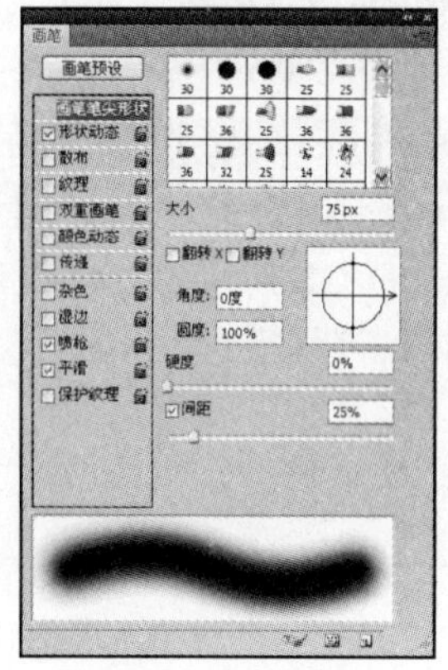

9. “样式”面板

“样式”面板中提供了Photoshop CS5中预设的样式的效果，单击即可将其应用到图层中。

10. “色板”面板

“色板”面板用于颜色的设置和存储，单击的色块颜色即被设定为前景色。

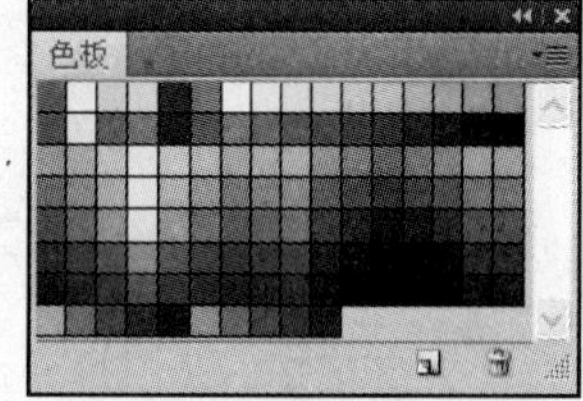

11. “颜色”面板

“颜色”面板用于设置前景色和背景颜色，在文本框内输入数字即可设置颜色。

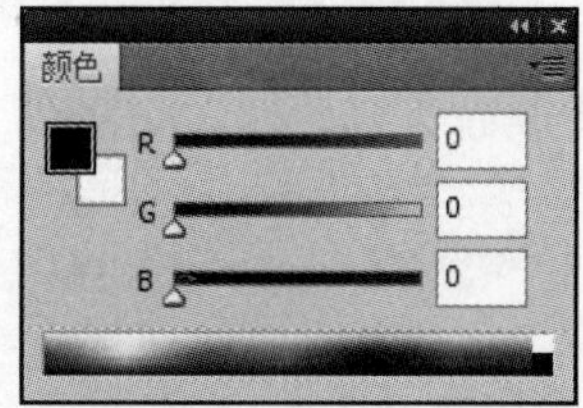

12. “动作”面板

“动作”面板中展示了预设的动作，可对图像同时完成多个操作过程。

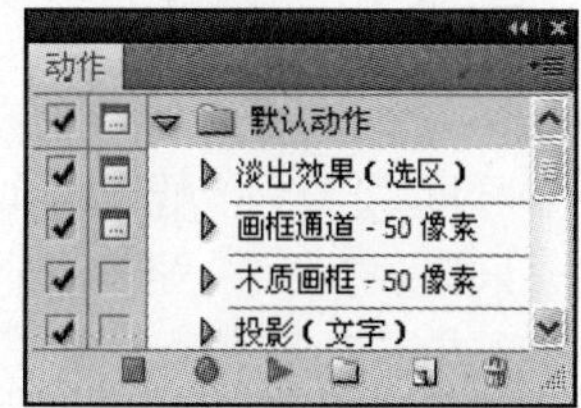

13. “直方图”面板

“直方图”面板以图形的方式表示图像的每个亮度级别的像素数量，展示像素的分布情况。

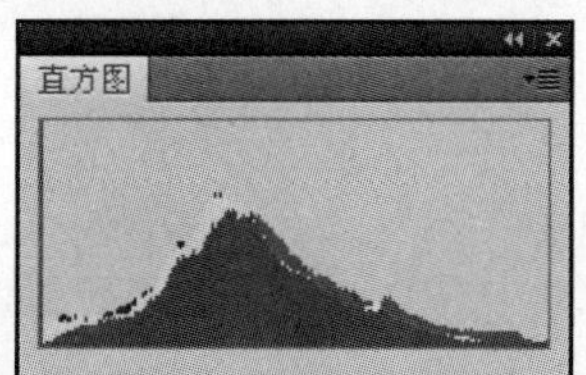

14. “导航器”面板

“导航器”面板可放置在窗口图像的任意区域，也可用于调整图像显示的缩放大小。

难度 ★★☆☆☆

1.4 Photoshop CS5的显示和编辑模式

在Photoshop CS5中，为了更方便地操作和更好地查看图像效果，用户可对图像进行不同屏幕模式的转换、在快速蒙版模式和正常编辑模式之间转换、调整图像窗口的显示模式以及显示图像辅助内容如标尺、参考线等操作。

1.4.1 在不同的屏幕模式之间切换

Photoshop CS5中提供了多种屏幕模式，分别为标准屏幕模式、带有菜单栏的全屏模式和全屏模式。不同的屏幕模式之间的切换可以通过选择启动程序栏中“屏幕模式”按钮下的选项进行切换。

1. 标准屏幕模式

标准屏幕模式为Photoshop CS5中默认的屏幕显示模式，将工作区中的图像和各个面板、菜单栏等全部显示。

2. 带有菜单栏的全屏模式

单击“屏幕模式”按钮，在打开的下拉菜单中单击“带有菜单栏的全屏模式”选项，就可以切换屏幕模式，这一模式可将图像全屏显示出来，并且不影响菜单栏和面板的显示。

3. 全屏模式

单击“屏幕模式”按钮，在打开的下拉菜单中单击“全屏模式”选项，就可切换到全屏模式。全屏模式只显示了图像，图像以外的背景以黑色显示。这一模式主要用来预览图像的整体效果。

提示：用快捷键快速切换屏幕模式

要切换屏幕模式，还可利用键盘上的快捷键快速地完成不同屏幕模式之间的转换。用户按F键即可进行切换，也可利用Tab键切换到没有浮动面板的、带有菜单栏的全屏模式。

1.4.2 快速蒙版模式以及标准编辑模式

在制作图像时，如果遇到选区有大片图像的情况，用户利用快速蒙版模式进行编辑会非常方便。单击工具箱下方的“以快速蒙版模式编辑”按钮，就可以在快速蒙版模式下进行编辑。选择需要的区域，编辑完成后，再次单击工具箱最下方的“以标准模式编辑”按钮，即可回到正常编辑模式，将蒙版以外的区域创建为选区。

1. 快速蒙版编辑模式

在默认的快速蒙版模式下，将不需要选择的区域以红色半透明的形式显示，在快速蒙版模式下，可用画笔工具、渐变工具等对蒙版进行编辑。

2. 标准编辑模式

编辑后切换到标准编辑模式，即可将半透明红色蒙版以外的区域选中，创建出选区效果。

1.4.3 调整图像窗口的显示模式

图像中窗口的显示可进行多种调整。在选择“抓手工具”或“缩放工具”后，工具选项栏中会出现“实际像素”、“适合屏幕”、“填充屏幕”和“打印尺寸”4个按钮，通过这4个按钮，就可调整图像中窗口的显示模式。

1. 实际像素

在工具箱中选择“缩放工具”后，在其选项栏中单击“实际像素”按钮，可将图像以实际像素（100%的比例）在图像窗口中显示。

2. 适合屏幕

单击“适合屏幕”按钮，即可切换图像在窗口中的显示效果，将图像调整到适合图像窗口的大小显示。

3. 填充屏幕

单击“填充屏幕”按钮，可将图像填充整个窗口屏幕。

4. 打印尺寸

单击“打印尺寸”按钮，在图像窗口中图像即按打印的比例显示大小。

1.4.4 显示参考线、网格和标尺

当图像中有隐藏的参考线或是需要显示网格和标尺这些辅助设置时，通过选择Photoshop CS5启动程序栏中的“查看额外内容”按钮下的选项，即可显示参考线、网格和标尺。

在Photoshop CS5工作界面的启动程序栏中单击“查看额外内容”按钮，在打开的列表中勾选“显示参考线”、“显示网格”、“显示标尺”这3个选项，就可在图像窗口中显示出文件的参考线、网格和标尺。

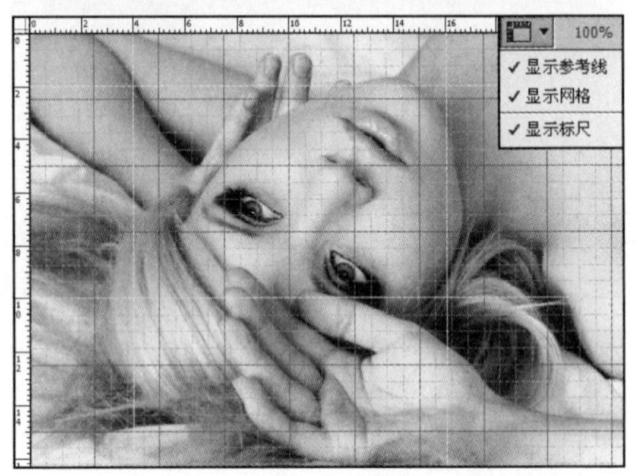

新手提问 123

问题1 如何利用键盘快速地对工具进行选择？

答 工具箱中的每个工具都有对应的快捷键，利用快捷键就可在各个工具之间直接进行切换。在带有隐藏工具的工具组中选择隐藏工具时，按住Shift键后连续按相应的快捷键，就会依次显示隐藏的工具，进行工具的快速选择。例如，按L键后，选中“套索工具”，在工具箱中可看到选中该工具，如左下图所示，再按住Shift键同时按L键，就切换到该工具组中的“多边形套索工具”按钮，工具箱中的图标也相应发生改变，如右下图所示。

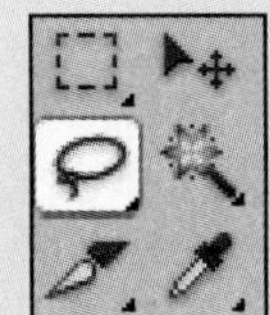

问题2 如何新建/删除新建工作区？

答 在工作区中调整了面板等内容后，如果需要新建工作区，可执行“窗口>工作区>新建工作区”菜单命令，打开 “新建工作区”对话框，如左下图所示，在对话框中可设置新建工作区的名称、键盘快捷键等。删除工作区时可执行“窗口>工作区>删除工作区”菜单命令，打开“删除工作区”对话框，如右下图所示，在对话框中的“工作区”下拉列表框中选择需要删除的工作区，单击“删除”按钮即可。

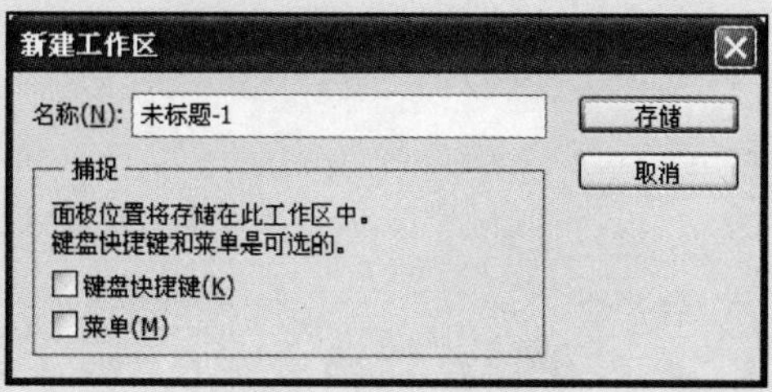

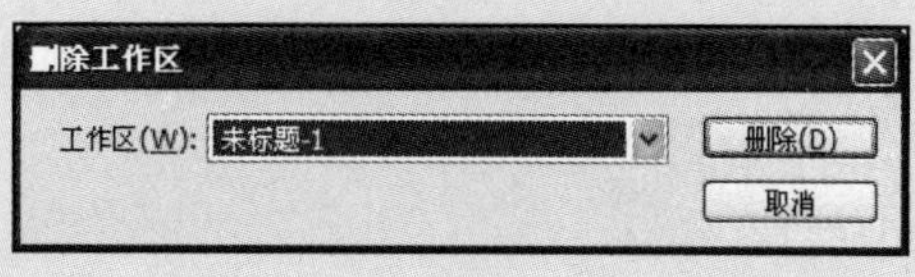

问题3 怎样更改参考线、网格的颜色？

答 Photoshop CS5中默认的参考线颜色为青色，网格颜色为灰色，如果需要更改其显示颜色，可以利用“首选项”来完成。执行“编辑>首选项>参考线、网格和切片”菜单命令，在打开的“首选项”对话框的“参考线”选项组中单击“颜色”选项右边的下三角按钮，在打开的下拉列表中即可选择其他颜色，如下图所示。也可单击右侧的颜色块，打开颜色拾取器来设置颜色。

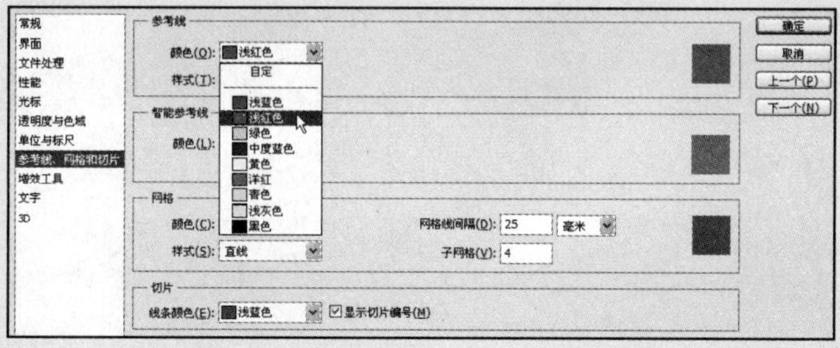

第2章

在应用Photoshop CS5的过程中，一些基本操作是必不可少的。在灵活应用这些基本操作的前提下，用户能够更好地进行后期的一些复杂操作。本章中介绍的基本操作包括常用的对文件的创建、打开、存储，图像的复制、粘贴和变换以及调整图像的大小、缩放等。

Photoshop CS5的基本操作

参见随书光盘

■ 第2章 Photoshop CS5的基本操作

2.1.1 创建新文件.swf
2.1.2 打开文件.swf
2.1.5 文件的置入.swf
2.2.2 “剪切”、“拷贝”以及“粘贴”命令.swf
2.2.3 “填充”与“描边”命令.swf
2.2.5 图像变换命令.swf
2.3.1 修改图像尺寸和分辨率.sw
2.3.2 设置画布大小.swf
2.3.3 对图像进行裁剪.swf
2.4.2 抓手工具.swf

2.1 文件的基本操作

在启动Photoshop CS5后，所有的操作都是在文件上进行的，对文件的基本操作包括创建新文件、打开、存储等。

2.1.1 创建新文件

在Photoshop CS5中执行“文件>新建”菜单命令，就可以通过打开的“新建”对话框进行文件的创建，并利用对话框中的选项设置文件的大小、分辨率、颜色模式等，具体操作步骤如下。

1 执行“文件>新建”菜单命令

启动Photoshop CS5后，执行“文件>新建”命令。

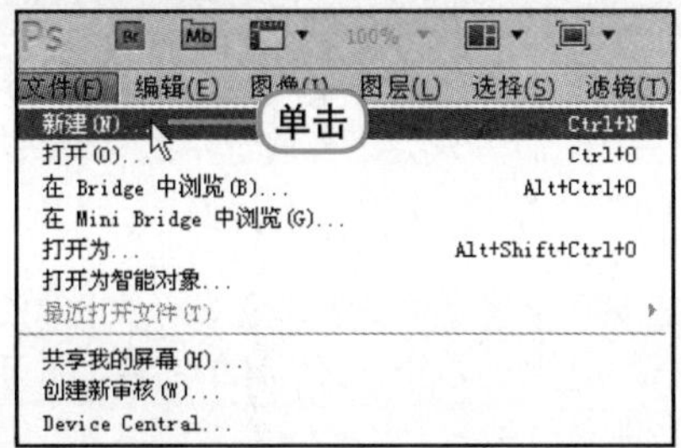

2 设置文档名称

在打开的“新建”对话框中，在“名称”后面的文本框中输入“新建文件1”。

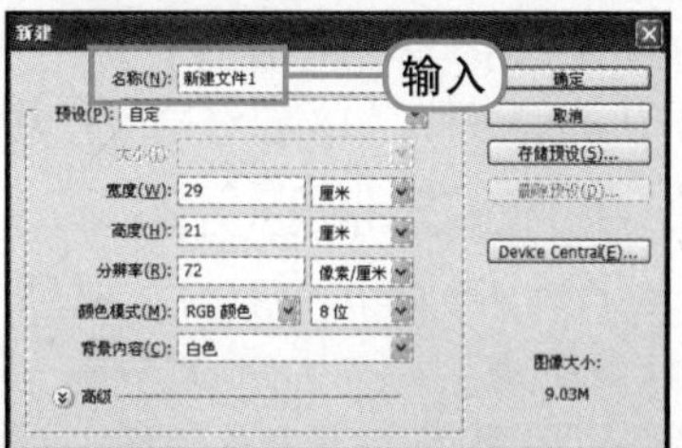

3 设置文档大小

继续在对话框中对“宽度”、“高度”“分辨率”等参数进行设置，单击“确定”按钮。

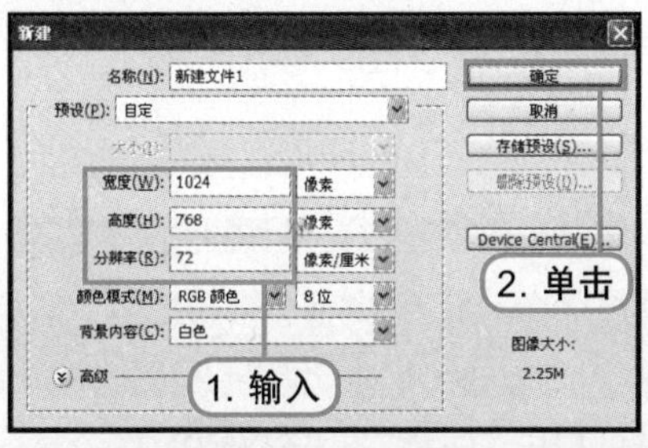

4 新建文件

通过前两个步骤的设置，可看到此时已新建了一个名为“新建文件1”的空白文件。

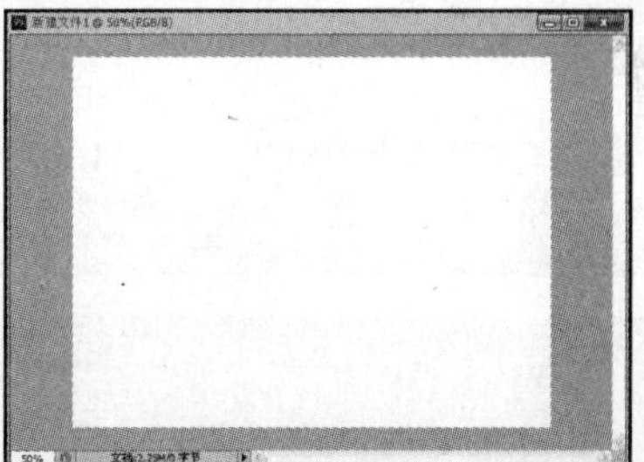

2.1.2 打开文件

使用“文件”菜单中的“打开”命令可以打开指定的图像文件，不仅可以打开Photoshop文件格式，还可以打开其他多种不同格式的文件。文件的打开通常利用“打开”对话框来完成，在对话框中可选择需要打开的文件以及文件的类型，具体操作步骤如下。

1 选择打开文件

启动Photoshop CS5后，执行“文件>打开”菜单命令，在“打开”对话框中选中图像，单击“打开”按钮。

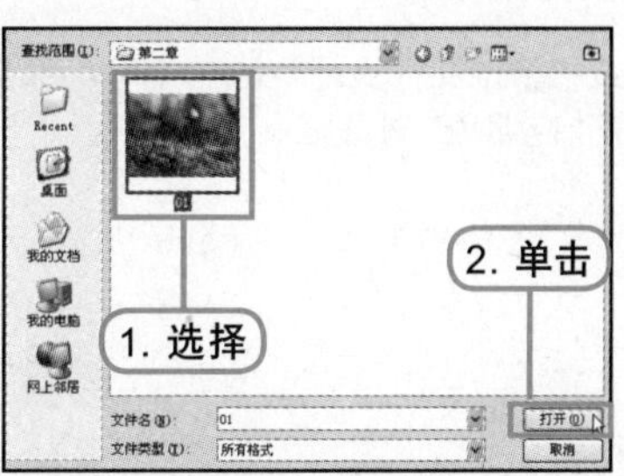

2 打开文件的效果

此时在窗口中即可看到被选择的图像打开后所显示的效果。

提示：可同时打开多个文件

在“打开”对话框中可以同时打开多个图像文件。在按住Ctrl键的同时，在不同文件上单击，即可同时选择多个对象，然后同时打开。

第2章

2.1.3 关闭文件

利用“关闭”命令可以将打开的文件关闭，只需对文件执行“文件>关闭”菜单命令或按Ctrl+W快捷键即可。如果已经同时打开多个文件，使用“关闭”命令只会将当前选中的文件关闭。

1. 关闭编辑后的文件

在对打开的文件进行编辑后，执行“关闭”命令，此时会弹出一个询问对话框，询问是否保存已修改的文件，如果单击“是”按钮，就将保存修改，单击“否”按钮，则不进行保存。

2. 关闭全部文件

如果在文档中同时打开了多个文件，关闭时可执行“文件>关闭全部”菜单命令，即可将所有的文件同时关闭。

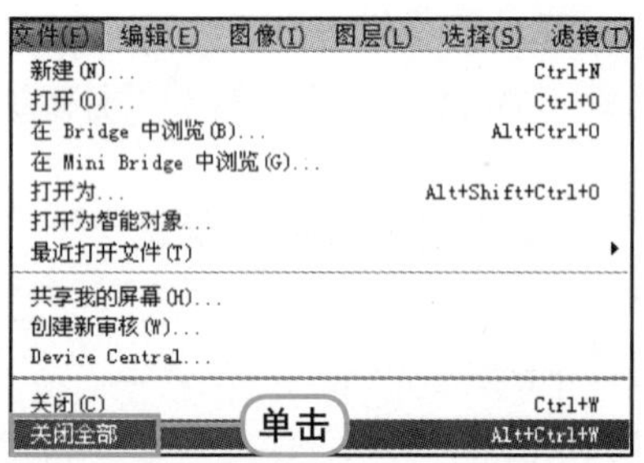

2.1.4 文件的“存储”与“存储为”

编辑文件后，通常需要将编辑的效果进行保存，这时可利用“存储”和“存储为”两个命令将文件进行保存。用户可以通过打开的“存储为”对话框选择文件保存的位置、文件格式等。

利用“存储”命令可将打开的文件沿用原有的文件格式和名称进行保存。利用“存储为”命令可将文件另外进行存储，进行文件名称、格式以及存储位置的更改，具体操作步骤如下。

1 执行菜单命令

对新建或打开的文件执行“文件>存储”菜单命令，即可打开“存储为”对话框。

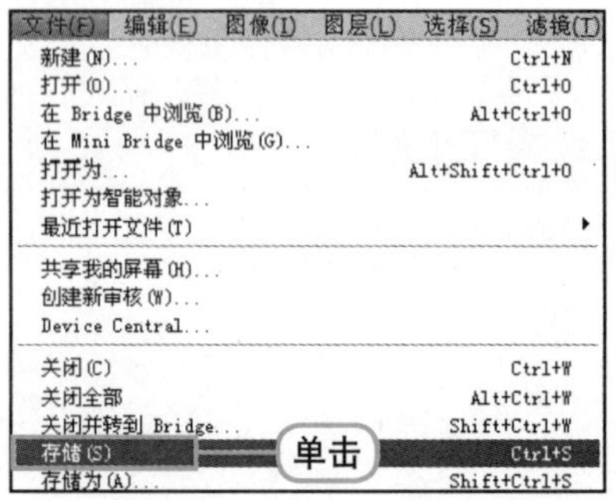

2 设置存储对话框

在"存储为"对话框的"保存在"选项中可以选择文件的存储位置，在下方还可以更改文件名和储存格式。

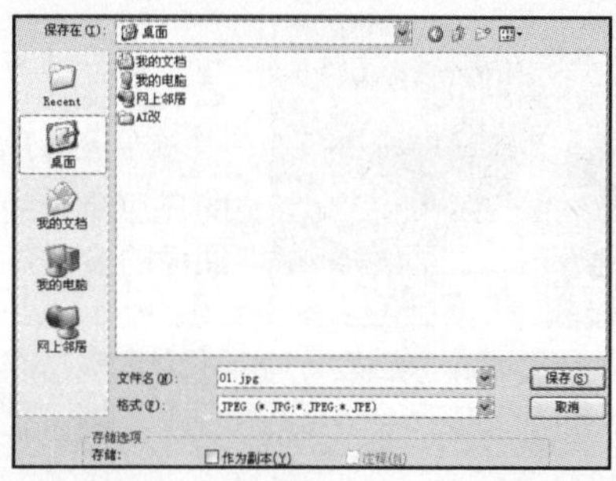

提示：将文件存储为副本

在利用"存储为"对话框对文件进行存储时，对话框中下方有"存储"选项，勾选"作为副本"复选框后，即可将文件存储为副本，并自动在文件名后添加"副本"字样。

2.1.5 文件的置入

在新建或打开的文件中，还可置入其他文件。执行"文件>置入"菜单命令，在打开的"置入"对话框中可选择需要置入的文件。被置入的文件可以是多种不同的格式，下面介绍将矢量图形置入到新建文件的具体操作步骤。

1 新建空白文件

执行"文件>新建"菜单命令，在打开的"新建"对话框中设置新建文件的名称、大小，确认设置后，新建一个宽度为800像素、高度为600像素的空白文件。

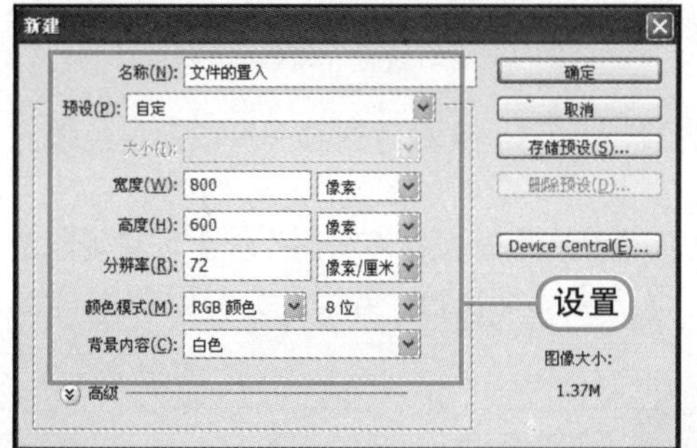

2 选择置入文件

在文件中执行"文件>置入"菜单命令，在打开的"置入"对话框中选中随书光盘\素材\第2章\02.ai素材文件，单击"置入"按钮，将选中的对象置入到新建文件中。

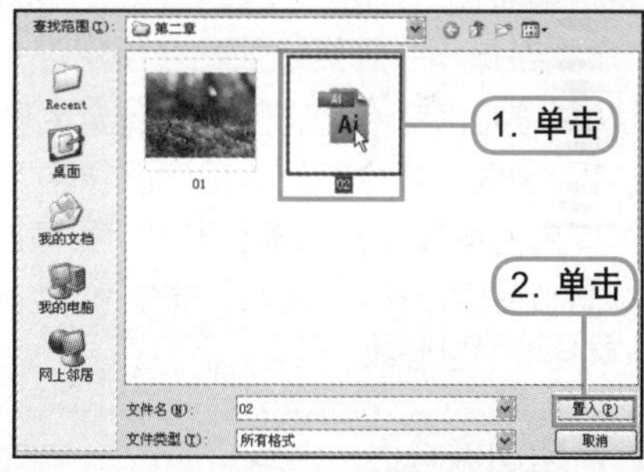

3 设置置入图形效果

此时被置入的图形在图像窗口中显示出来，并出现一个自由变换框，可用于对图形进行缩放、旋转等自由变换。

4 确认置入

对图形变换后，按下Enter键确认变换，完成图形的置入操作。在"图层"面板中可看到，置入对象新建为一个图层。

难度 ★★★☆☆

2.2 “编辑”菜单栏

“编辑”菜单中提供了图像编辑过程中的基本操作命令，包括图像的还原命令的使用，图像的复制、粘贴，内容识别比例命令的使用以及图像的多种变换，这些都是图像处理中常用到的基本操作。

2.2.1 图像还原命令

“编辑”菜单下有多个还原命令，可用于取消对图像的一些操作步骤，还原图像效果。在“编辑”菜单中可以通过“还原栅格化图层”、“前进一步”、“后退一步”几个命令来完成图像的还原操作。

❶“还原栅格化图层”命令：用于退回前一步操作状态，在还原后还会显示此前应用的操作命令，按 Ctrl+Z 快捷键可执行该命令。

❷“前进一步”命令：用于退回到前一步的图像效果，取消前一步操作，按 Shift+Ctrl+Z 组合键可执行该命令。

❸“后退一步”命令：与“还原栅格化图层”作用相同，用于恢复执行“前进一步”命令前的图像。

编辑(E) 图像(I) 图层(L) 选择(S)	
❶ 还原栅格化图层(O)	Ctrl+Z
❷ 前进一步(W)	Shift+Ctrl+Z
❸ 后退一步(K)	Alt+Ctrl+Z
渐隐(D)...	Shift+Ctrl+F
剪切(T)	Ctrl+X
拷贝(C)	Ctrl+C

2.2.2 “剪切”、“拷贝”以及“粘贴”命令

用户可通过“剪切”、“拷贝”和“粘贴”命令对图像中所选择的对象进行裁剪、复制和粘贴，这3个命令在操作中需要相互配合使用。

执行“剪切”命令可将图像在特定的区域内的图像裁剪下来，被裁剪的部分将以前景色填充。此时执行“粘贴”命令可将裁剪的图像粘贴显示出来，并生成一个新的图层。执行“拷贝”命令可将选择区域内的图像复制到剪贴板中，图像画面没有任何变化，此时执行“粘贴”命令可将复制的图像粘贴到当前图层中。“粘贴”命令不可以单独应用，而是需要在执行“剪切”或“拷贝”命令之后应用，具体操作步骤如下。

1 创建图像选区

在Photoshop CS5打开随书光盘\素材\第2章\03.jpg素材文件，在工具箱中选择“快速选择工具”按钮，然后使用该工具在图像中海豚所在的位置单击，为海豚建立选区，选中该区域图像。

2 剪切图像

对选区内的图像执行“编辑>剪切”菜单命令，或按Ctrl+X快捷键，对选区内的图像进行裁剪，暂时放入剪贴板中，并以白色填充选区，显示出白色的海豚轮廓效果。

3 粘贴图像

复制图层，在新图层中执行“编辑>粘贴”菜单命令，或按Ctrl+V快捷键，粘贴被剪切的图像。

4 移动图像

在工具箱中选择“移动工具”按钮在粘贴的海豚移动图像图像上单击并按住鼠标进行拖曳，可对新图层中的图像进行任意移动。

提示：创建剪切和复制区域

在使用“剪切”和“复制”命令时，都需要在图像中创建出需要剪切或复制的区域，并且创建选区。在未创建选区前，在“编辑”菜单中，“剪切”和“复制”选项都显示为灰色，为不可用状态，当选择某一区域后才可使用。

2.2.3 “填充”与“描边”命令

使用“填充”命令可在指定的区域内填充设置的颜色或者图案，而使用“描边”命令可在指定的区域边缘上设置不同颜色、不同宽度的边框效果。“填充”命令通过“填充”对话框中的“内容”选项来设置填充的颜色或者选择图案，并利用“混合”选项设置“模式”和“不透明度”，将填充效果与原图像混合，制作出意想不到的图像效果。使用“描边”命令，可以通过“描边”对话框来设置边缘的宽度和颜色，可以选择描边的位置，同时设置“混合”选项，增强描边的效果。

1 打开文件，新建图层

打开随书光盘\素材\第2章\04.jpg素材文件，并按Ctrl+J快捷键复制背景图层，得到“图层1”图层。

2 选择“颜色”选项

执行“编辑>填充”菜单命令，在打开的“填充”对话框中单击“使用”选项右侧的下三角按钮，在打开选项中选择“颜色”选项。

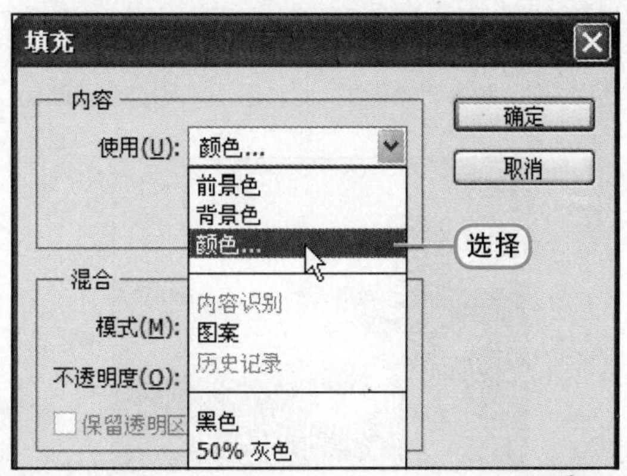

3 设置对话框选项

在打开的“拾色器”中设置颜色为橙色R225 G141、B126，回到“填充”对话框中，设置“模式”选项为“色相”。

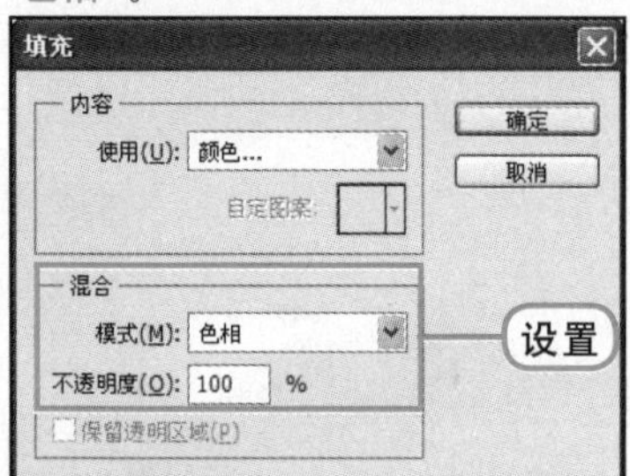

4 填色后的效果

确认设置后，在图像窗口中可看到通过填充，人物色调更改为橙色调，更显人物妩媚。

5 设置“描边”选项

对图像执行“编辑>描边”菜单命令，在打开的“描边”对话框中设置“宽度”为40px，“颜色”为白色，“位置”选择“内部”单选按钮，“不透明度”设置为50%。

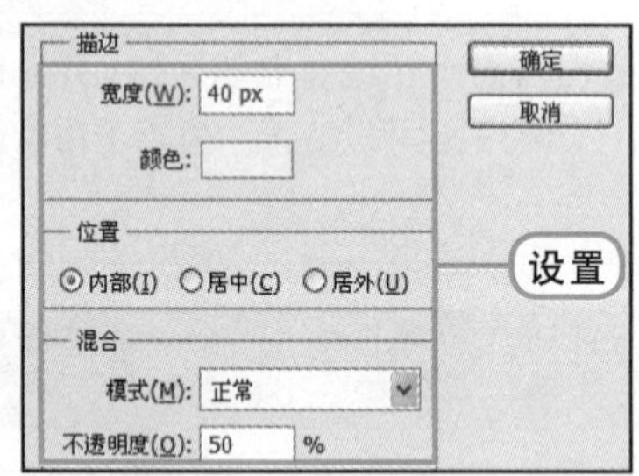

6 图像描边效果

确认“描边”设置后，可看到图像上显示出描边效果，即在边缘显示出了白色的、半透明效果的边框。

2.2.4 “内容识别比例”命令

利用“内容识别比例”命令可以在对图像进行缩放时调整图像中重要的可视内容。常规的缩放会对图像的所有像素统一产生影响，而内容识别缩放主要影响非重要可视内容区域中的像素，还可利用通道来保护一部分不需要缩放的区域。对选择的图层或选区内的图像执行“编辑>内容识别比例”命令后，就会出现一个用于自由变换的编辑框，通过在编辑框边上进行拖曳，可以缩放图像，编辑后按Enter键进行确认。

1 解锁背景图层

打开随书光盘\素材\第2章\05.jpg素材文件，在按住Alt键的同时，在“图层”面板中双击“背景”图层的名称，即可解锁背景图层，此时图层名称自动更改为“图层0”。

2 绘制矩形选区

在工具箱中单击选择“矩形选框工具”按钮，使用该工具在图像中的帆船上方单击，并按住鼠标左键拖曳，即可绘制出矩形选区，效果如下图所示。

3 将选区存储为通道

在面板中打开“通道”面板，单击面板下方的“将选区存储为通道”按钮 ，可以将选区存储为一个新的“Alpha1”通道，可看到通道中选区以内以白色显示。回到图像中，按Ctrl+D快捷键，取消选区。

4 进行内容识别比例缩放

执行“编辑>内容识别比例”菜单命令，在图像中出现一个自由缩放的编辑框，在选项栏中设置“保护”选项为Alpha1。然后在编辑框上下两边单击并拖曳，将图像向中间缩小。此时可看到，被保护的区域图像没有变化，整个图像缩小后景物未发生变形，最后确认缩放。

提示：选择内容识别比例缩放的对象

使用“内容识别比例”命令前，需要选中编辑的图层或创建选区，此命令才显示为可用状态。

2.2.5 图像变换命令

“变换”命令是使用Photoshop软件处理图像时最为常用的功能之一，可以对选择的图像进行缩放、旋转、透视、扭曲、变形、翻转变换等。对图像执行任意一个“变换”命令时都会出现一个变换编辑框，使用鼠标拖曳可以达到变形的目的，完成变换后，可按下Enter键确认变换。

1 创建区域

打开随书光盘\素材\第2章\06.jpg素材文件，选择“矩形选框工具”后，在图像中单击并拖曳绘制一个矩形选区，将人物选中。

2 旋转图像

依次按下Ctrl+C快捷键、Ctrl+V快捷键，复制并粘贴选区内的图像，然后执行“编辑>变换>旋转”菜单命令，使用鼠标拖曳变换编辑框，旋转图像。

3 水平翻转图像

确认旋转后，再次按下Ctrl+V快捷键，粘贴图像，然后按下Ctrl+T快捷键，出现变换编辑框，单击鼠标右键，在打开的下拉菜单中单击“水平翻转”选项，如右图所示。

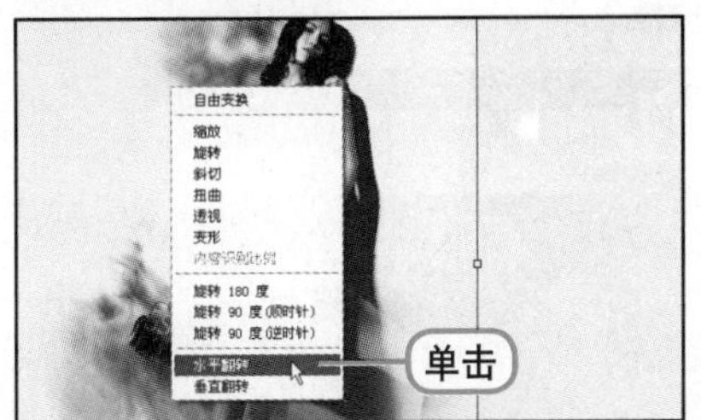

4 移动并旋转图像

将图像翻转后，再次应用“旋转”变换，使用鼠标在边框上单击进行并拖曳，将图像旋转到适当角度。

5 确认变换效果

使用鼠标在变换编辑框中单击并拖曳，即可调整图像的位置，将其移动到任意需要的区域。也可按下键盘上的方向键，对图像进行左、右、上、下的移动。调整完成后，按下Enter键，确认变换，可看到图像被复制并变换为左右对称的两个人物效果。

2.3 图像的调整

难 度 ★★★☆☆

在图像处理过程中，用户常会对图像的宽度、高度以及分辨率等有一些要求，这就可以通过“图像”菜单下的命令来修改图像尺寸和分辨率、更改画布大小、裁剪图像以及旋转图像等，达到用户需要的图像效果。

2.3.1 修改图像尺寸和分辨率

图像的尺寸和分辨率可以通过“图像大小”命令来修改。执行“图像>图像大小”菜单命令，在打开的“图像大小”对话框中利用“宽度”和“高度”两个选项中的数值来更改图像的尺寸大小，更改“分辨率”数值用同样的方法即可。

1 执行“图像大小”菜单命令

打开随书光盘\素材\第2章\07.jpg素材文件，执行“图像>图像大小”菜单命令，即可打开“图像大小”对话框。

2 更改宽度

在图像大小对话框中，更改图像大小中的“宽度”为1500像素，可看到“高度”也以相同比例缩小，“文档大小”有所改变，并在“图像大小”中显示当前图像和原图像的大小数值。

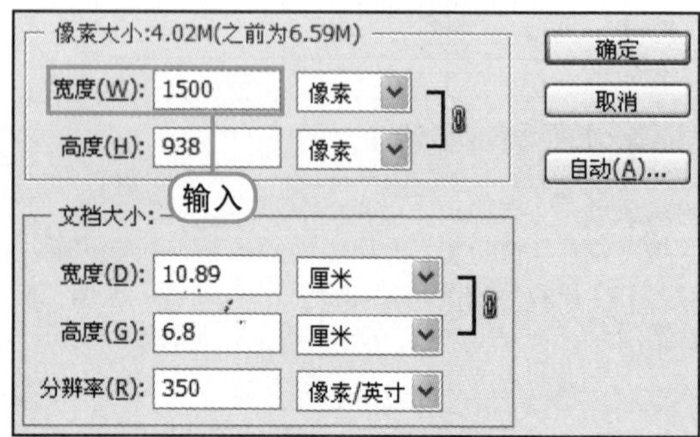

3 更改分辨率

继续在"图像大小"中更改"分辨率"参数为150像素/英寸，可看到像素大小也随着进行同比例缩小，并且"像素大小"值被调整为757.3KB，图像明显缩小。

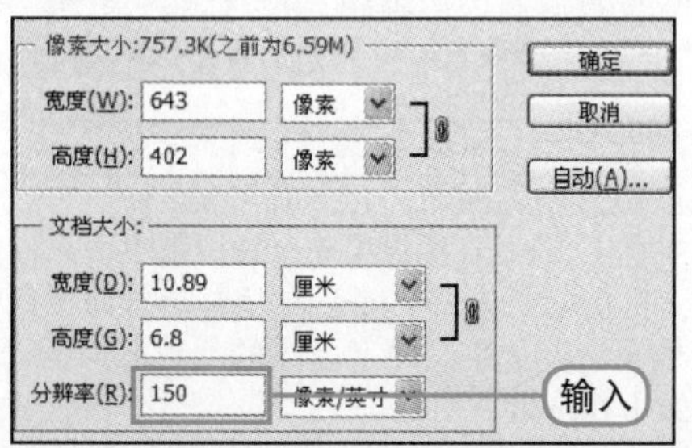

4 调整后的效果

确认"图像大小"的设置后，回到图像窗口，可看到图像被缩小，图像在窗口中以100%显示比例的效果如下图所示。

2.3.2 设置画布大小

画布大小是指调整制作图像的区域，让用户修改当前图像的工作空间。当缩小画布尺寸时，会裁剪掉部分图像；当放大画布尺寸时，即可将图像区域放大，被扩展的区域以背景颜色显示。对图像执行"图像>图像大小"菜单命令后，利用打开的"图像大小"对话框来设置画布大小、定位以及画布的扩展颜色，具体操作步骤如下。

1 切换前景和背景颜色

打开随书光盘\素材\第2章\08.jpg素材文件，然后在工具箱中单击"切换前景色和背景色"按钮，将背景色切换为黑色。

2 设置"画布大小"选项

执行"图像>画布大小"菜单命令，在打开的"画布大小"对话框中勾选"相对"复选框，并设置"宽度"和"高度"都为0.5厘米。

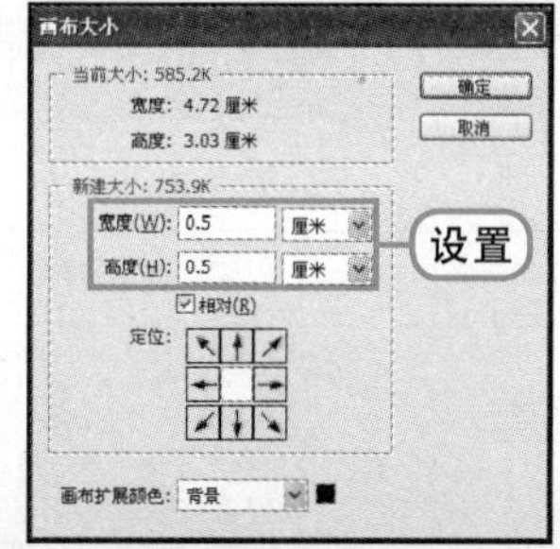

3 扩展画布效果

确认"画布大小"设置后，回到图像窗口中，可看到图像画布的宽度和高度都被放大了0.5厘米，被扩展的画布区域以背景色黑色显示，制作出黑色边框的图像效果，如右图所示。

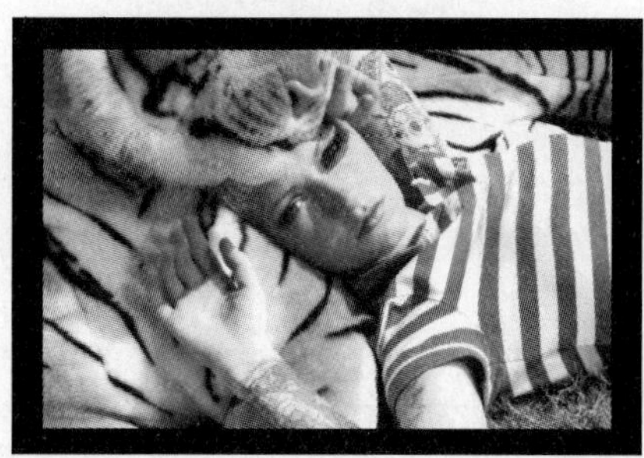

提示：选择画布扩展颜色

在"图像大小"对话框中，"画布扩展颜色"默认选项为"背景"，在下拉列表中还可选择"前景"、"白色"、"黑色"、"灰色"或"其他"。选择"其他"选项时会打开一个拾色器，用户可以选择任意颜色作为扩展的画布颜色。

第2章

2.3.3 对图像进行裁剪

将图像中不需要的部分删除，可利用“裁剪”命令或“裁剪工具”来完成。用户可以在工具箱中单击“裁剪工具”图标，选择该工具，在图像中单击并拖曳，创建出矩形的裁剪区域，并将矩形区域外以半透明的黑色显示表示为将要删除的区域，矩形以内的就为保留区域。最后按Enter键，确认裁剪，具体操作步骤如下。

1 创建区域选择“裁剪工具”

执行“文件>打开”菜单命令，打开随书光盘\素材\第2章\09.jpg素材文件，并在工具箱中单击选择“裁剪工具”。

2 绘制矩形区域

使用“裁剪工具”在图像中左上方位置单击并按住鼠标向下拖曳，绘制出一个矩形区域，释放鼠标后可看到图像上出现了带有井字虚线的裁剪编辑框，编辑框的大小和位置可调整。

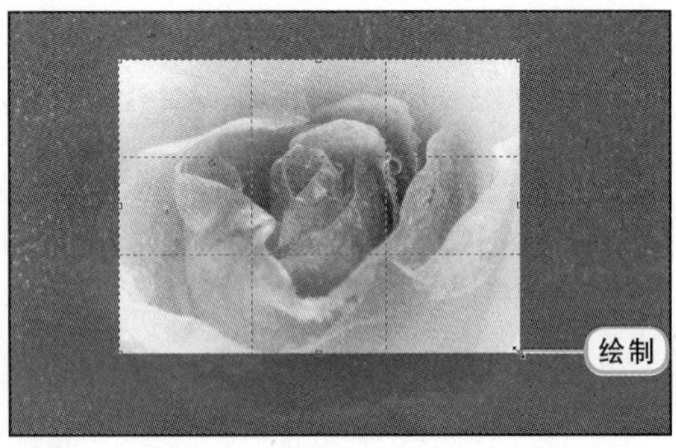

3 透视调整

在选项栏中勾选“透视”选项，然后使用鼠标在编辑框四个边角的控制点上单击并拖曳，对裁剪区域进行透视调整。

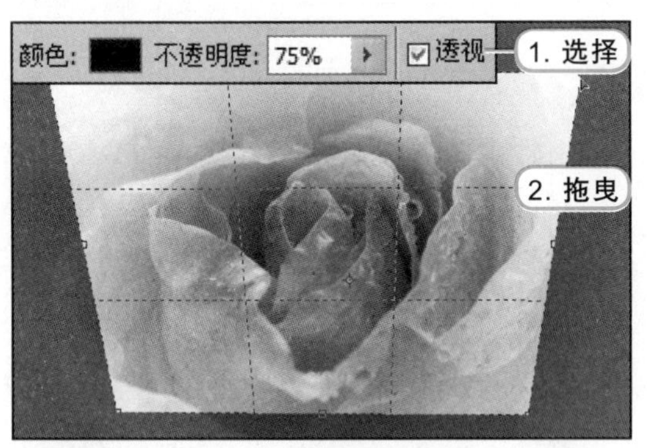

4 移动并旋转图像

调整完成后，按下Enter键确认裁剪。此时可在图像窗口中看到，裁剪框以外的图像被删除，图像透视角度也发生了改变。

提示：设置裁剪区域大小

在使用裁剪工具对图像进行裁剪之前，可通过“裁剪工具”的选项栏来设置裁剪区域的大小，选项栏中可设置“宽度”、“高度”和“分辨率”。利用“当前大小”按钮可自动显示当前图像的大小，使图像裁剪后保持原图像大小，“清除”按钮可清除前面选项设置的参数，恢复未设置状态。当设置了“宽度”和“高度”值后将保留此设置，再次运行Photoshop软件时依然保留，直至清除。

2.3.4 对图像进行旋转

使用"图像旋转"命令可以对图像进行不同角度的旋转或翻转。执行"图像>图像旋转"菜单命令后，在打开的子菜单中可选择"180度"、"90度"、"任意角度"、"水平翻转画布"、"垂直翻转画布"几个选项，快速地将图像旋转到需要的角度，具体操作步骤如下。

1 打开素材文件

执行"文件>打开"菜单命令，打开随书光盘\素材\第2章\10.jpg素材文件。

2 旋转图像

执行"图像>图像旋转>水平翻转画布"菜单命令，可以看到图像以水平反向进行了翻转。

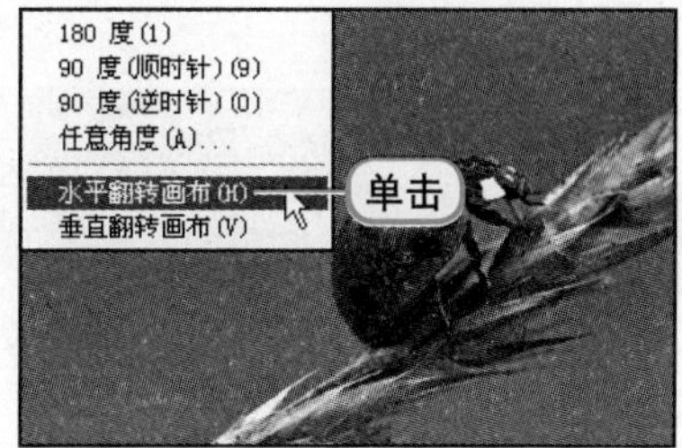

难 度 ★★☆☆☆

2.4 辅助工具的应用

在对图像进行查看的过程中，Photoshop CS5还提供了辅助工具，可以更方便、快速地查看和编辑图像。这几个辅助工具包括缩放工具、抓手工具、标尺、参考线和网格等。

2.4.1 缩放工具

"缩放工具"是在不改变图像实际大小的情况下放大或缩小图像在窗口中的显示效果。在工具箱中选中"缩放工具"后，使用该工具在图像中单击，即可放大图像。按住Alt键的同时，在图像上单击，就可以缩小图像显示。

1 创建放大区域

打开随书光盘\素材\第2章\11.jpg素材文件，选择"缩放工具"后，在图像中单击并拖曳，绘制出一个矩形区域。

2 图像放大显示效果

释放鼠标后，可看到被选中的区域图像能放大显示为图像窗口的大小，查看图像更加方便。

提示：快速自动调整图像在窗口中的显示

在选择"缩放工具"后，其选项栏中还提供了"实际像素"、"适合屏幕"、"填充屏幕"、"打印尺寸"4个按钮，单击即可将图像按相应的要求在窗口中显示。

2.4.2 抓手工具

当图像窗口中未能全部显示图像时，可使用“抓手工具”来快速查看未显示的区域，选择“抓手工具”后，在图像中单击，并按住鼠标进行拖曳，可以移动图像的显示位置，在窗口中显示需要查看的图像效果。

1 打开图像，选择“抓手工具”

打开随书光盘\素材\第2章\12.jpg素材文件，在工具箱中选择“抓手工具”。

2 以实际像素显示图像

在“抓手工具”选项栏中单击“实际像素”按钮，将图像以100%的像素大小在窗口中显示。

3 使用抓手工具移动图像

使用“抓手工具”在图像中单击并按住鼠标拖曳，即可移动图像中窗口中的显示区域，查看到如下图所示的图像效果。

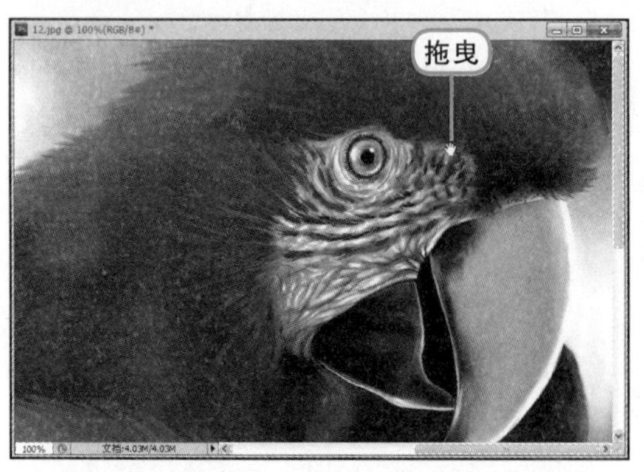

4 拖曳查看任意图像

继续使用“抓手工具”在图像中单击并拖曳，可移动图像位置，在窗口中显示任意需要查看的图像效果。

提示：在使用其他工具时快速切换到“抓手工具”

在Photoshop CS5中使用其他工具对图像进行编辑时，可按住键盘的空格键，将光标暂时切换到“抓手工具”，这时使用鼠标进行拖曳，就可移动图像窗口的显示位置，查看任意区域的图像。释放空格键后，光标还原为先前使用的工具。

2.4.3 标尺、网格和参考线

使用标尺、网格和参考线可以精确地移动图像到需要的位置、测量图像以及设置图像的高度和宽度，使用户在编辑图像时更加精确和方便。

1. 标尺

“标尺”可以精确地确定图像中元素的位置。标尺的显示位置在图像窗口的顶部和左侧，标尺内的标记可以显示指针移动的位置，当需要使用标尺时，执行“视图>标尺”菜单命令即可显示标尺，或按下Ctrl+R快捷键来快速隐藏或显示标尺。

2. 网格

“网格”可用来处理对称的布局等，在默认情况下显示为不打印的灰色线条，可以通过“首选项”来对网格线条颜色、样式、网线间隔等进行设置。执行“视图>显示>网格”菜单命令就可以在图像窗口中显示网格。要取消网格显示，执行相同的命令即可。

3. 参考线

“参考线”可以很方便地确定图像中元素的位置。当图像窗口中显示标尺时，使用鼠标在上面单击并拖曳，即可添加一条蓝色参考线。参考线不会被打印出来，用户可以移动、删除、隐藏或锁定参考线。标尺、网格和参考线的显示、隐藏还可通过快速启动栏中的“查看额外内容”按钮下的选项来完成，如右图所示。

新手提问 123

问题1 为什么将图像进行放大后会出现图像模糊的现象？

答 图像是由无数像素的单个点组成的，当放大图像时，用户可以看见构成整个图像的无数单个方块，当图像超过100%显示时，就可清楚地看到这些像素点。图像与分辨率有关，即在一定面积的图像上包含有固定数量的像素。因此，如果在屏幕上以较大的倍数放大显示图像，图像会出现锯齿边缘，整个图像看起来就会变得模糊不清。

问题2 更改图像大小时应该注意些什么？

答 在使用“图像大小”命令修改图像的大小时，需要注意的是对话框中下方的“约束比例”和“重定图像像素”两个复选框的选择。

“约束比例”可用于设置是否维持图像的宽度、高度比例。勾选该选项后，图像的宽度和高度就会被固定比例，在其中一个更改后，另一个值也会根据原图像的宽、高比例自动发生调整。当取消勾选这一选项后，在“图像大小”和“文档大小”选项后就会取消“约束比例”图标，图像的大小即按输入值发生改变。如右下图所示，此时勾选“约束比例”选项，如左下图所示，此时为取消勾选该选项。

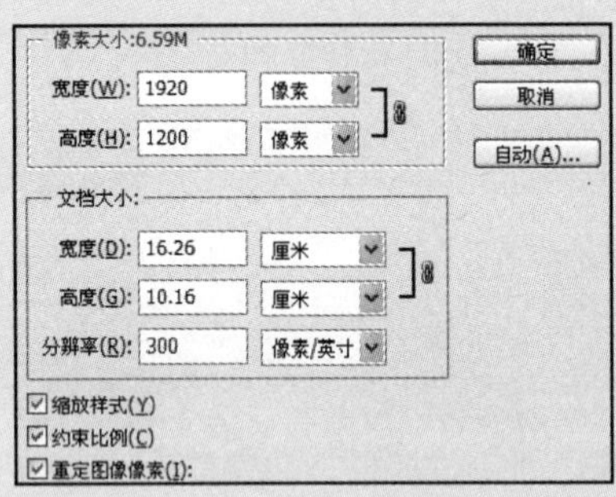

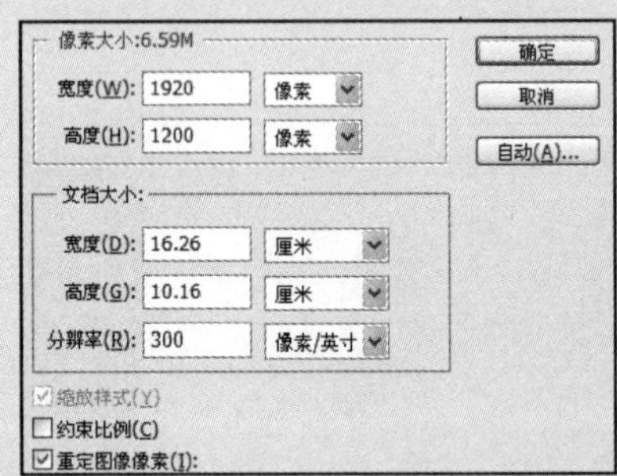

“重定图像像素”选项可在更改图像的大小和分辨率时决定是否维持图像的整体容量。取消勾选后，图像的整体容量不发生改变，即“像素大小”不发生改变。如左下图所示，取消勾选“重定图像像素”复选框后，“像素大小”为不可编辑状态。如右下图所示，在将分辨率更改为150后，宽度和高度值被提高，但图像的整体像素大小还是6.59MB，没有发生变化。

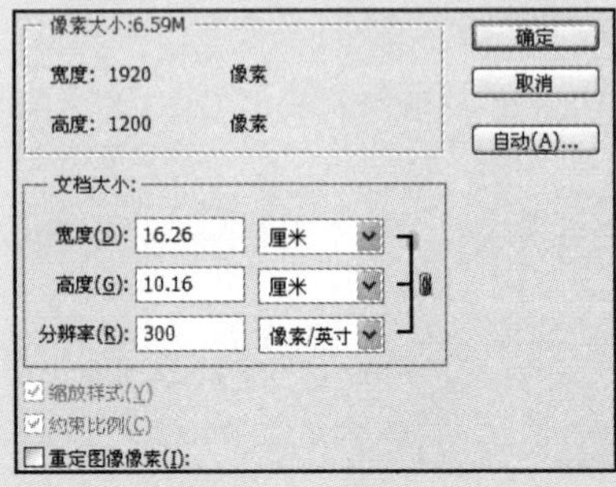

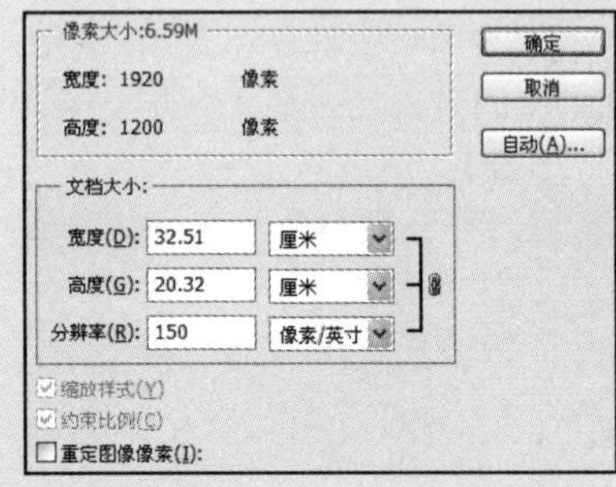

问题3 如何设置对图像进行任意角度的旋转？

答 在使用“图像旋转”命令对图像进行旋转时，可使用其中的“任意角度”命令。如下图所示，在“旋转画布”对话框的“角度”文本框中可输入-359.99到359.99之间的数字，来设置图像向任意角度旋转，并能选择是以顺时针还是逆时针旋转。

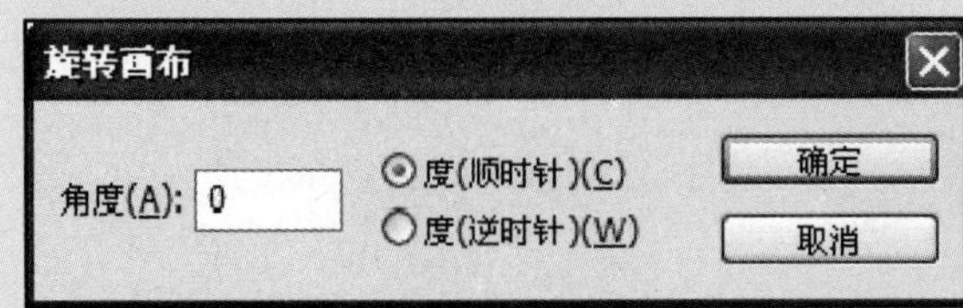

第3章

图层是Photoshop软件中处理图像信息的重要平台，它承载了几乎所有的图像编辑操作。图层就像是堆叠在一起的透明纸，供用户在上面进行不同的操作，然后将其按上下顺序叠放在一起，就组成了一幅图像。当在其中一个图层上进行操作时，不会影响其他图层的内容。学习对图层的应用，需要先了解图层的基础知识，然后加以应用。

图层的应用

参见随书光盘

■ 第3章　图层的应用

3.2.1　通过“图层”面板添加样式.swf

3.2.2　应用“样式”面板中的预设样式.swf

3.2.3　复制图层样式.swf

3.3.1　应用图层混合模式.swf

3.3.2　设置图层的不透明度.swf

3.4.1　创建调整图层.swf

3.4.2　在“调整”面板中创建调整图层.swf

3.4.3　编辑调整图层.swf

3.4.4　设置填充图层.swf

3.1 图层的基础知识

难 度 ★★☆☆☆

Photoshop软件中的图像是由一个个图层堆叠而成的，这些图层都存放在"图层"面板中。通过对"图层"面板的认识，用户可学习到图层的常用编辑任务、如何对图层进行管理等。

3.1.1 认识"图层"面板

执行"窗口>图层"菜单命令，就可以打开"图层"面板。面板中列出了图像中的所有图层、图层组和图层效果，用户可清楚地查看图像的详细内容，进行管理。"图层"面板的常用功能包括显示/隐藏图层、设置图层混合模式、创建新图层、删除图层、添加图层样式、创建调整图层等，下面将对"图层"面板进行详细介绍。

第3章

❶ 图层混合模式：用于控制图层的混合效果，在下拉列表中提供了27种混合效果。

❷ "锁定"工具箱：用于锁定图层不被编辑。

❸ "指示图层可见性"按钮：用于显示或隐藏图层，显示的"眼睛"图标表示图层可见。

❹ 图层缩览图：缩小显示该图层上的图像效果。

❺ 图层编辑按钮：可快速完成图层的编辑，能够添加图层链接、添加图层样式、添加图层蒙版、创建新的填充和调整图层、创建组、创建新图层和删除图层。

❻ 不透明度：设置当前图层的不透明度。

❼ 当前图层：蓝色条显示该图层为当前选中的图层，可进行操作。

3.1.2 图层的基本操作

对图层的基本操作包括新建图层、复制图层、删除图层、合并图层、盖印可见图层等，这些操作是在对图像进行编辑的过程中经常会使用到的，熟练掌握它们会更有助于对图像进行处理，下面分别对这几个基本操作进行详细介绍。

1. 新建图层

创建一个新的透明图层，显示在"图层"面板中当前图层的上方。创建新图层可通过"图层"菜单命令来完成，也可通过"图层"面板中的选项按钮来完成。

方法1：从"图层"菜单命令中新建

执行"图层>新建>图层"菜单命令，即可打开"新建图层"对话框，如右图所示。在对话框中可设置新建图层的名称、图层颜色、图层混合模式和不透明度，设置后单击"确定"按钮，就可以新建一个图层。

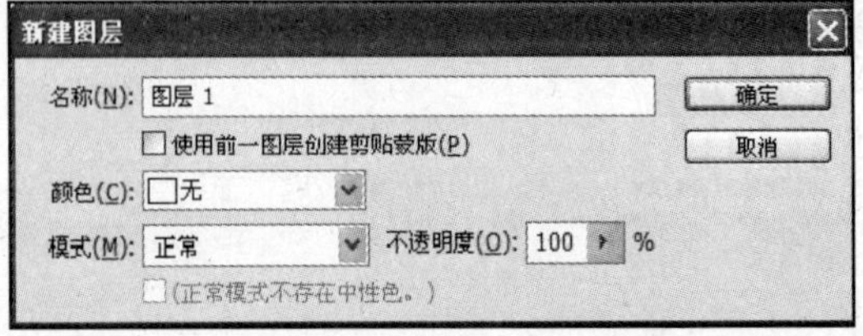

方法2：单击“图层”面板上的按钮新建

打开“图层”面板，在面板下方单击“创建新图层”按钮 ，如下图所示，即可在“背景”图层上创建一个图层。

方法3：从“图层”面板菜单命令中新建

在“图层”面板上单击右上角的扩展按钮，在打开的菜单中选择“新建图层”选项，如下图所示，即可打开“新建图层”对话框，用于设置新建图层。

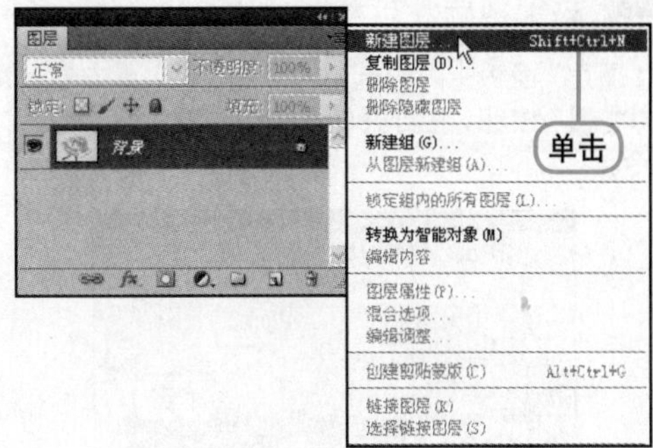

2. 复制图层

复制图层是在同一个图像文件或不同的文件中复制图像的一种简单方法，可通过“图层”菜单中的“复制图层”命令来完成，也可直接在“图层”面板中通过拖曳来完成，具体操作步骤如下。

1 选中图层并拖曳

在“图层”面板中选中一个图层，单击并按住鼠标，将其拖曳到“创建新图层”按钮上。

2 图层被复制

释放鼠标后，可看到该图层被复制了，得到一个副本图层。

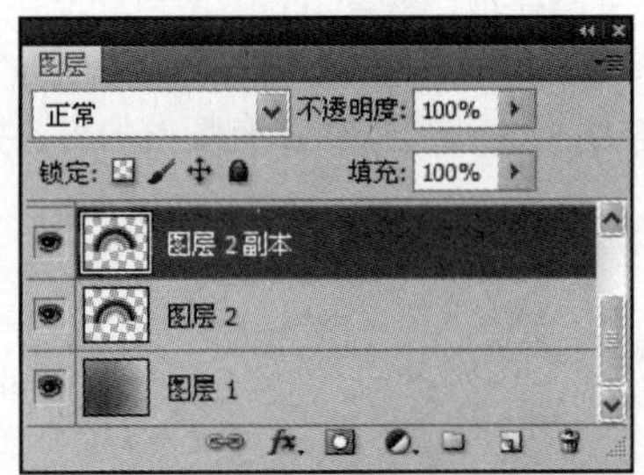

3. 删除所选图层

在操作中经常会遇到不再需要制作的图层的情况，这就可以删除图层，有效地减小图像文件所占的空间。下面介绍常用的在“图层”面板中删除图层的方法。

1 选中需要删除的图层并拖曳

在“图层”面板中选中需要删除的图层，并将其拖曳到下方的“删除图层”按钮 上。

2 删除图层

释放鼠标，即将选中的图层删除，不再显示到“图层”面板中。

4. 合并图层

当图层过多时，用户可以通过“合并图层”命令将几个图层合并在一起，减少图层数量，方便查看和管理。按住Shift键的同时，在多个图层上单击，可以加选图层，然后在扩展菜单中选择“合并图层”命令，就可以将选中的图层合并为一个图层，具体操作步骤如下。

1 选中图层并合并

在“图层”面板中同时选中两个图层后，单击右上角的“扩展”按钮，在打开的菜单中选择“合并图层”命令。

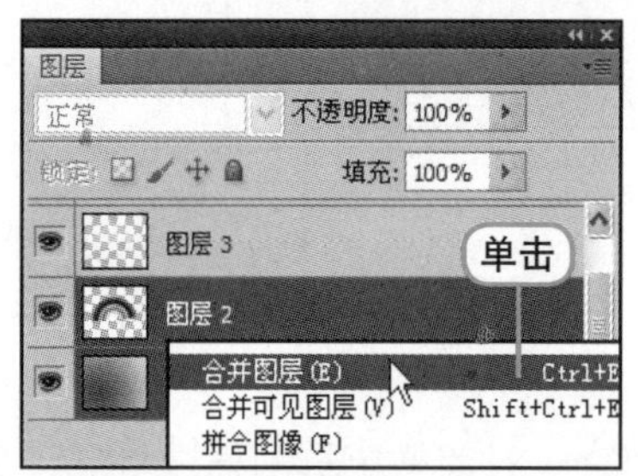

2 查看删除图层效果

选择命令后回到面板，可看到两个图层中的内容合并到了一个图层中，并以上方图层的名称命名，不影响图像效果。

5. 盖印可见图层

“盖印可见图层”命令可将“图层”面板中所有可见图层内容合并到一起，生成一个新的图层，并且不影响原有的各个图层。盖印可见图层可通过Shift+Ctrl+Alt+E组合键来快速完成，被盖印的图层自动产生到当前选择的图层上方，并按全部图层顺序进行排序，如右图所示，盖印的图层生成一个新图层，将所有图层内容合并到一起。

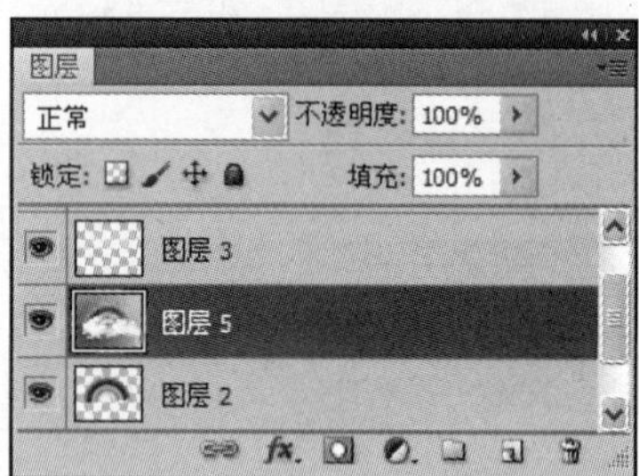

难 度 ★★★☆☆

3.2 图层样式的应用

Photoshop CS5中提供了10种不同的图层样式，可为图层中的内容设置丰富的样式效果。图层样式可通过“图层”面板来选择并进行自由设置，也可以在“样式”面板中选择预设的样式，直接应用。

3.2.1 通过“图层”面板添加样式

在“图层”面板中单击“添加图层样式”按钮，在打开的菜单中可选择“投影”、“内发光”、“斜面和浮雕”、“颜色叠加”等10种样式，选择后可以通过打开的“图层样式”面板来对样式选项进行设置，达到需要的效果。

1 打开素材文件

执行“文件>打开”命令，打开随书光盘\素材\第3章\01.psd素材文件，然后打开“图层”面板，选中“图层1”图层。

2 选择图层样式

在面板中单击下方的"添加图层样式"按钮 fx，在打开的菜单中选择"外发光"样式，即可打开"图层样式"对话框。

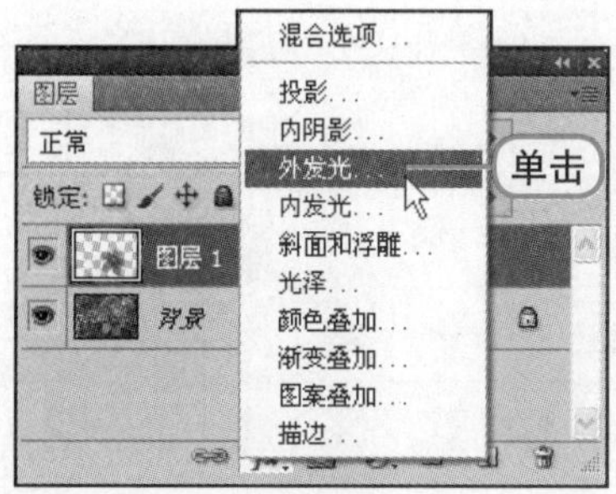

3 设置样式选项

在"图层样式"对话框中的"外发光"选项下，设置"不透明度"为80%，"大小"为100像素，然后确认设置。

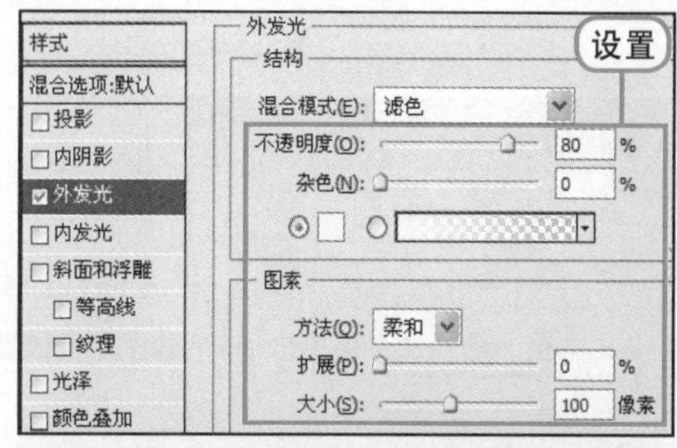

4 查看应用样式效果

在图像窗口中可看到花朵图像被添加了一圈朦胧的淡黄色发光效果，在"图层"面板中也可看到该图层中添加的样式名称。

提示：重新更改样式效果

当为一个图层添加"图层样式"后，在"图层"面板中该图层下方就会显示应用的样式名称。双击该样式名称，可再次打开"图层样式"对话框，对选项进行更改，重新设置样式效果。

3.2.2 应用"样式"面板中的预设样式

"样式"面板中有多种Photoshop软件预设的样式。选择图层后，只需在面板中选择某个样式按钮，就可以将该样式应用到图层内容中。"样式"面板中默认显示的样式是有限的，此时可以单击扩展按钮，在打开的面板菜单中选择多种样式，将其追加到面板中显示，方便使用。

1 创建副本图层

打开随书光盘\素材\第3章\02.jpg素材文件，在"图层"面板中将"背景"图层拖曳到"创建新图层"按钮上，得到"背景副本"图层。

2 缩小图像

按下Ctrl+T快捷键，将光标放在变换编辑框边上，按住Shift+Ctrl快捷键将鼠标向中间拖曳，等比例向中心缩小图像，然后按下Enter键进行确认。

3 选择预设样式

打开"样式"面板，单击面板右上角的扩展按钮，在打开菜单中选择"摄影效果"，此时弹出一个询问对话框，在对话框中单击"追加"按钮。

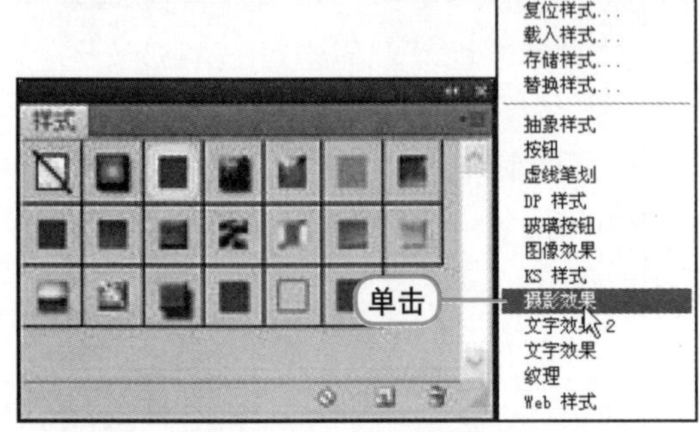

4 单击选择样式

在面板中可看到追加了预设的"摄影效果"的多个样式，单击选择其中的"带阴影蓝色色调"样式。

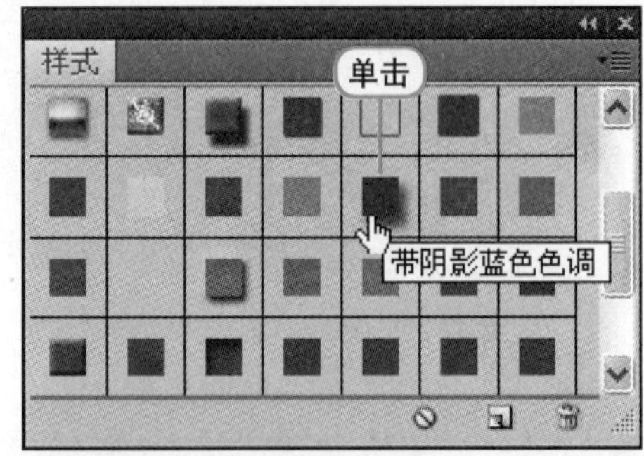

5 查看应用预设样式效果

在图像窗口中可以看到图像应用了预设的图层样式，更改了图像颜色，制作出蓝色色调的图像效果。在"图层"面板中，可看到该"背景副本"图层上所应用的样式有"投影"和"颜色叠加"两个，如果需要更改该样式效果，双击样式名称即可打开相应选项，进行设置。

3.2.3 复制图层样式

在一个图层中设置了图层样式后，如果其他图层需要同样的样式效果，可以复制图层样式，达到快速复制图层样式的目的。在已有图层样式的图层上右击，在弹出的快捷菜单中选择"拷贝图层样式"命令，然后在其他图层的快捷菜单上选择"粘贴图层样式"命令即可，具体操作方法如下。

1 打开素材文件

执行"文件>打开"菜单命令，打开随书光盘\素材\第3章\03.psd素材文件，在"图层"面板中可查看所有的图层。

2 选择图层样式

在"图层1"图层上右击，在打开的快捷菜单中选择"外发光"样式。

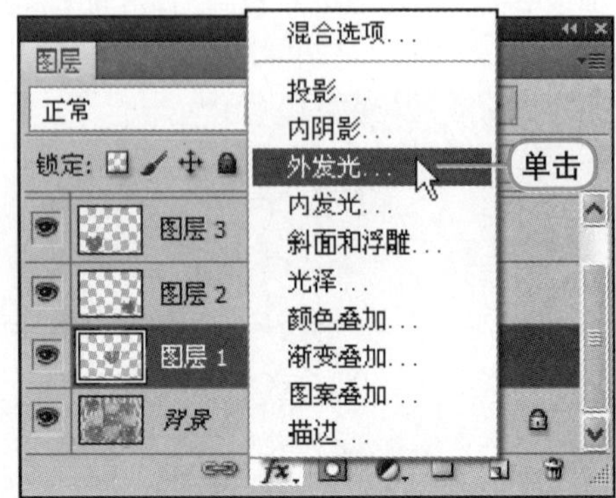

3 设置选项

在打开的"图层样式"对话框中对"外发光"选项进行设置，将"不透明度"设置为100%，"大小"设置为15像素。

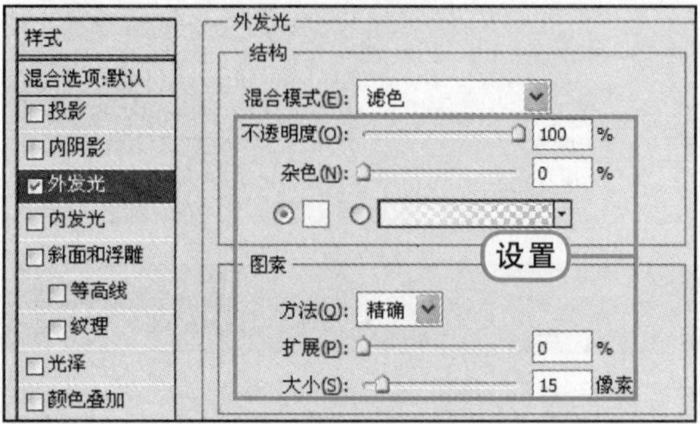

4 选择等高线样式

在面板下方单击"等高线"选项右侧的下拉三角按钮，在打开的选项中选择"环形-双"，设置完成后，单击"确定"按钮，确认设置。

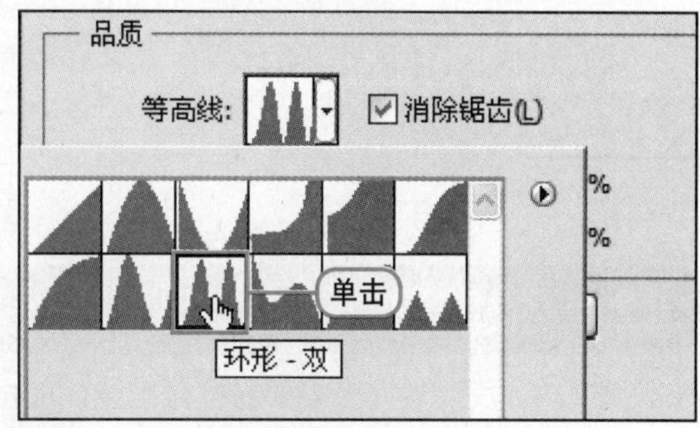

5 查看应用样式效果

确认"图层样式"设置后，在图像窗口中可看到"图层1"图层中图像应用外发光样式后在图像边缘制作出双线条的发光效果。

6 选择"拷贝图层样式"选项

在"图层"面板中的"图层1"图层上右击，在打开的快捷菜单中选择"拷贝图层样式"选项。

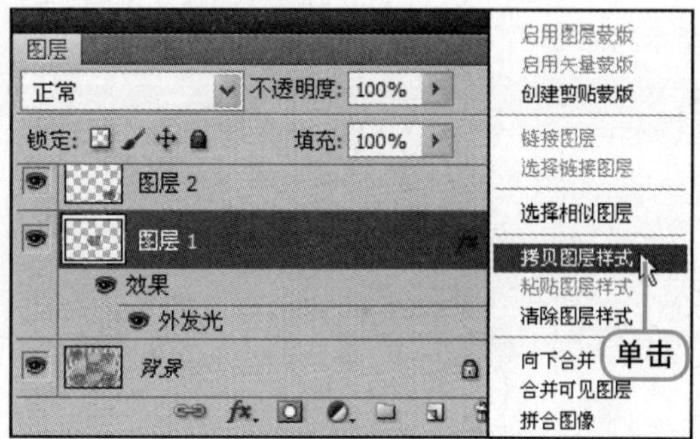

7 选择"粘贴图层样式"选项

选中"图层2"图层后右击，在打开的快捷菜单中选择"粘贴图层样式"选项。

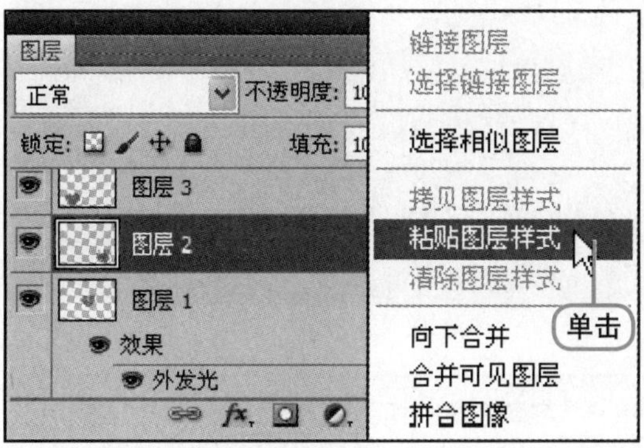

8 复制图层样式效果

在"图层"面板中可看到"图层2"图层上粘贴了"外发光"样式，在图像窗口中可看到粘贴的外发光样式效果。

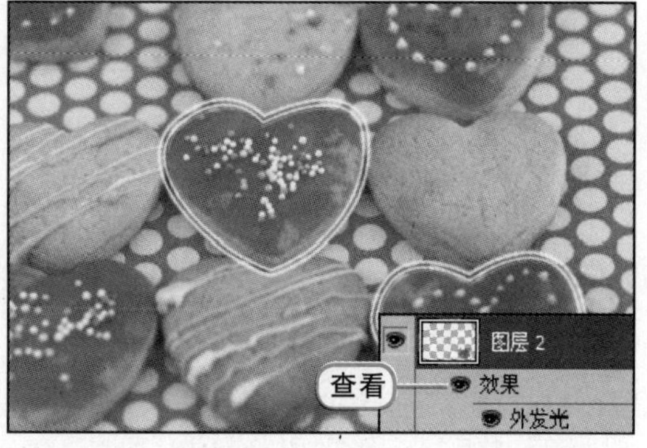

9 多个图层复制样式效果

继续在“图层”面板中为其他几个图层粘贴图层样式，为多个图像复制相同的图层样式。

3.2.4 隐藏图层样式

在编辑过程中，有时需要将部分图像的图层样式效果进行隐藏，这就可以通过在“图层”面板中单击图层样式前的“指示图层可见性”按钮，将该图层的样式效果隐藏，也可以将某一个图层样式隐藏。

1 打开素材文件

执行“文件>打开”菜单命令，打开随书光盘\素材\第3章\04.psd素材文件，打开的文件图像效果如下图所示，在“图层”面板中可看到文件的图层效果。

2 隐藏样式

在“图层”面板中可看到“图层1”中的图层样式，在其下方的“外发光”名称前单击“指示图层可见性”按钮，将其隐藏。

3 隐藏样式效果

在图像窗口中可看到图中的外发光效果被隐藏，不被显示出来。

提示：隐藏全部样式

在“图层”面板中有图层样式的图层下，单击“效果”名称前的“指示图层可见性”按钮，取消显示后，就可以将图层中的全部样式同时隐藏。也可以右击，在弹出的快捷菜单中选择“隐藏所有效果”命令，将所有的图层样式隐藏。

3.2.5 删除图层样式

在操作中，如果对设置的图层样式不满意或不再需要图层样式，可将该样式删除，选中图层后，执行“图层>图层样式>清除图层样式”菜单命令，就可将该图层上的全部样式删除。如果有多个图层样式，只需删除其中一部分样式的情况下，可在“图层”面板中选择该样式名称，直接拖曳到面板下方的“删除图层”按钮上，即可将该样式删除，具体操作步骤如下。

1 选中样式并拖曳

打开随书光盘\素材\第3章\04.psd素材文件，在“图层”面板中，单击“斜面和浮雕”样式，按住鼠标向下拖曳到“删除图层”按钮上。

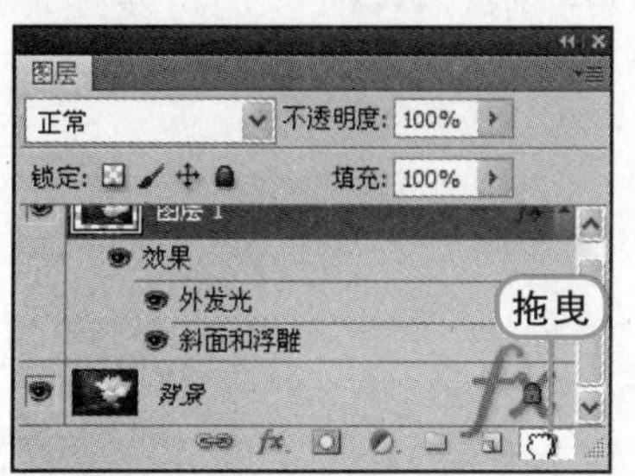

2 删除样式效果

释放鼠标后，就可看到“图层1”中的“斜面和浮雕”样式被删除，不再显示在面板中。

提示：快速删除全部样式

图层上出现“添加图层样式”图标fx时，表示该图层中应用了图层样式。单击该图标，并按住鼠标向下拖曳到“删除图层”按钮上，就可将该图层中的所有图层样式同时删除。

3.3 图层混合模式和不透明度

难 度 ★★★☆☆

利用“图层”面板中的“图层混合模式”可以制作出各种特殊效果，应用“不透明度”可以调节选择图层内容显示时的透明效果，在图像处理中常被用在表现特殊的效果以及图像的合成方面。

3.3.1 应用图层混合模式

应用图层混合模式可以达到去除图层中的暗像素或强制下图层中的亮像素显示出来等特殊的图层直接混合效果。在“图层”面板中选择图层后，单击图层混合模式下三角按钮，在打开的快捷菜单中选择需要的混合模式。或者选中混合模式的文本框内容，滑动鼠标来切换模式，并在图像窗口中预览混合模式效果，选择合适的混合模式。最后按下Enter键确认即可，具体操作步骤如下。

1 创建矩形选区

打开随书光盘\素材\第3章\05.jpg素材文件，在工具箱中选择“矩形选框工具”按钮，在图中绘制一个与图像宽度相同的矩形选区，选区效果如右图所示。

2 为图层设置图层混合模式

按下Ctrl+J快捷键，将选区内的图像复制，并粘贴到新图层中，得到“图层1”图层。为“图层1”图层设置图层混合模式为“叠加”。

3 查看图层混合效果

设置图层混合模式后，在图像窗口中可看到“图层1”图层中图像与背景图层产生混合的效果，此时图像的亮度增强。

4 添加文字制作混合

在工具箱中选择“横排文字工具”按钮T，在图像中添加文字，然后设置文字图层的图层混合模式为“颜色加深”，丰富图像效果。

3.3.2 设置图层的不透明度

为图层设置不透明度后，可将该图层中的图像变得半透明，透出下方图层的内容。选择需要设置不透明度的图层后，在“不透明度”选项后的文本框内输入0~100之间的数值，设置的值越小，该图层中的图层就越淡。当设置为0%时将不显示此图层内容，与隐藏图层效果一样。当设置为100%时，就全部显示此图层内容，而不显示下面图层内容。

1 打开文件

执行“文件>打开”菜单命令，打开随书光盘\素材\第3章\06.psd素材文件，打开的文件效果如下图所示。

2 选择图层并更改不透明度

在“图层”面板中，按住Ctrl键的同时，在“图层1”和“图层2”上单击，同时选择这两个图层，然后在面板上方将“不透明度”参数设置为50%。

3 查看降低不透明度的效果

设置图层不透明度后，在图像窗口中可看到这两个图层中的图像效果变淡，透出背景图层中的颜色。

4 设置图像大小选项

继续在“图层”面板中选择“图层4”后，设置其“不透明度”为45%，设置后在图像窗口中可看到黑色的蝴蝶图像变成半透明效果。

提示：多个图层的选择

在Photoshop CS5中，如果要对图像中的某个元素进行编辑，就必须要选中该元素所在图层。单个图层只需在图层面板中单击就可选择，如果要同时选择多个图层，可配合键盘快捷键来完成。当按住Ctrl键的同时，在不同图层上单击，即可加选图层。按住Shift键的同时，在两个不相邻的图层上单击，可以将这两个图层之间的所有图层同时选中。

3.4 应用调整图层

难 度 ★★☆☆☆

调整图层是图像处理中常用的特殊图层，它可以在图层上创建效果，而不改变原有图层。可以将颜色和色调调整应用于图像中，并能对调整图层随时进行修改。可以在“图层”面板中为图层创建调整图层，并在“调整”面板中对调整图层的选项进行设置。

3.4.1 创建调整图层

在“图层”面板下方单击“创建新的填充或调整图层”按钮，在打开菜单中可选择多种调整图层命令，选中后就会打开“调整”面板，并显示该调整图层的编辑选项。设置后可以将该调整图层效果应用到下面的图层图像中，并自动在“图层”面板中生成一个调整图层，具体操作步骤如下。

1 打开素材文件

执行“文件>打开”图层命令，打开随书光盘\素材\第3章\07.jpg素材文件， 打开的图像效果如右图所示。

第3章

2 选择“亮度/对比度”选项

在“图层”面板下方单击“创建新的填充或调整图层”按钮，在打开的快捷菜单中，选择“亮度/对比度”选项。

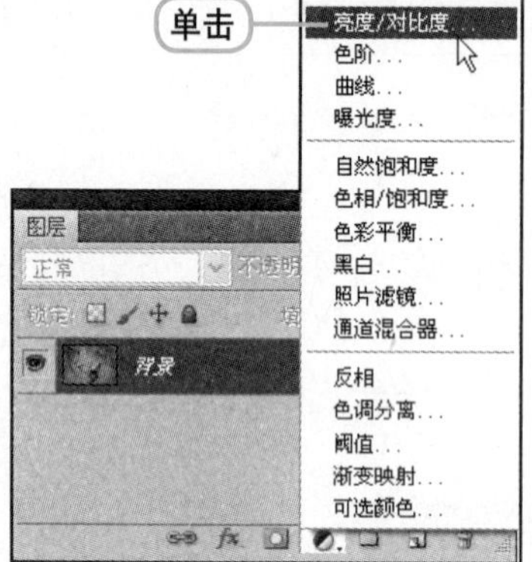

3 设置“亮度/对比度”

在打开的“调整”面板中对“亮度/对比度”选项进行设置，将“亮度”设为56、“对比度”设为30，设置后在图像窗口中可以看到图像应用效果。

4 使用“渐变工具”

在工具箱中单击“渐变工具”按钮，在其选项栏中单击“径向渐变”按钮，然后使用该工具在图像中耳环的中间位置单击并向外拖曳。

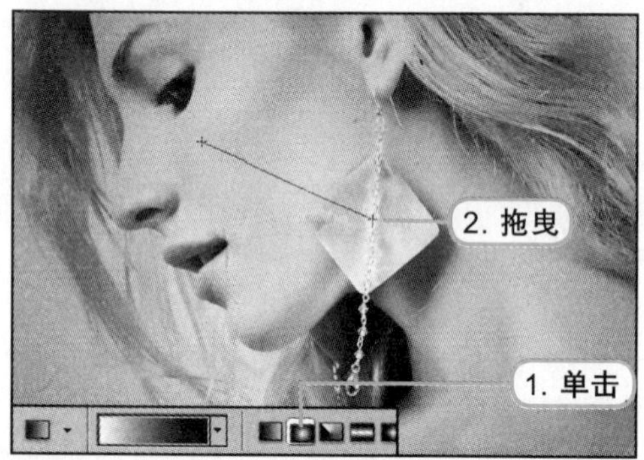

5 查看编辑蒙版效果

释放鼠标后，利用调整图层的图层蒙版，将边缘上的调整图层效果隐藏，在“图层”面板中可看到调整图层蒙版的缩览图，白色为显示区域，黑色为遮盖区域。

6 选择“自然饱和度”选项

在“图层”面板中再次单击“创建新的填充或调整图层”按钮，在打开的快捷菜单中选择“自然饱和度”选项，如下图所示。

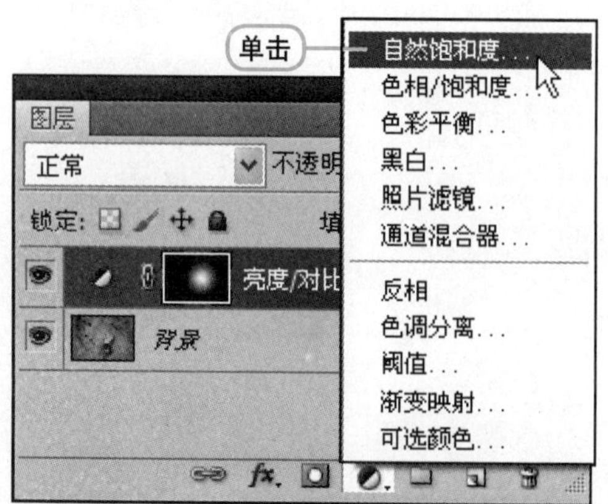

7 提高图像饱和度

在打开的调整面板中，对“自然饱和度”选项进行设置，将“自然饱和度”参数更改为+80，“饱和度”设置为+10，完成设置后回到图像窗口中，可看到图像整体的色彩饱和度被增强，制作出一幅更具艺术效果的人物图像，如下图所示。

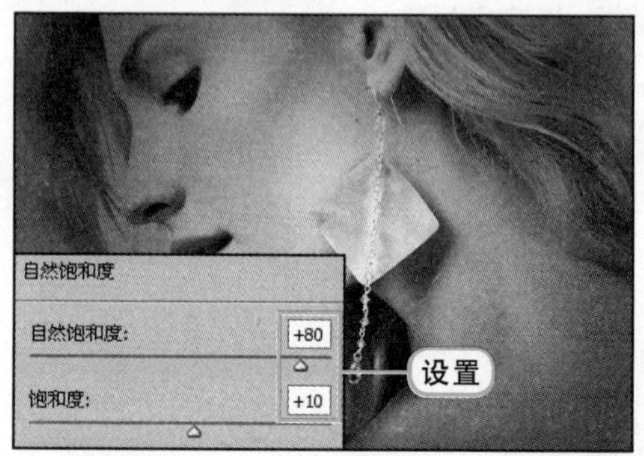

3.4.2 在“调整”面板中创建调整图层

Photoshop CS5中的所有调整图层都是在“调整”面板中进行编辑的。执行“窗口>调整”菜单命令，利用打开的“调整”面板的选项按钮也可以创建调整图层，并可选择一些预设的调整图层效果，具体操作步骤如下。

1 打开素材文件，创建“色阶”调整图层

打开随书光盘\素材\第3章\08.jpg素材文件，并执行“窗口>调整”菜单命令，打开“添加调整”面板。在面板中单击“色阶”预设选项，在打开的预设列表中单击选择“增加对比度2”选项，即为图像创建了一个“色阶”调整图层。

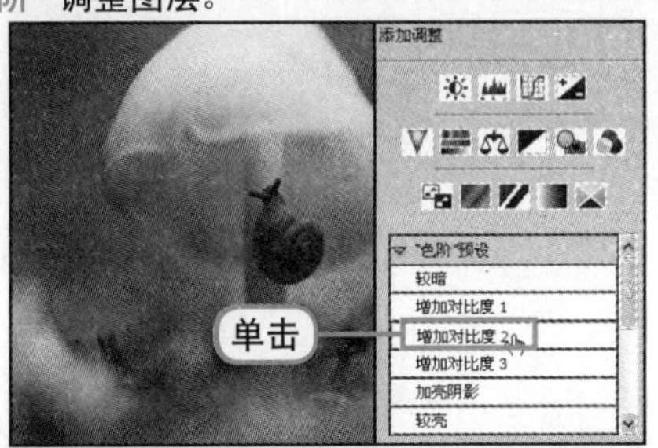

2 查看调整图层后的效果

选择预设的调整图层后，在图像窗口中可看到图像增强了明暗之间的对比，并在“图层”面板中可看到创建的“色阶1”调整图层，如下图所示。

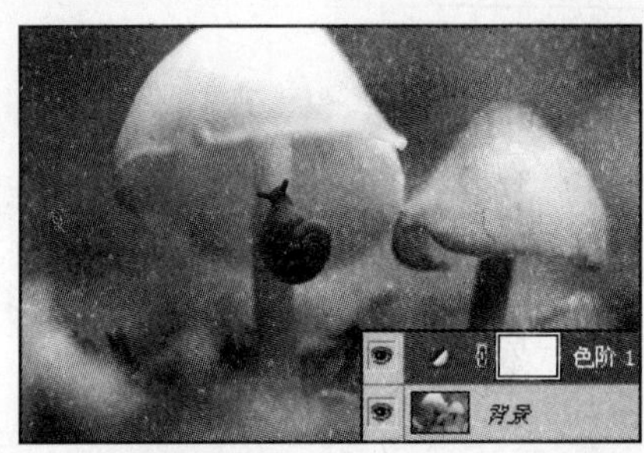

3 单击“创建新的色相/饱和度调整图层”图标

在“调整”图层中单击下方的“返回到调整列表”按钮，回到面板列表，单击其中的“创建新的色相/饱和度”调整图层图标，如下图所示。

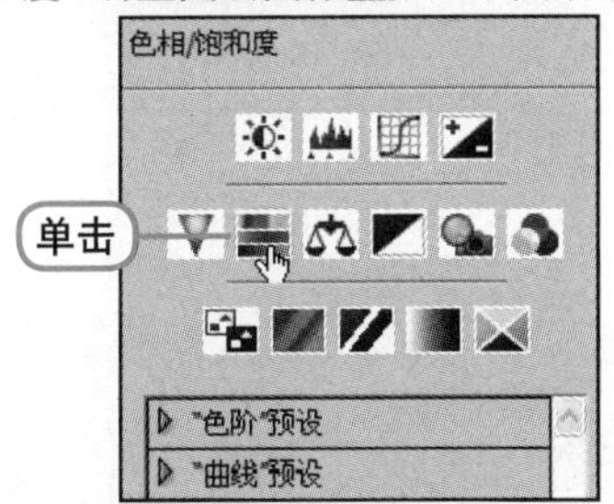

4 设置选项

此时面板中打开了“色相/饱和度”的设置选项，设置“色相”参数为-27，“饱和度”为+25，然后将面板暂时隐藏。

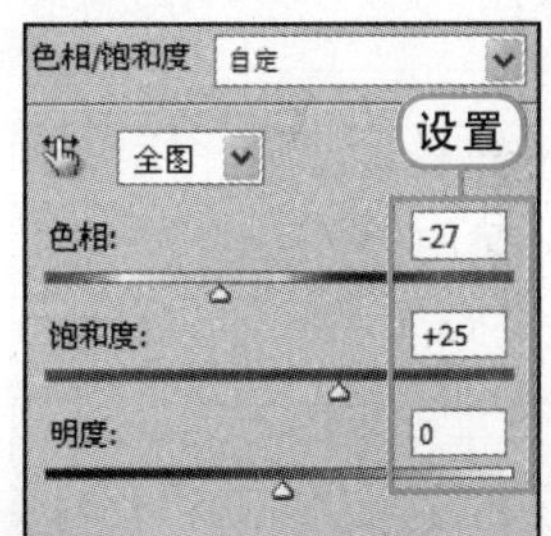

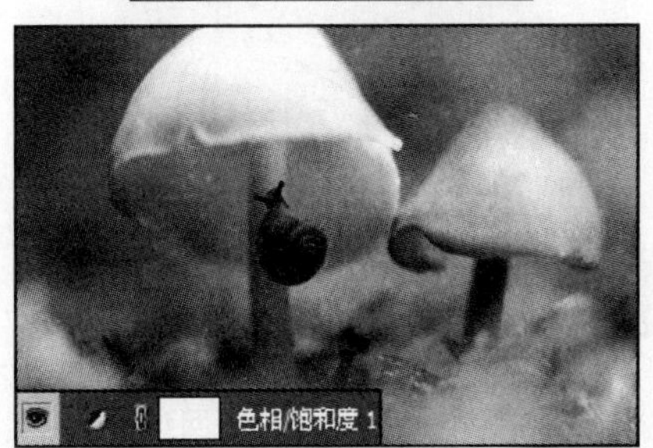

5 窗口调整图层的效果

在图像窗口中可看到图像被调整了色相和饱和度的效果，图像的色调更改，饱和度增强，在“图层”面板中可看到新创建了“色相/饱和度1”调整图层。

提示：认识调整图层的优势

调整图层在实际操作中是非常有用的，其具备三个明显优势。第一，编辑时对其他图层不造成破坏，可尝试不同的设置并随时重新编辑调整图层，也可进行混合模式、不透明度等设置。第二，编辑具有选择性，在调整图层的图像蒙版上进行编辑可调整应用到图像的部分，只在需要调整图层的部分区域显示调整图层效果。第三，可将调整应用于多个图像，在不同图像之间复制和粘贴调整图层。

3.4.3 编辑调整图层

创建调整图层后，用户还需要在“调整”面板中对调整图层选项进行设置，如果对设置的效果不满意，可以利用调整图层的重复编辑性，重新打开调整选项，对其进行重新设置。方法是在“图层”面板中选中调整图层后，打开“调整”面板，对该调整图层选项进行编辑，具体操作步骤如下。

1 打开素材文件

执行“文件>打开”菜单命令，打开随书光盘\素材\第3章\09.psd素材文件，并打开“图层”面板，查看文件图层。

2 双击图层缩略图

在“图层”面板的“色彩平衡1”调整图层前双击图层缩览图。

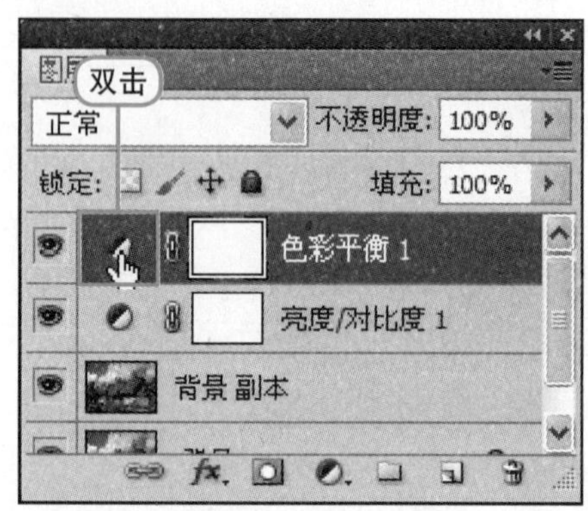

3 打开“色彩平衡”设置选项

在打开的“调整”面板中即可看到“色彩平衡”选项的设置。

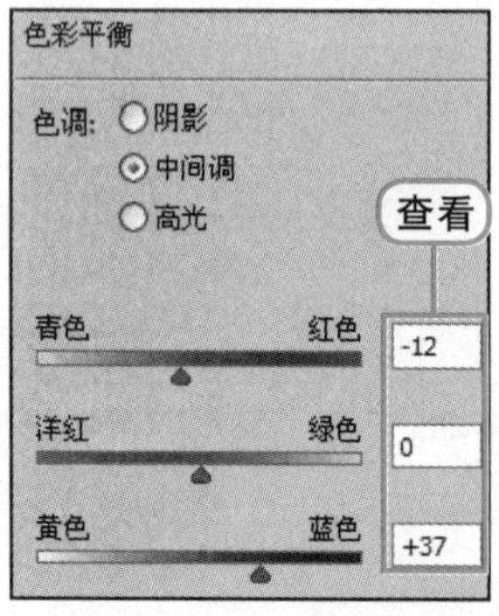

4 更改选项参数

在“色彩平衡”选项中，更改选项参数为+45、0、-71。

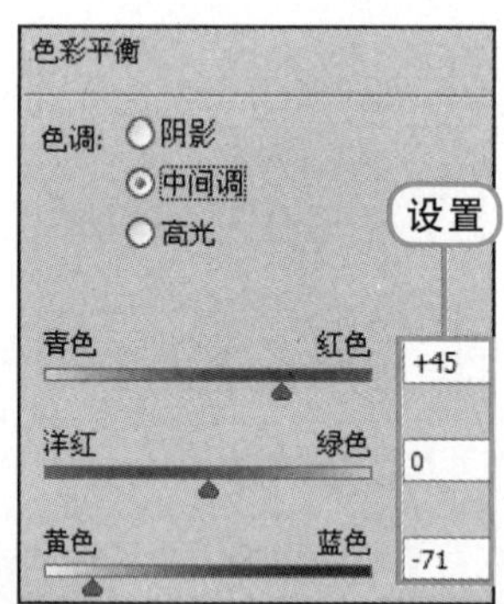

5 查看编辑后的图像效果

重新编辑调整图层后，单击“调整”面板上方的折叠按钮，将面板折叠到面板组中。回到图像窗口中，可看到图像色彩被更改，设置出橙色色调的景物图像效果。

第3章

3.4.4 设置填充图层

在“创建新的填充和调整图层”菜单中包括了“纯色”、“渐变”、“图案”3种填充图层，用户也可设置出单一颜色、渐变颜色的填充图层，并结合图层混合模式和不透明度的设置来更改图像颜色，具体操作步骤如下。

1 打开素材文件

执行“文件>打开”图层命令，打开随书光盘\素材\第3章\10.jpg素材文件， 打开的图像效果如下图所示。

2 新建“渐变填充1”图层

执行“图层>新建填充图层>渐变”菜单命令，打开一个“新建图层”对话框，单击“确定”按钮，新建“渐变填充1”图层。

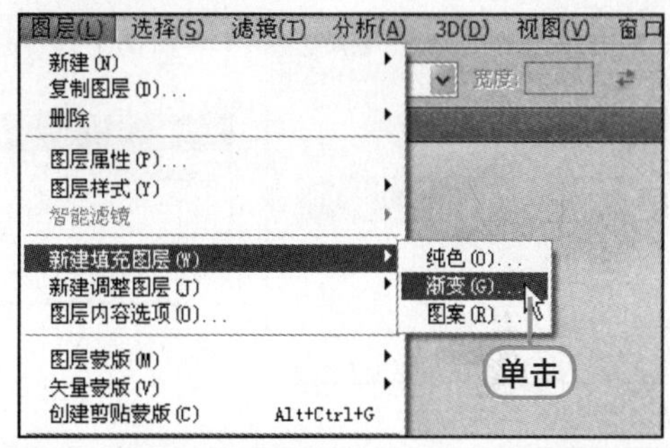

3 单击渐变条

在打开的“渐变填充”对话框中可以对渐变颜色等进行设置。单击“渐变”选项后的渐变条，即可打开一个“渐变编辑器”对话框。

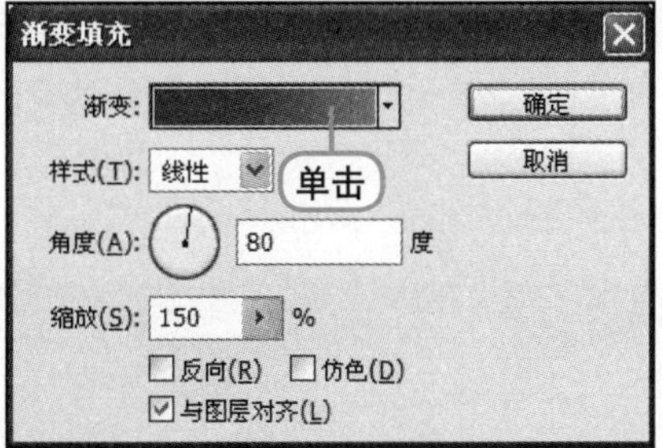

4 设置渐变颜色

在“渐变编辑器”对话框中，双击渐变色标，打开拾色器，设置两个渐变色标的颜色分别为绿色R17、G98、B61，橙色R255、G124、B0，然后确认设置。

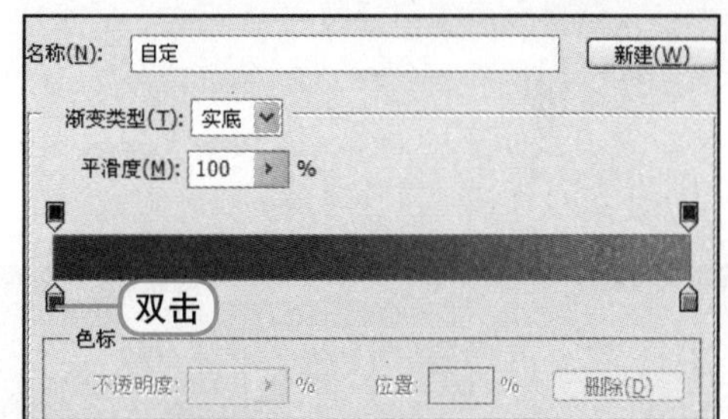

5 设置选项参数

回到“渐变填充”对话框中，可通过渐变条看到设置的渐变颜色，更改“角度”为80度，“缩放”度为150%，然后单击“确定”按钮，确认设置，关闭对话框。

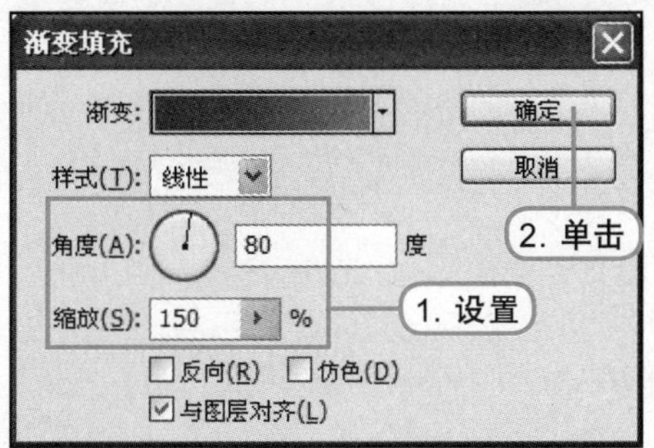

6 设置图层混合模式

在“图层”面板中可看到新建的“渐变填充1”图层，设置其图层混合模式为“叠加”，设置后可看到图像颜色被改变后的效果。

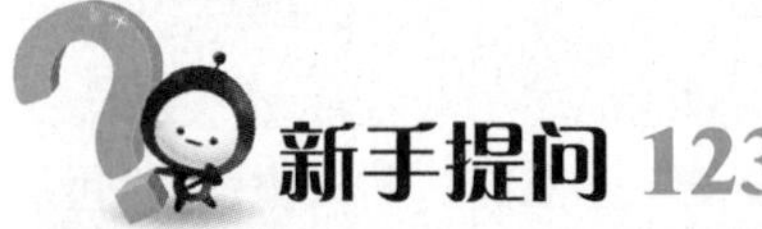

新手提问 123

问题1 有什么方法能快速让“背景”图层解锁？

答 打开一个图像后，默认情况下“背景”图层为锁定状态，是不可编辑的。如果要对“背景”图层进行编辑，可选择为该图层解锁。方法是在“背景”图层上双击，如左下图所示。在打开的“新建图层”对话框中，将解锁的图层默认设为“图层0”，如中下图所示。确认后，“背景”图层即可解锁为可编辑状态，如右下图所示。

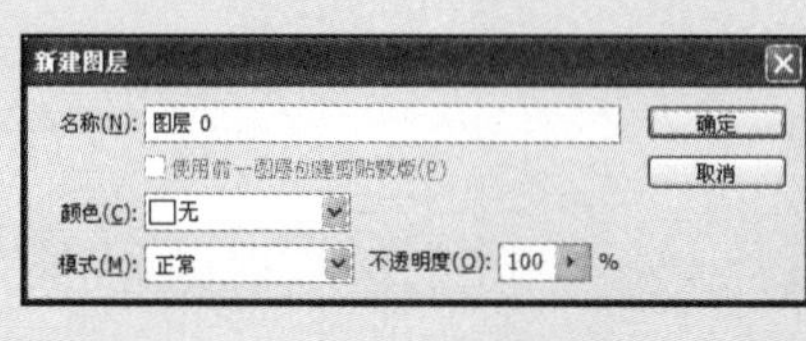

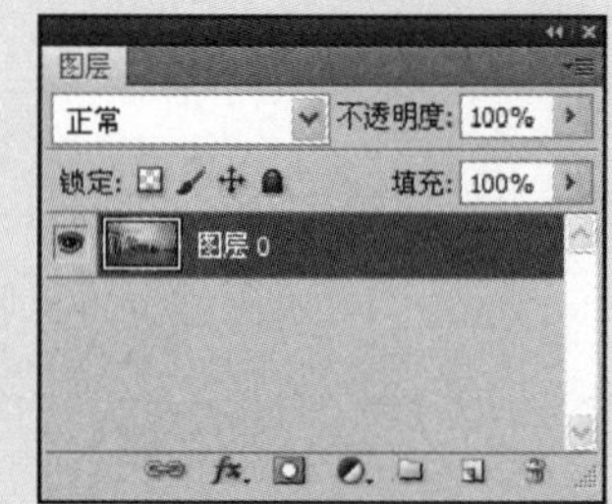

问题2 创建的图层太多，什么方法能更好地对图层进行归纳管理？

答 在Photoshop CS5中创建的图层太多时，可以通过创建图层组来对图层进行管理，图层组中的所有图层内容即被捆绑在一起。对图层组进行选择或编辑，可影响到该组中的所有图层内容。创建图层组可通过在“图层”面板中单击“创建图层组”按钮来新建图层组。另一种方法是在“图层”面板中选中多个需要编组的图层，如左下图所示。执行“图层>图层编组”菜单命令，就可将几个图层编到一个图层组中，得到一个“组1”，如中下图所示。在图层组前单击下三角按钮，可扩展图层组，显示该组下的所有图层内容，如右下图所示。

问题3 如何快速调整图层排列顺序？

答 图层具有遮盖作用，如果想将下面图层内容在图像中展示出来，可移动图层，将其图层顺序调整向前。快捷方法是在选中该图层后，按下Ctrl+]快捷键，就可向前移动一个图层。Ctrl+[快捷键的作用就是将图层向前移动一个图层。按下Shift+Ctrl+]组合键可将图层调整到最顶层。

第4章

选区是能应用Photoshop CS5的各种功能和图形效果的范围，创建正确的选区才能有效地编辑图像。在Photoshop CS5的工具箱中包含了可创建规则选区和不规则选区的多个工具，在“选择”菜单中提供了编辑选区的命令。

选区的创建与编辑

参见随书光盘

■ 第4章 选区的创建与编辑

4.1.1 矩形选框工具.swf
4.1.2 椭圆选框工具.swf
4.1.3 单行、单列选框工具.swf
4.2.1 套索工具.swf
4.2.2 多边形套索工具.swf
4.2.3 磁性套索工具.swf
4.2.4 快速选择工具.swf
4.2.5 魔棒工具.swf
4.3.1 反向选择选区.swf
4.3.2 移动选区.swf
4.3.4 应用色彩范围选取部分图像.swf
4.4.1 设置选区边界.swf
4.4.2 平滑选区.swf
4.4.3 扩展与收缩选区.swf
4.4.4 羽化选区.swf
4.4.5 选区的存储与载入.swf
4.4.6 在快速蒙版模式下编辑.swf

4.1 规则选区的创建

在创建选区的工具中，最基础的就是规则选框工具，可用来创建矩形、圆形、单行和单列这样规则的选区，并结合各个工具的选项栏按钮，在创建选区时加选、减选选区等，创建出编辑图像需要的选区。

4.1.1 矩形选框工具

"矩形选框工具"的使用是通过鼠标的拖曳来完成，在工具箱中单击"矩形选框工具"按钮，选中该工具，在图像中需要创建矩形选区的位置单击并按住鼠标拖曳，就可根据鼠标移动到的范围来创建矩形选区，具体操作步骤如下。

1 打开素材文件，创建矩形选区

打开随书光盘\素材\第4章\01.jpg素材文件，在工具箱中选择"矩形选框工具"，在打开图像的花朵边上单击拖曳，绘制出矩形选区。

2 选择"投影"样式命令

按下Ctrl+J快捷键，将选区内图像复制到新"图层1"中，然后单击"添加图层样式"按钮，在打开菜单中选择"投影"样式命令。

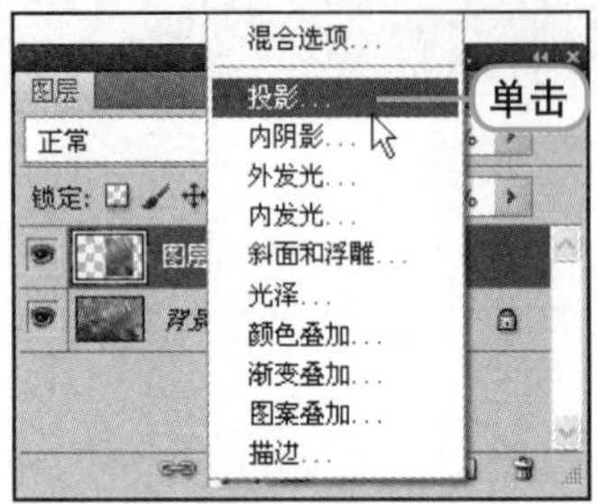

3 设置"投影"样式选项

在打开的"图层样式"对话框中为"投影"选项进行设置，设置"不透明度"为70%，"角度"为110度，"距离"为13像素，"大小"为29像素。设置后单击"确定"按钮，确认设置并关闭对话框。

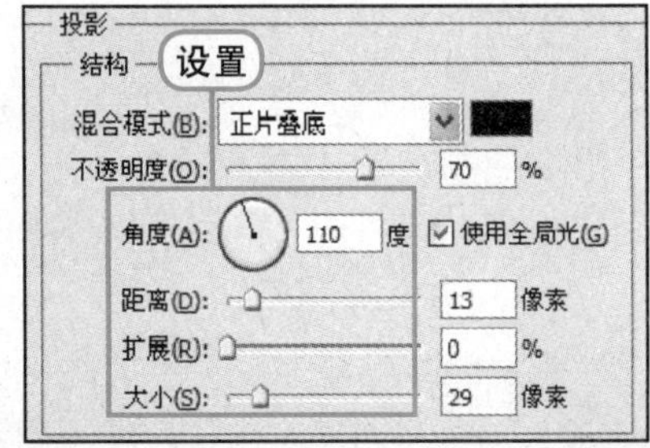

4 查看应用样式效果

在图像窗口中可看到图像应用投影后的效果，如下图所示。

5 旋转图像

按下Ctrl+T快捷键，使用"变换"编辑框对图像进行旋转变换，其变换效果如右图所示。

4.1.2 椭圆选框工具

利用“椭圆选框工具”可创建出椭圆形或正圆形选区，其使用方法与“矩形选框工具”相同，都是通过拖曳鼠标来绘制选区。创建选区后，利用选项栏的选取方式，可在创建的选区基础上添加选区或减少选区范围，具体操作步骤如下。

1 打开素材文件，创建圆形选区

打开随书光盘\素材\第4章\02.jpg素材文件，并使用“椭圆选框工具”在图像中的圆形图像上绘制一个相同的圆形选区。

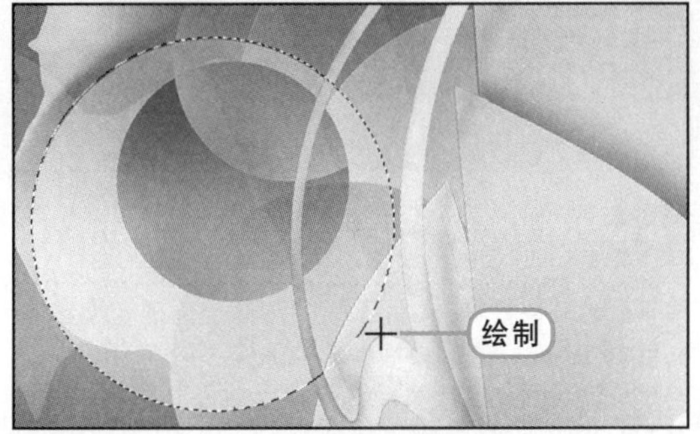

2 从选区中减去重复选区部分

在选项栏中单击“从选区减去”按钮，在图像的选区内部绘制一个圆形，将重复的选区部分减去，创建出圆环效果。

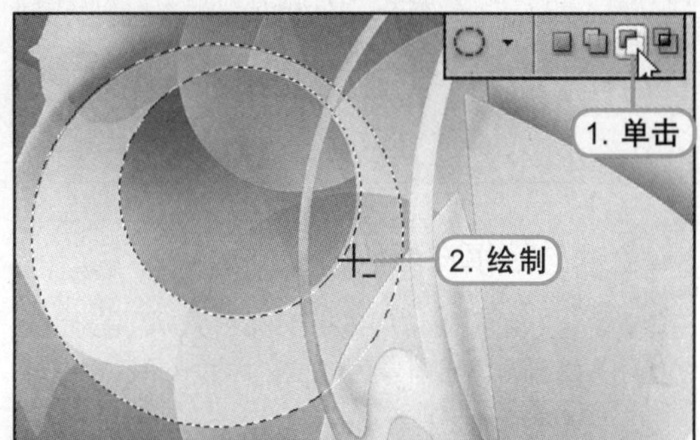

3 复制图像，设置图层混合模式

按下Ctrl+J快捷键，复制选区内图像，并产生新的图层“图层1”。在“图层”面板中设置该图层的图层混合模式为“滤色”，设置后可看到创建的选区内图像亮度增强，在图像中更加突出显示。

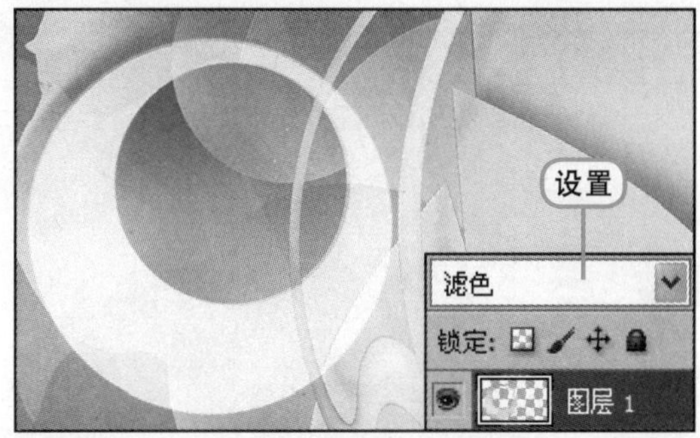

4.1.3 单行、单列选框工具

利用“单行选框工具”和“单列选框工具”可创建出一条1像素宽的横线和竖线选区，使用方法都是通过在图像中单击，创建出选区。

1 打开素材文件，创建单行选区

打开随书光盘\素材\第4章\03.jpg素材文件，在工具箱中单击“单行选框工具”按钮后，在图像中间位置单击，创建一个横线选区。

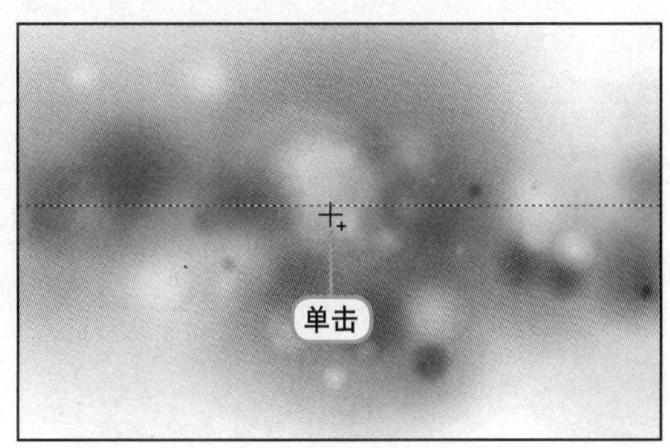

2 创建多个选区

在工具箱中单击选取方式为"从选区中添加"按钮，然后继续在图像中单击，添加多个横线选区。

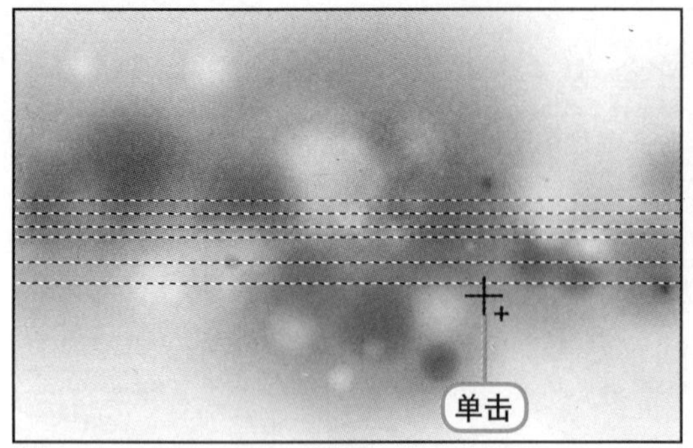

3 创建单列选区

单击"单列选框工具"后，在图像中连续单击，添加多个竖线选区，并在"图层"面板中新建一个空白图层"图层1"。

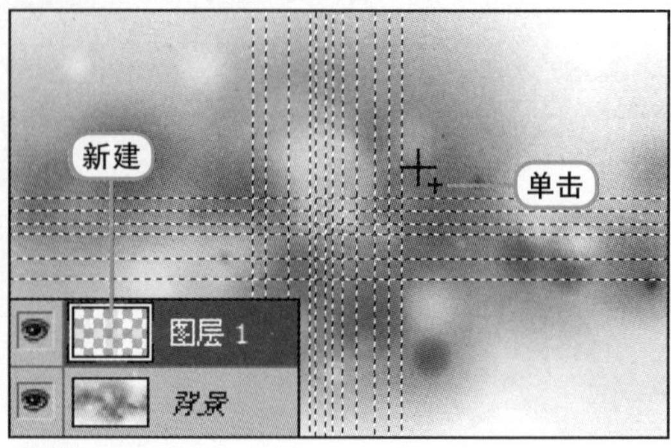

第4章

4 为选区填充颜色

设置前景色为红色R244、G53、B166，按下Alt+Delete快捷键，为选区填充前景色，并按下Ctrl+D快捷键取消选区，查看选区填色效果。

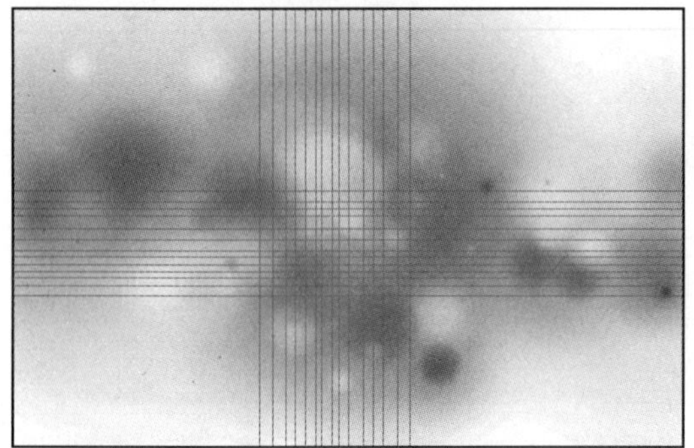

5 进行变形变换

按下Ctrl+T快捷键，"图层1"的图像上出现变换编辑框后右击，在打开的快捷菜单中选择"变形"命令，即出现变形网格。使用鼠标在网格上单击并拖曳，对图像进行变形变换，调整网格如下图所示。

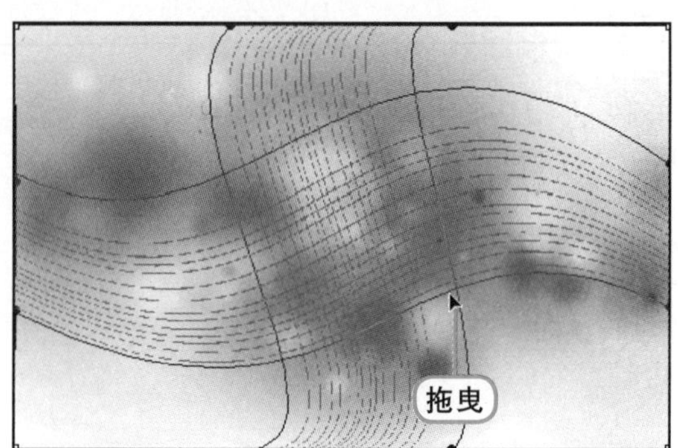

6 设置"外发光"样式

在"图层"面板中为"图层1"图层创建外发光图层样式，在打开的"图层样式"对话框中对"外发光"选项进行设置，将"不透明度"更改为100%。

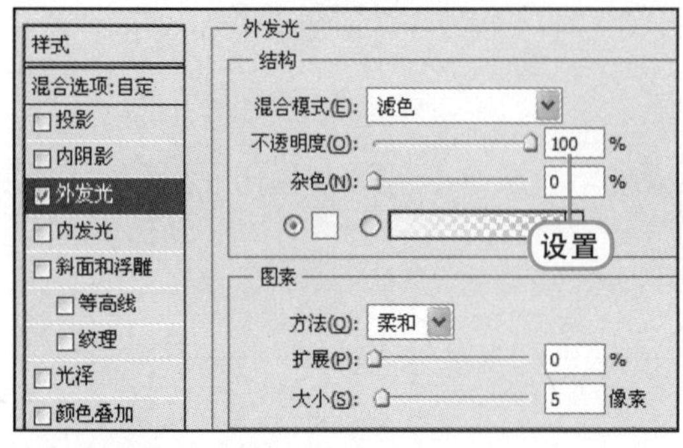

7 设置图层混合模式

为"图层1"图层添加图层样式后，在"图层"面板中设置该图层的图层混合模式为"柔光"，设置后可看到制作出发光的扭曲线条效果。

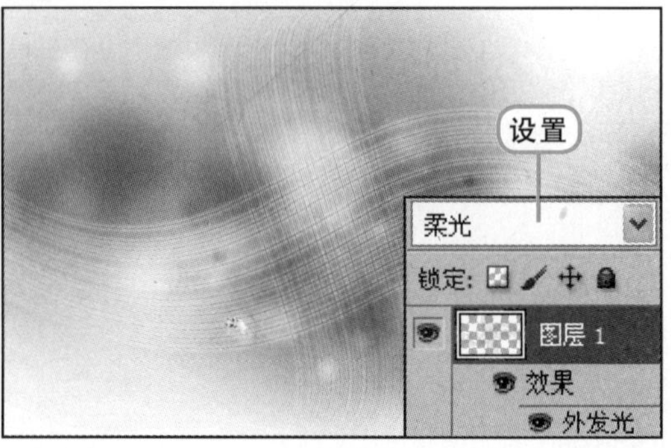

难 度 ★★★☆☆

4.2 不规则选区的创建

当需要创建出复杂、多变、特殊的选区时，就可用Photoshop CS5中提供的不规则选区来创建。这些不规则选区的创建主要通过“套索工具”、“多边形套索工具”、“磁性套索工具”、“快速选择工具”和“魔棒工具”来实现。

4.2.1 套索工具

“套索工具”可用来选择无规则的对象，利用鼠标可在图像中自由绘制出一个选区。在工具箱中单击“套索工具”按钮，在图像中需要创建选区的位置单击并按住鼠标拖曳，此时沿鼠标拖曳的路线出现路径，释放鼠标后，绘制的起点、终点将自动连接成为选区，具体操作步骤如下。

1 打开素材文件并绘制选区

打开随书光盘\素材\第4章\04.jpg素材文件，在工具箱选择“套索工具”按钮后，在选项栏中设置“羽化”值为10px，在图像中沿帆船进行绘制。

2 查看选区效果

释放鼠标后，绘制的区域闭合为选区，其选区效果如下图所示。

3 移动并复制选区图像

在工具箱中选择“移动工具”按钮，在图像中选区内单击并按住Alt键向左拖曳，可看到选区内图像移动并复制，如下图所示。

4 取消选区

移动到适当位置后，按下Ctrl+D快捷键，取消选区，即可快速简单地完成图像复制。

4.2.2 多边形套索工具

利用“多边形套索工具”，通过连续单击，将每个单击位置确定为一个点，用直线连接各个点，创建出一个多变形。当起点和终点重合时，单击鼠标闭合路径，创建出选区。也可以双击鼠标，即自动将多边形闭合形成选区，具体操作步骤如下。

1 打开素材文件，绘制菱形

打开随书光盘\素材\第4章\05.jpg素材文件，在工具箱中选择“多边形套索工具”按钮后，在打开图像的每个边上中点的位置点击，绘制出菱形线条。

2 形成选区效果

当起点与终点重合时，单击鼠标，绘制的线条自动形成选区，选区效果如下图所示。

3 调整选区内图像的亮度/对比度

在“调整”面板中单击“创建新的亮度/对比度调整图层”按钮，新建调整图层。在打开的“亮度/对比度”选项中设置“亮度”为100，“对比度”为29，完成设置后可看到选区内的图像提高了亮度和对比的效果。

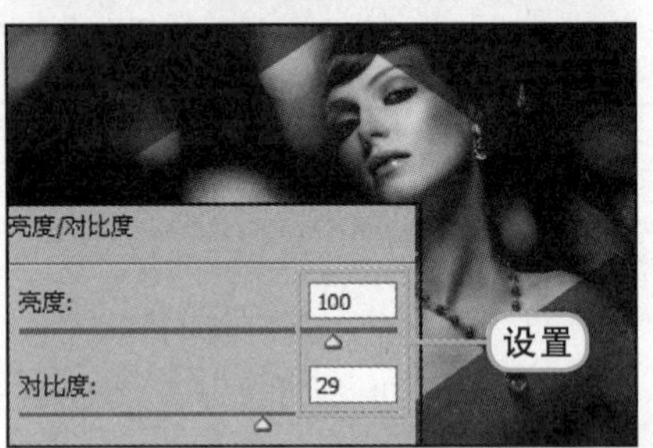

第4章

4.2.3 磁性套索工具

“磁性套索工具”适用于选择复杂且边缘与背景反差较大的图像。在工具箱中选中“磁性套索工具”按钮后，在图像中需要选区的对象上的某一处单击，然后沿图像边缘拖曳鼠标，就可创建出带锚点的路径，用鼠标双击或在起点与终点重合时单击，即可自动创建出闭合的选区，具体操作步骤如下。

1 沿图像边缘绘制

打开随书光盘\素材\第4章\06.jpg素材文件，选择“磁性套索工具”按钮，在图像中花朵边缘上单击并沿花朵边缘移动鼠标，绘制出路径。

2 创建选区效果

当起点与终点位置重合时单击，将路径连接并自动创建出选区效果。

3 设置色相/饱和度

在"调整"面板中为选区创建一个"色相/饱和度"调整图层，在打开的"色相/饱和度"选项中设置选项参数。

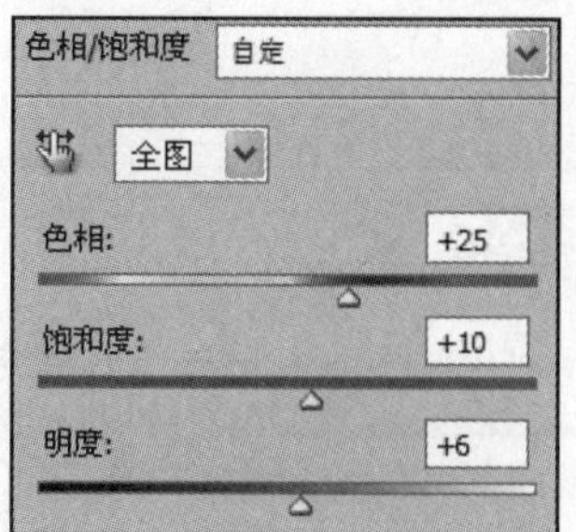

4 查看设置效果

设置后在"图层"面板中可看到新建的"色相/饱和度1"调整图层，在图像窗口中可看到选区内的花朵图像并更改了色相效果。

提示：更精确地创建选区

在"磁性套索工具"的选项栏中，可通过对选项参数的设置提高创建选区的精确度，其中的"宽度"选项可设置检测的范围，在设定的范围内查找反差最大的边缘，设置的值越小，创建的选区越精确。"频率"选项可设置生成锚点的密度，值越大，生成的锚点越多，选区越精确。

4.2.4 快速选择工具

利用"快速选择工具"在图像中单击可以创建选区。该工具以画笔形式出现，画笔的大小决定选择区域的大小，连续单击可加选选区，是较为方便的创建选区的工具，具体操作步骤如下。

1 打开素材文件，设置画笔大小

打开随书光盘\素材\第4章\07.jpg素材文件，在工具箱中选择"快速选择工具"按钮，在选择栏中单击"画笔"右侧的下三角按钮，打开"画笔"选取器，设置"大小"为40px。

2 单击创建选区

设置完成后，在图像上的红色心形内连续单击，即可快速将图像创建在选区内。

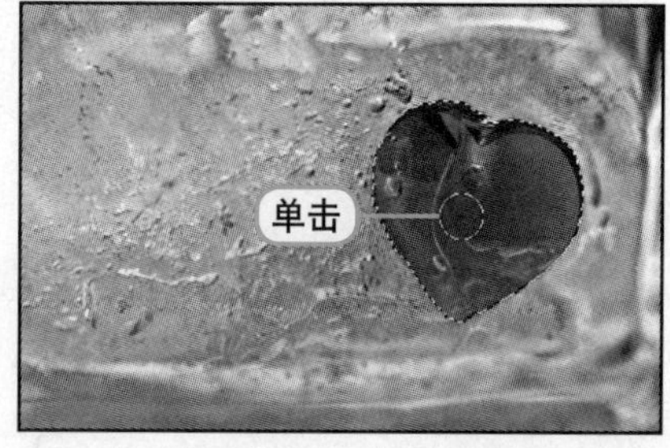

3 复制并变换选区内容

分别按下Ctrl+C快捷键、Ctrl+V快捷键复制选区内图像并粘贴到新图层"图层1"中，然后进行移动、缩小、旋转变换。

4 设置图层混合模式

在“图层”面板中，将“图层1”图层的图层混合模式设置为“强光”。

5 查看效果

在图像窗口中可看到设置图层混合模式后图像产生陷入冰中的效果，如下图所示。

6 粘贴图像并变换

再按下Ctrl+V快捷键，粘贴一个选区内的图像到“图层2”中，然后对粘贴图像进行相同的变换并设置图层混合模式，完成后的效果如下图所示。

第4章

提示：快速复制选区图像的方法

创建选区后，需要复制选区内容时，可按Ctrl+J快捷键，将选区内容复制并生成到新的图层中，也可通过复制、粘贴命令来完成。如果需要在同一个图层中复制选区内容，可在按住Alt快捷键的同时使用鼠标在选区内拖曳图像，即可复制选区内容。

4.2.5 魔棒工具

“魔棒工具”用于选择图像中相似色彩的图像范围，比较适用图像中颜色比较单一的图像。颜色越简单，选取的对象越精确。用户可以通过选项栏中的“容差”选项来设置工具选区的范围大小，设置的参数越大，单击选区的范围就越大，“魔棒工具”的具体应用如下。

1 单击创建选区

打开随书光盘\素材\第4章\08.jpg素材文件，在工具箱中选择“魔棒工具”按钮后，在图像中人物帽子上单击，创建出选区。

2 连续单击，添加选区

在工具选项栏中单击“添加到选区”按钮，然后在图像中的帽子上继续单击，添加选区，将帽子图像全部创建在选区内。

3 填充选区

在“图层”面板中新建一个“图层1”图层，在工具箱中设置前景色为红色R255、G11、B109，然后为选区填充前景色，填色效果如下图所示。

4 设置图层混合模式

在“图层”面板中设置“图层1”的图层混合模式为“色相”，图层混合后，可看到选区内图像的颜色已更改。

难 度 ★★☆☆☆

4.3 选区的基本操作

利用创建选区的工具在图像中选择区域后，可利用“选择”菜单下的命令来对选区进行反向、移动、变换等操作，还可通过色彩范围对图像中的特定颜色区域进行选择。

4.3.1 反向选择选区

反向选择选区可翻转图像中的选区。在图像中创建选区后，执行“选择>反向”菜单命令，即将选区外的区域创建为选区。此命令适合在背景容易被选取的情况下使用。

1 打开素材文件，创建椭圆选区

打开随书光盘\素材\第4章\09.jpg素材文件，选择“椭圆选框工具”按钮后，在其选项栏中设置“羽化”选项为20px，使用工具在图像中间位置绘制一个椭圆选区。

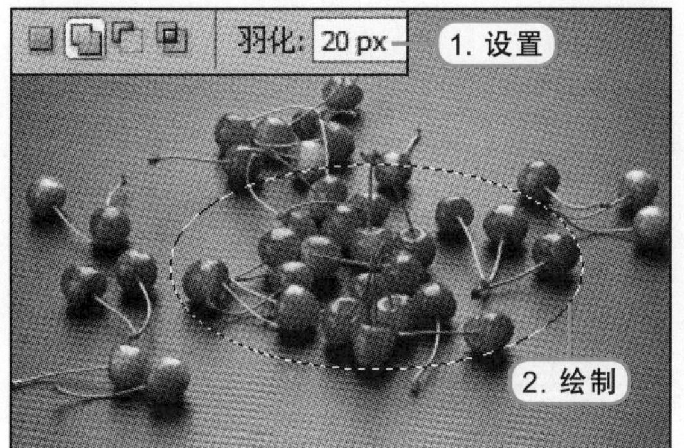

2 反向选择选区

创建选区后，执行“选择>反向”菜单命令，将选区反向，可看到选区以外的区域被创建到选区中。然后按Ctrl+J快捷键，复制选区内容到新图层中。

3 设置“高斯模糊”半径

对复制的图像执行“滤镜>模糊>高斯模糊”菜单命令，在打开的“高斯模糊”对话框中设置“半径”为4.5像素，然后单击“确定”按钮，确认设置。

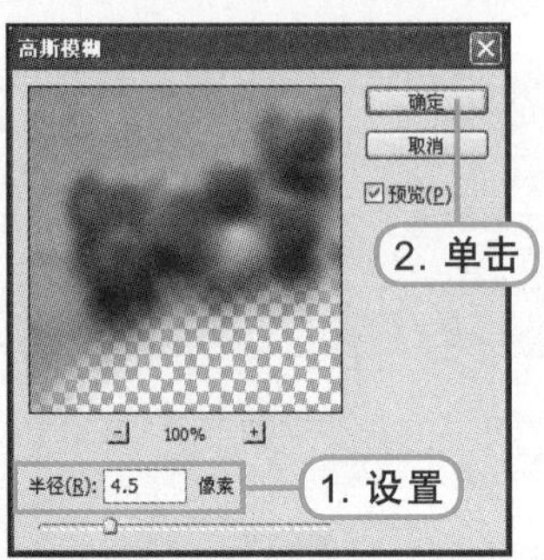

4 查看效果

为图像设置模糊滤镜后，在图像中可看到图像边缘都变得模糊，中间部分清晰，增强了图像的层次感。

4.3.2 移动选区

创建选区后，选区是可移动的。对图像设置选区后，选择任意一种创建选区工具，设置属性栏中选区方式为“新选区”后，创建选区，使用工具在选区内拖曳，即可移动选区到任意位置而不影响图像。如果使用“移动工具”拖曳选区内图像，即可将选区内图像剪切出来。如果按住Alt键拖曳移动选区，即可复制选区内容，具体操作步骤如下。

1 打开素材文件，创建选区

打开随书光盘\素材\第4章\10.jpg素材文件，在工具箱中选择“椭圆选框工具”，在图像中绘制一个椭圆选区。

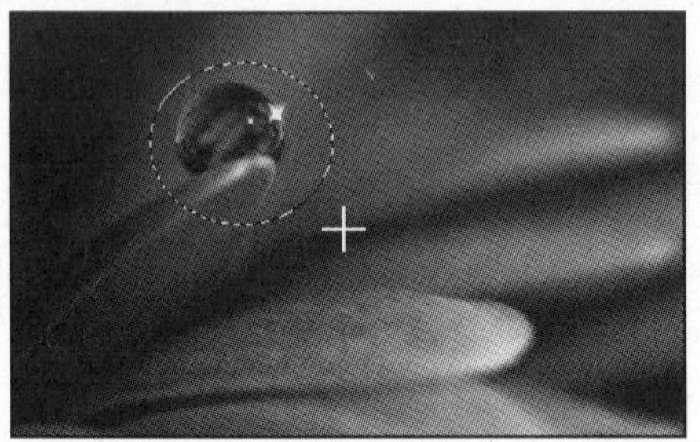

2 移动选区

设置属性栏中选区方式为“新选区”，然后将鼠标放置到选区内，单击并按住鼠标拖曳，即可将选区移动到任意位置。

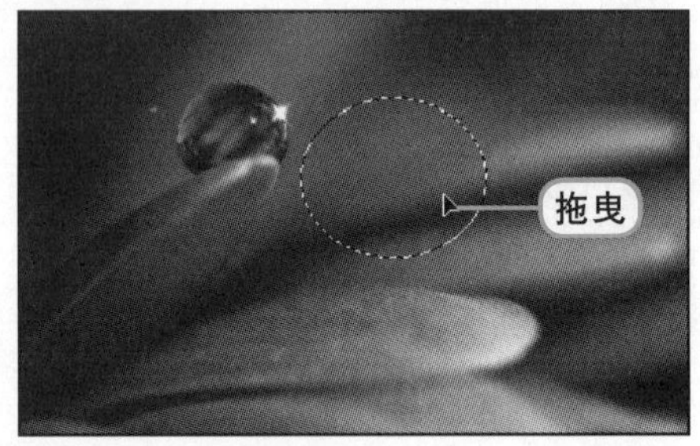

3 使用移动工具移动选区

选择“移动工具”后，将鼠标放置到选区内，对选区进行拖曳，可以将选区内图像剪切出来，原选区内图像以白色填充。

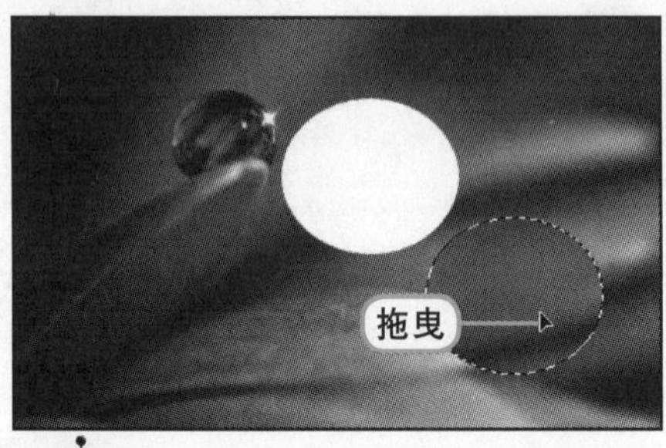

4 移动、复制图像

使用“移动工具”对选区进行移动时，按住Alt键拖曳，可以将选区内图像复制出来。

第4章

4.3.3 变换选区

使用“变换选区”命令可对选区进行变换。对创建的选区执行“选择>变换选区”菜单命令，就会在选区上出现一个矩形形状的变换编辑框，通过编辑框来完成对选区的旋转、缩放、拉伸、翻转、移动等变换。其使用方法与变换图像相同，不同点在于，“变换”命令对图像进行变换，“变换选区”命令只对选区产生变化，不影响图像。

1 打开素材文件，创建选区

打开随书光盘\素材\第4章\11.jpg素材文件，在工具箱中选择“椭圆选框工具”按钮，在图像中绘制一个椭圆选区。

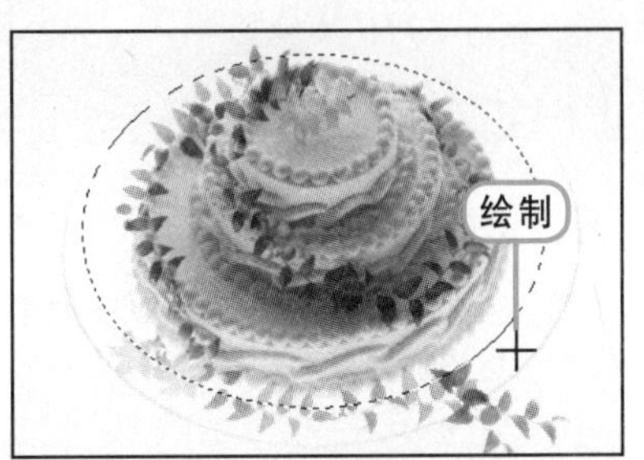

2 变换选区

对选区执行“选择>变换选区”菜单命令，选区上出现变换编辑框。使用鼠标拖曳边框上的控制点，就可对选区进行缩放变换。编辑后，按下Enter键确认变换。

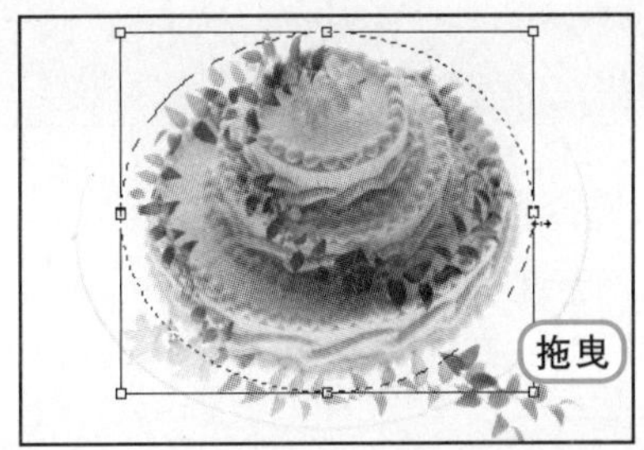

提示：利用快捷菜单选择其他变换命令

在对选区执行了“变换选区”菜单命令后，利用变换编辑框只能对选区进行缩放、旋转、移动变换，如果需要其他的变换命令，可在编辑框内单击鼠标右键，在弹出的快捷菜单中选择其他的“透视”、“斜切”、“扭曲”、“变形”和“翻转”等命令。

4.3.4 应用色彩范围选取部分图像

使用“色彩范围”命令可根据图像中的某一个颜色区域进行选择创建选区。执行“选择>色彩范围”菜单命令后，使用“色彩范围”对话框中的吸管工具，在图像中需要选取的颜色范围内单击，就可选择该颜色区域，并通过对话框中的预览框来查看选择的范围。图像会以黑、白、灰三色显示，其中的白色区域就为选中区域、灰色区域为半透明区域、黑色区域为未选中区域。

1 打开“色彩范围”对话框

打开随书光盘\素材\第4章\12.jpg素材文件，执行“选择>色彩范围”菜单命令，打开“色彩范围”对话框。

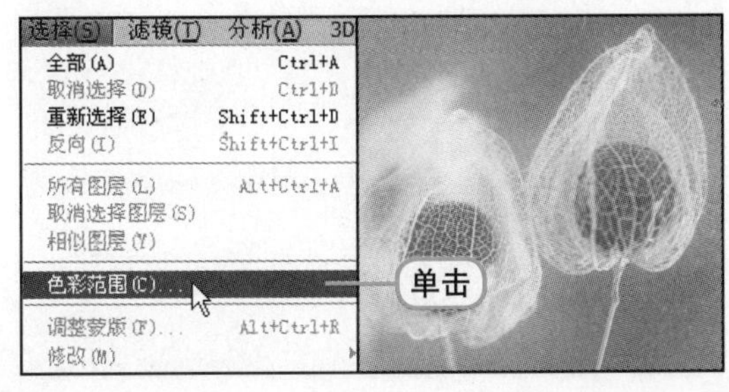

2 设置“颜色容差”

在对话框中使用“吸管工具”在图像中的红色图像上单击，并将“颜色容差”设置为100，在预览框中可看到白色的选区区域。

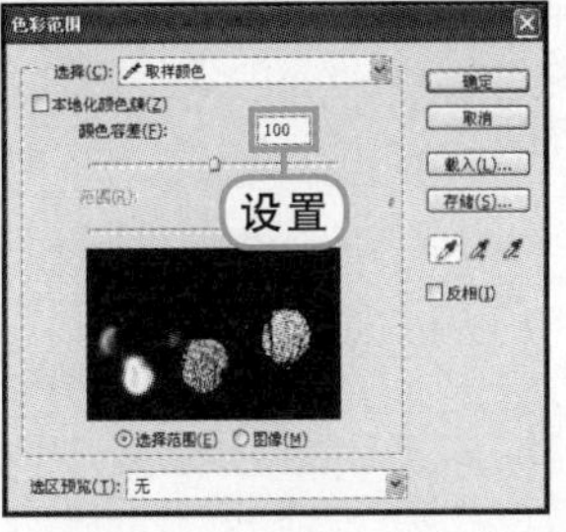

3 查看选区效果

确认设置后，回到图像窗口中可看到图像中的所有的红色区域都被创建为选区。

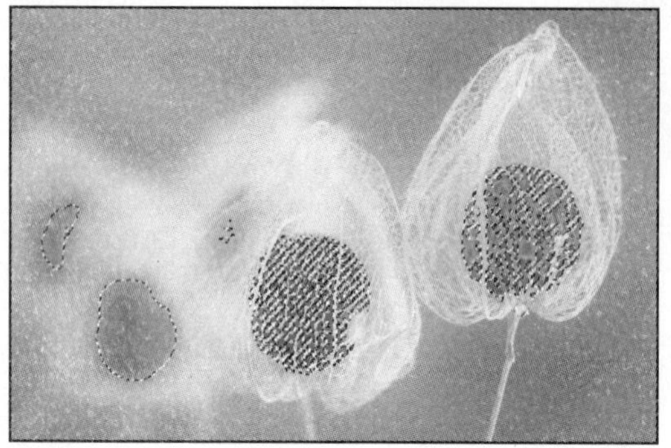

4 更改色相/饱和度

为选区内的图像创建一个“色相/饱和度”调整图层，设置“色相”参数为-15，“饱和度”为+25，更改选区内的图像色相。

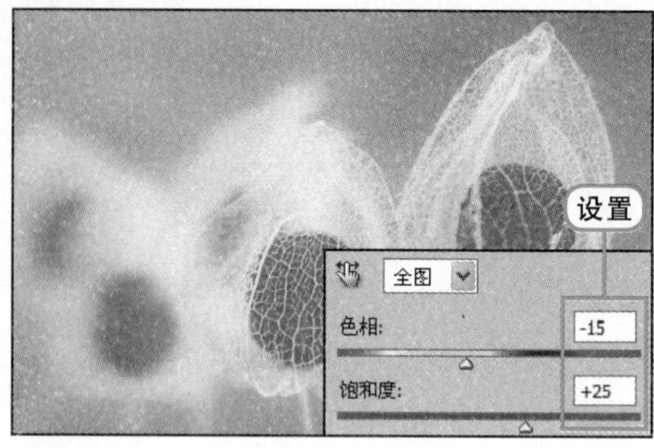

5 选择色彩范围

再次对“背景”图层中的图像执行“选择>色彩范围”菜单命令，在打开的“色彩范围”对话框中选择绿色色调区域。

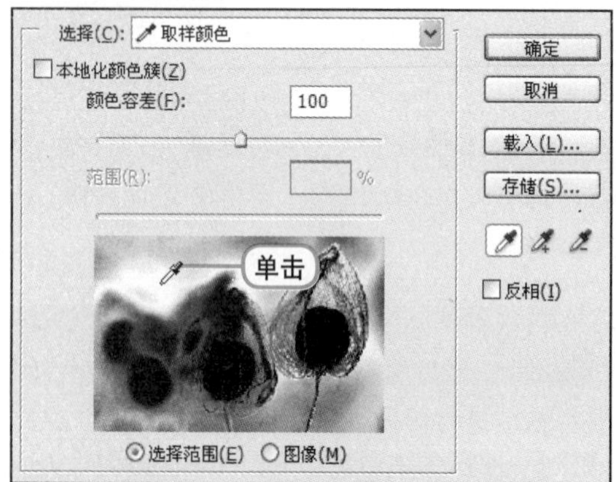

6 查看选区效果

确认设置后，回到图像窗口中，可看到图像中绿色区域被创建到选区内的效果。

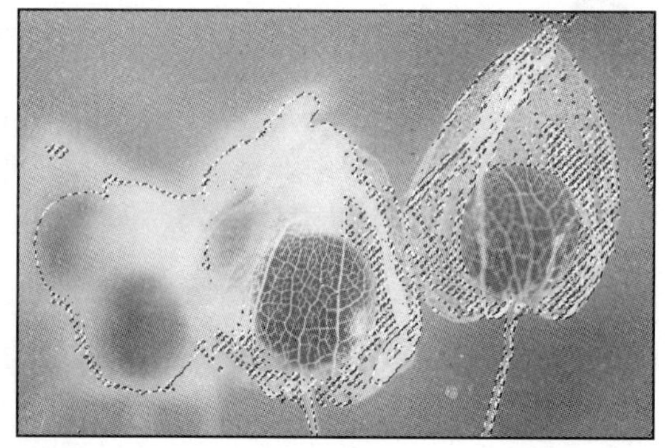

7 设置色彩平衡

为选区内的图像创建一个“色彩平衡”调整图层，在打开的选项中依次设置选项参数为-93、0、+100。

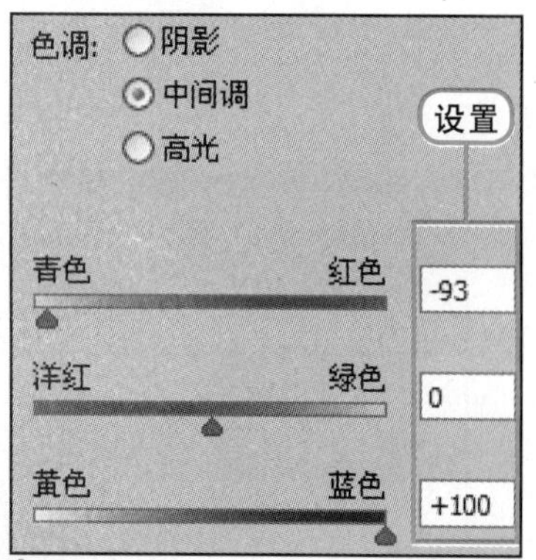

8 查看更改效果

为选区设置“色彩平衡”后，在图像窗口中可查看到绿色的背景被更改为蓝色色调。

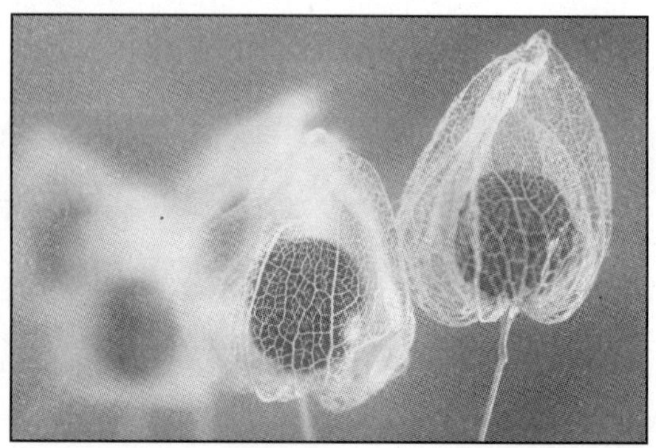

4.4 选区的设置与应用

创建选区后，“选择”菜单中提供了多个对选区进行重新设置和调整的命令，用户可以对选区进行边界、扩展、收缩、羽化等修改，也可以存储选区，并能利用快速蒙版模式来创建出不同透明度的选区，更快捷地创建出需要的选区，便于图像的选择、抠取等。

难 度 ★★★☆☆

4.4.1 设置选区边界

使用“边界”命令可以设置选区的边界，创建出有边框效果的选区。执行“选择>修改>边界”菜单命令后，就可打开“边界选区”对话框，设置边界的宽度为多少像素，此操作常用于在图像中快速创建边框。

1 打开素材文件，全选图像

执行“文件>打开”菜单命令，打开随书光盘\素材\第4章\13.jpg素材文件，并按Ctrl+A快捷键全选图像，将图像创建到选区中。

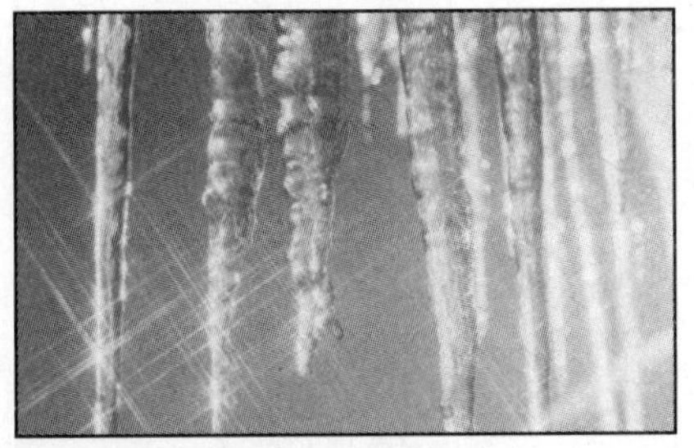

2 变换选区

执行“选择>变换选区”菜单命令，按住Shift+Alt快捷键的同时，在变换编辑框边缘单击并向内拖曳，对选区进行等比例向中心缩小变换，然后按Enter键确认选区的变换。

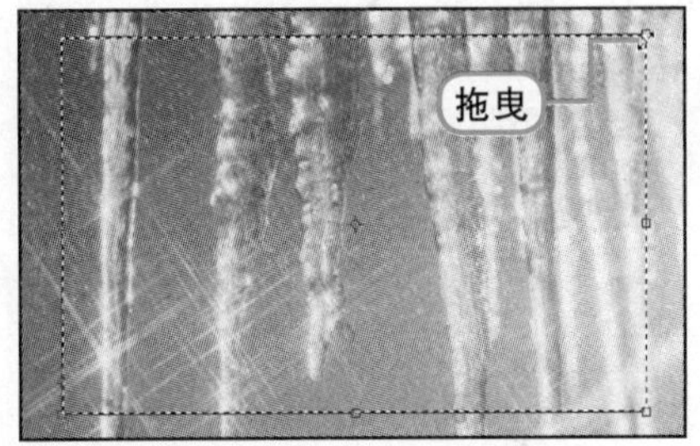

3 设置边界选区的宽度

变换选区后，执行“选择>修改>边界”菜单命令，在打开的“边界选区”对话框中设置“宽度”为50像素，单击“确定”按钮，确认设置。

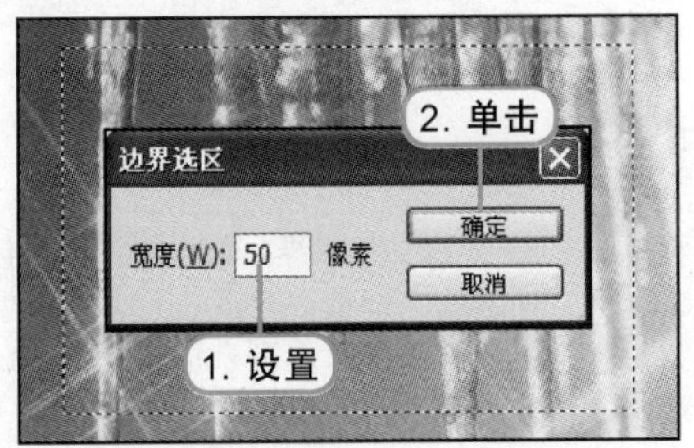

4 查看设置效果

在图像窗口中可看到应用“边界选区”设置后，边界出现了50像素宽度的选区框，如下图所示。

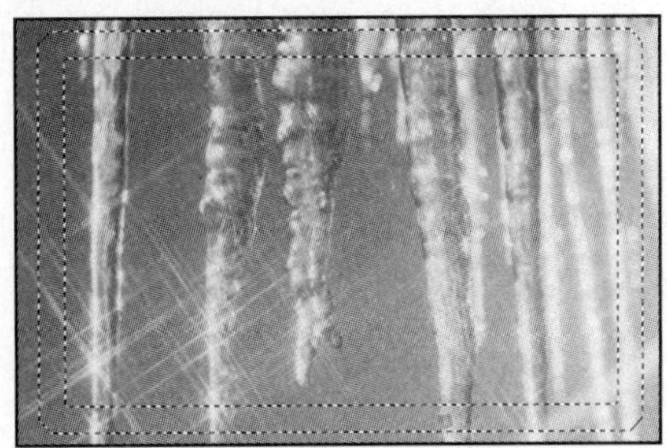

5 填充选区

在“图层”面板中新建一个“图层1”图层，设置前景色为白色，按Alt+Delete快捷键，为选区填充白色，然后按Ctrl+D快捷键取消选区，可看到选区内填充了白色效果，制作出白色边框，如右图所示。

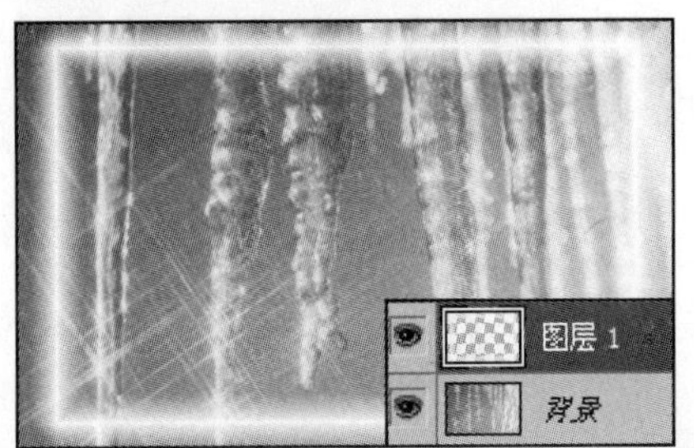

4.4.2 平滑选区

利用“平滑”命令可对选区的边缘进行平滑操作，让棱角分明的选区拐角变得弯曲平滑。执行“选择>修改>平滑”菜单命令后，利用“平滑选区”对话框中的“取样半径”的参数设置来确定选区拐角的弯曲弧度，参数越大，选区拐角越平滑。

1 打开素材文件绘制选区

打开随书光盘\素材\第4章\14jpg素材文件，在工具箱中选择“矩形选框工具”按钮，选择选区方式为“添加到选区”，然后在图层中绘制两个矩形选区。

2 设置平滑选区取样半径

对选区执行“选择>修改>平滑”菜单命令，在打开的“平滑选区”对话框中设置“取样半径”为100像素。

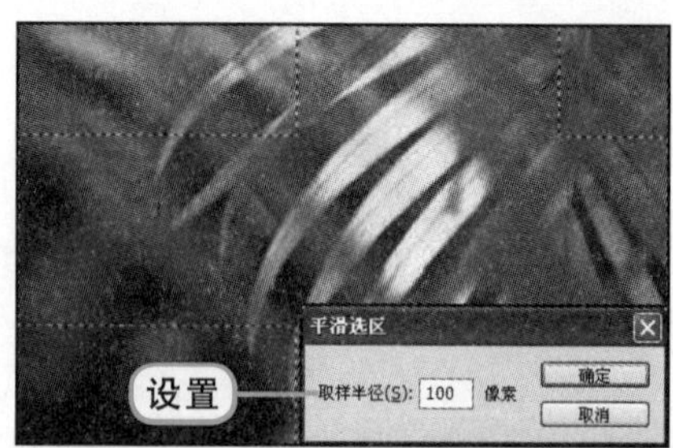

3 选择调整图层命令

应用“平滑选区”命令后，选区边缘平滑了100个像素，选区边缘变得平滑，然后按下Ctrl+J快捷键，复制选区内图像，得到新图层“图层1”，设置其图层混合模式为“强光”。

4.4.3 扩展与收缩选区

利用“扩展”命令可以对选区进行扩展，即按设定的像素放大选区。在“扩展选区”对话框中，利用“扩展量”可以准确地设置选区的放大量。“收缩”命令与“扩展”命令效果相反，会使选区产生向内收缩的效果。

1 绘制椭圆形选区

打开随书光盘\素材\第4章\15.jpg素材文件，使用“椭圆选框工具”在图像中的花朵上绘制一个椭圆形选区。

2 设置“扩展量”

对选区执行“选择>修改>扩展”菜单命令，在打开的“扩展选区”对话框中设置“扩展量”为20像素。确认设置后，在图像窗口中可看到选区被扩大20个像素的效果。

3 设置“收缩量”

对选区执行“选择>修改>收缩”菜单命令，在打开的对话框中设置“收缩量”为40像素，确认设置后，就可看到选区被向内缩小40个像素的效果。

提示：扩展和收缩的数量值

在应用“扩展”和“收缩”命令时，在其对话框中设置的“扩展量”和“收缩量”的数值范围都是1~100像素。

4.4.4 羽化选区

使用“羽化”命令可通过建立选区和选区周围的像素之间的转换来将图像的边缘进行模糊设置，使选区轮廓变得更加柔和。执行“羽化”命令后，在打开的“羽化选区”对话框中利用“羽化半径”来设置，设置的数值越高，边缘模糊的效果越明显，越容易在对选区进行模糊的同时丢失部分细节，常用于抠取不需要精确边缘的图像。

1 打开素材文件

执行“文件>打开”菜单命令，同时打开随书光盘\素材\第4章\16.jpg、17.jpg两个素材文件。

2 创建选区

选择“椭圆选框工具”，在人物图像中绘制一个椭圆型选区。

3 羽化选区

执行“选择>修改>羽化”菜单命令，或按下Shift+F6快捷键，就可打开“羽化选区”对话框，设置“羽化半径”参数为30像素，确认设置后，按Ctrl+C快捷键，复制选区图像。

4 复制并调整选区内图像

切换到背景图案文档中，按Ctrl+V快捷键，粘贴上一步骤中复制的选区内图层，生成“图层1”，并将图像缩放到椭圆型中，柔和的边缘与背景自然地融合。

5 设置图层混合模式

在“图层”面板中复制“图层1”图层，得到“图层1副本”图层，设置其图层混合模式为“滤色”。

6 查看完成效果

图层混合后，可看到人物图像提高了亮度的效果，如下图所示。通过羽化设置，图像的合成更加简单、自然。

4.4.5 选区的存储与载入

在创建选区后，可利用“存储选区”命令来对选区进行保存。在“存储选区”对话框中，可将选区存储为通道，下次使用时可直接在通道中将选区载入。利用“载入选区”命令可以载入图像任意一个图层中图像的选区，也可载入存储的选区。

1 打开素材文件并创建选区

打开随书光盘\素材\第3章\18.jpg素材文件，使用“快速选择工具”在图像中的花朵上单击，将其创建到选区中。

2 存储选区

执行“选择>存储选区”菜单命令，在打开的“存储选区”对话框中设置“名称”为“花朵”，确认设置即存储成功。

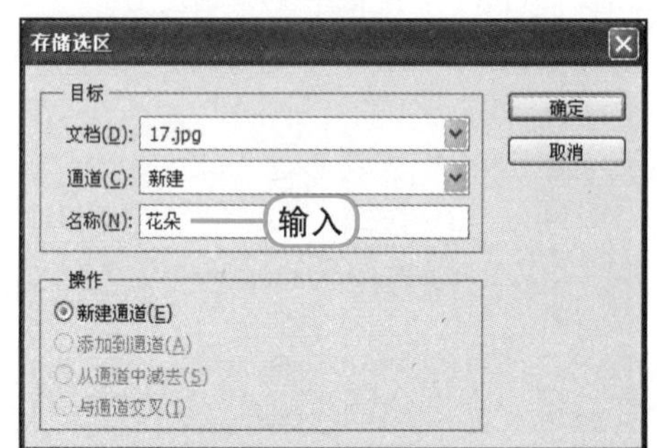

3 反向选择选区

执行“选择>反向”菜单命令，反向选择选区，将花朵以外的区域创建到选区中。

4 复制图像并设置混合模式

按下Ctrl+J快捷键复制选区内图像，生成“图层1”图层，并设置其图层混合模式为“叠加”。

5 载入选区

执行“选择>载入选区”菜单命令，打开一个“载入选区”对话框，在对话框中的“通道”选项下拉菜单中选择前面存储的“花朵”，单击“确定”按钮，关闭对话框。

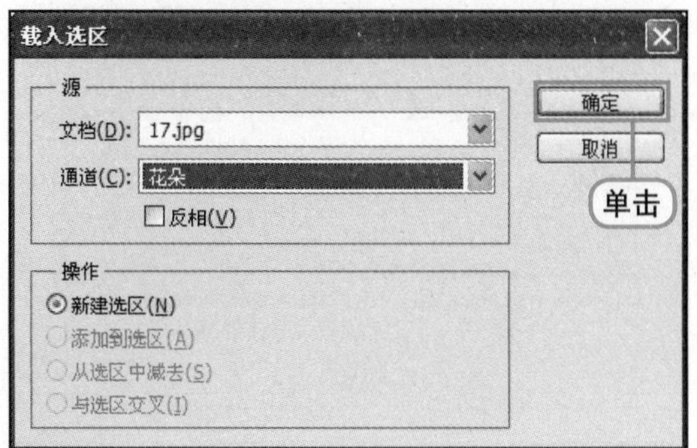

6 查看选区

在图像窗口中可看到应用“载入选区”命令后，“花朵”图像已创建到选区中。

7 设置自然饱和度

为选区内的图层设置一个“自然饱和度”调整图层，提高花朵图像的色彩饱和度。

4.4.6 在快速蒙版模式下编辑

执行“选择>在快速蒙版模式下编辑”菜单命令，或在工具箱中单击“以快速蒙版模式编辑”按钮，进入到快速蒙版模式中。利用蒙版创建选择的区域，可使用画笔工具或其他的填色工具在图像中编辑，出现半透明的红色区域为不需要选择的区域。退出快速蒙版模式后，即可创建出选区。

1 打开素材文件，进入快速蒙版模式

打开随书光盘\素材\第4章\19.jpg素材文件，在工具箱中单击“以快速蒙版模式编辑”按钮，进入到快速蒙版模式中。

2 在快速蒙版中编辑

选择“渐变工具”按钮，在选项栏中选择渐变类型为“径向”，在图像中孔雀上单击，向其尾巴扩展方向拖曳，应用渐变。

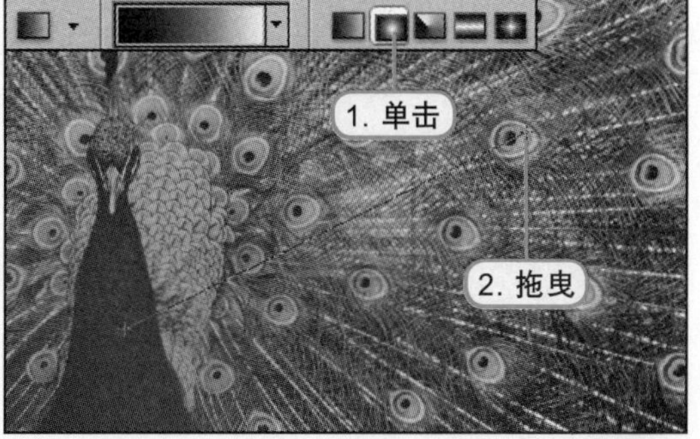

3 查看选区效果

在工具箱下方单击“以标准模式编辑”按钮，退出快速蒙版编辑模式，可看到半透明蒙版以外的区域被创建为选区。

4 新建图层并填充

在“图层”面板中新建一个空白图层“图层1”，并在该图层中为选区填充白色。

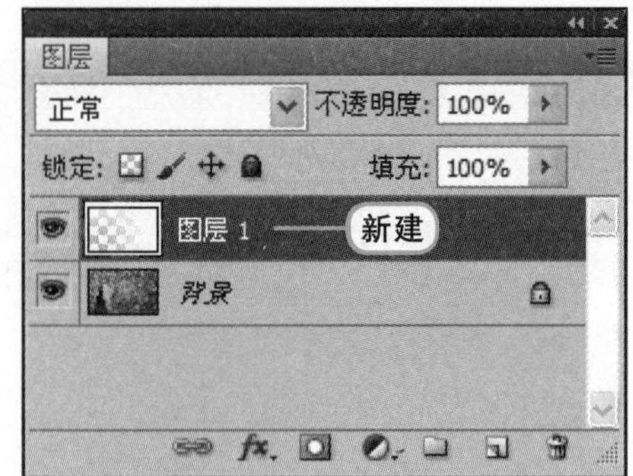

5 查看填充效果

在图层窗口中按Ctrl+D快捷键，取消选区，可看到选区填充白色的效果，如右图所示。

新手提问 123

问题1 如何创建正方形或正圆形选区？

答 在使用“矩形选框工具”和“椭圆选框工具”创建选区时，可通过键盘上的一些组合键来辅助选区的绘制，创建出正方形和正圆形。方法是在绘制的同时按住Shift键进行拖曳，就可绘制出任意大小的正方形和正圆形，如左下图和右下图所示。

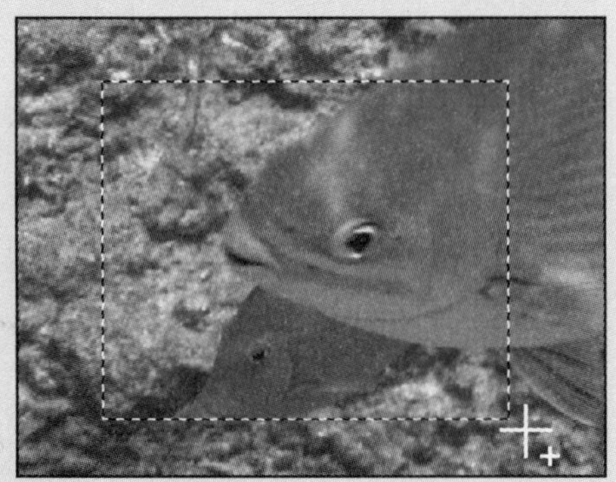

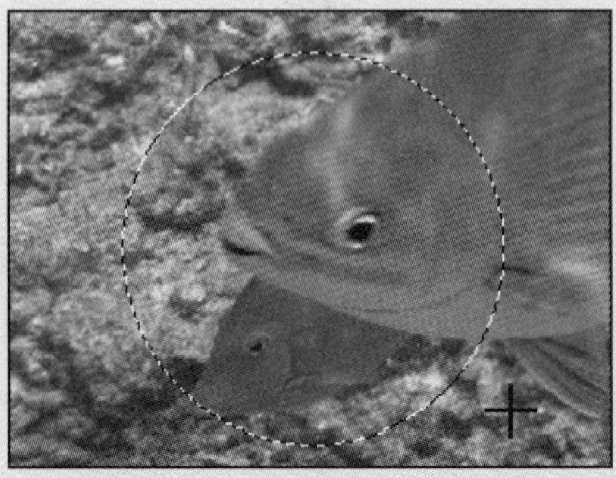

问题2 如何在操作过程中载入图层选区？

答 在操作中如果创建了多个图层，需要其中某图层中图像的选区时，可利用“载入选区”命令来载入，如中下图所示。在“载入选区”对话框中选择该图层名称，确认后就可将图层内容创建为选区。如左下图所示，在图层中选择一个图层，执行“载入选区”命令后，就可将该图层创建出选区，如右下图所示。

另一种快速载入图层选区的方法是，直接在“图层”面板中选择该图层后，按住Ctrl键的同时，单击该图层前的图层缩览图，如左下图所示。释放鼠标后就可在图像窗口中看到已经载入该图层选区，如右下图所示。

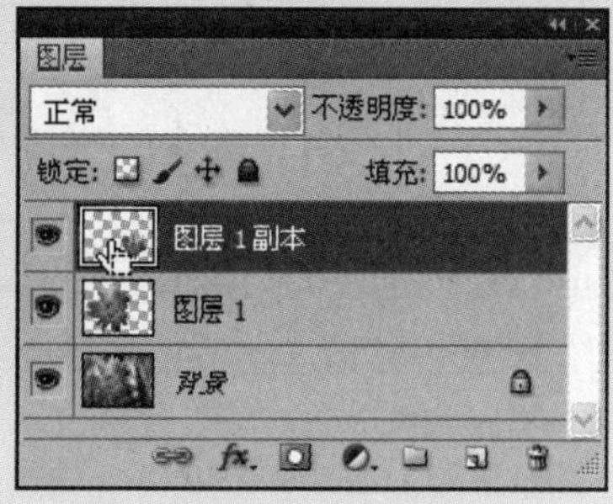

问题3 如何利用变换编辑框对选区进行调整？

答 在利用变换编辑框对选区进行变换操作时，在边框每条边上的控制点上单击并拖曳，完成变换。当鼠标放在编辑框的某个控制点上时，鼠标变成双向的直箭头图标↔，此时拖曳就可以完成缩放、翻转变换，如左下图所示。当鼠标放置到编辑框某个控制点以外，鼠标变成弯曲的双箭头图标，此时可以进行旋转变换，如右下图所示。

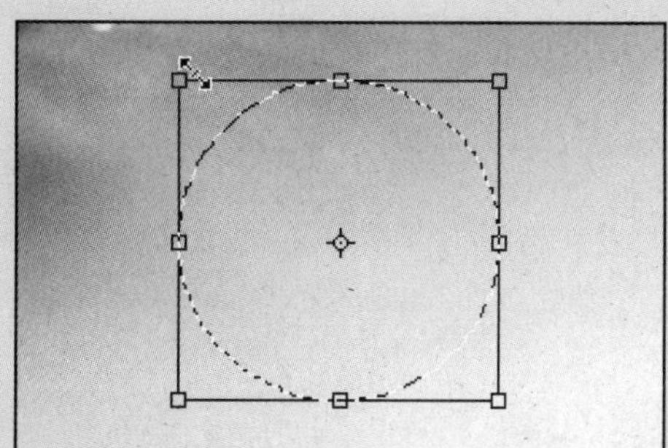

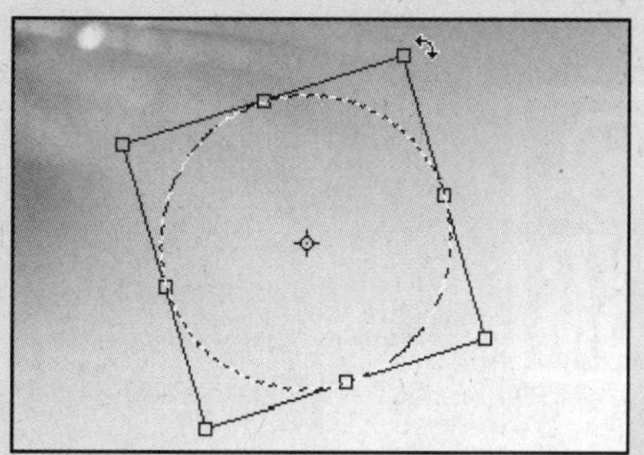

第5章

工具箱中提供了对图像进行绘制与修饰的多个工具，利用其中的画笔工具可进行图形的绘制，通过笔刷的设置可以绘制出千变万化的图形。在照片的处理中，可通过多种修复工具对图像进行修复，使用修饰工具可对图像进行艺术化的修饰等。

图像的绘制与修饰

参见随书光盘

- 第5章　图像的绘制与修饰
  - 5.1.1　画笔工具.swf
  - 5.1.2　铅笔工具.swf
  - 5.1.3　颜色替换工具.swf
  - 5.1.4　混合器画笔工具.swf
  - 5.2.1　渐变工具.swf
  - 5.2.2　油漆桶工具.swf
  - 5.3.1　仿制图章工具.swf
  - 5.3.2　污点修复工具.swf
  - 5.3.3　修复画笔工具.swf
  - 5.3.4　修补工具.swf
  - 5.3.5　红眼工具.swf
  - 5.3.6　锐化和模糊工具.swf
  - 5.3.7　减淡和加深工具.swf
  - 5.3.8　海绵工具.swf
  - 5.4.1　橡皮擦工具.swf
  - 5.4.2　背景橡皮擦工具.swf
  - 5.4.3　魔术橡皮擦工具.swf

5.1 图像的绘制

利用笔刷工具可绘制出特殊图形的效果，用来绘制的工具包括"画笔工具"、"铅笔工具"、"颜色替换工具"和"混合器画笔工具"，它们都使用前景色进行绘制并可更改图像颜色。

5.1.1 画笔工具

利用"画笔工具"可以绘制图形可以并涂抹颜色，在该工具的选项栏中可以设置画笔笔触的形态、大小、材质等，利用"画笔"面板可以选择更多Photoshop CS5中的预设画笔类型、画笔角度、间距等多种属性。选择该工具后，可以在图中拖曳绘制并以前景色表现画笔效果。

1 打开素材文件，创建新图层

打开随书光盘\素材\第5章\01.jpg素材文件，在"图层"面板中单击"创建新图层"按钮，新建"图层1"图层。

2 选择画笔

选择"画笔工具"后，在其选项栏中单击下三角按钮，打开"画笔预设"选取器，在下方单击选中"散布枫叶"画笔。

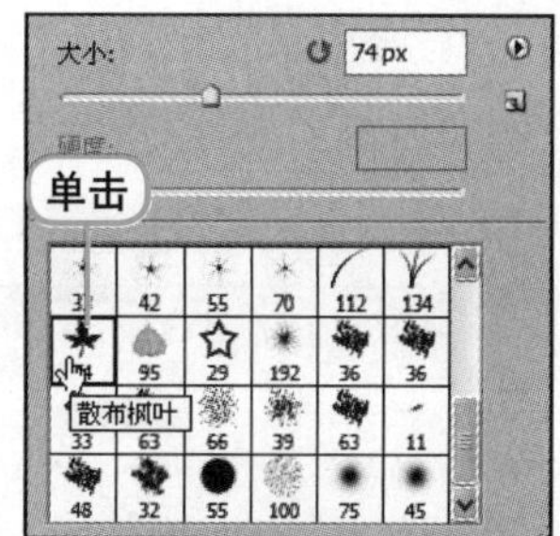

3 设置"画笔"面板选项

继续在"画笔工具"选项栏中单击"切换画笔面板"按钮，打开"画笔"面板，在面板中可看到设置画笔的更多选项。更改"大小"为40px，将"间距"选项设置为170%，在下方预览框中可预览到设置画笔后的笔触效果。在工具箱中设置前景色为橙色R206、G131、B63，背景色为褐色R76、G17、B1。

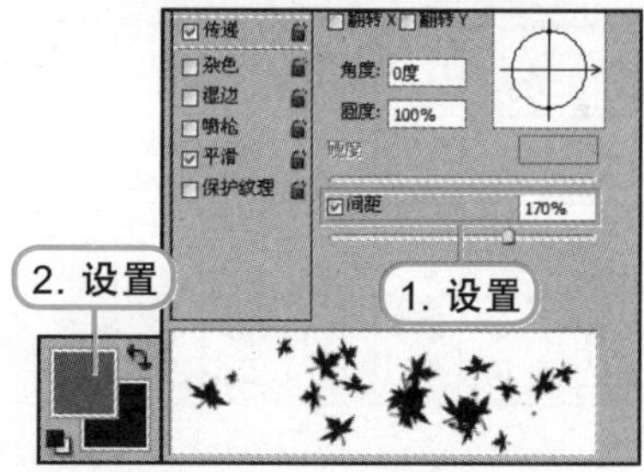

4 设置颜色并绘制

使用设置后的"画笔工具"在图像中树枝上单击并按住鼠标拖曳，即可绘制出散布的枫叶图像效果。

5 继续绘制枫叶效果

继续使用"画笔工具"在图像中绘制枫叶，并注意调整画笔大小，为图像添加出枫叶飘飘的效果，更有意境。

5.1.2 铅笔工具

使用“铅笔工具”可以模仿出铅笔绘制的硬变的线条的图形效果，其使用方法与“画笔工具”相同，同样可通过“画笔”面板来设置笔触。“铅笔工具”表现的效果很生硬，常用于绘制一些线稿。

1 打开素材文件并新建图层

打开随书光盘\素材\第5章\02.jpg素材文件，在“图层”面板中单击“创建新图层”按钮，新建“图层1”图层。

2 选择画笔

选择“铅笔工具”后，在其选项栏中单击下三角按钮，在打开的“画笔预设”选取器中选择“大小”为75px的圆形画笔。

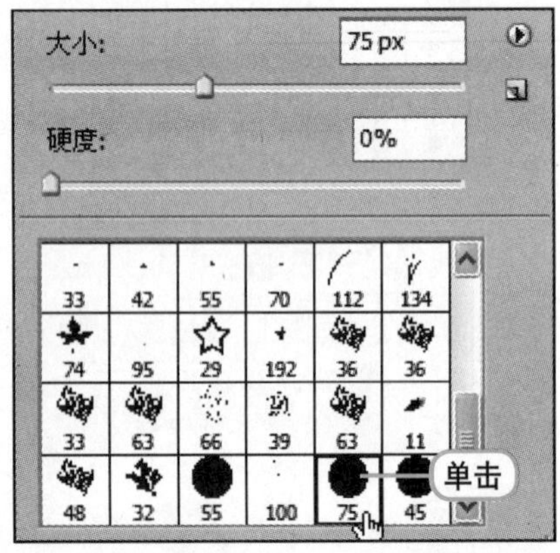

3 设置间距

在“铅笔工具”选项栏中单击“切换画笔面板”按钮，打开“画笔”面板。在面板中设置选择画笔的“间距”参数为96%，然后在工具箱中将前景色设置为白色。

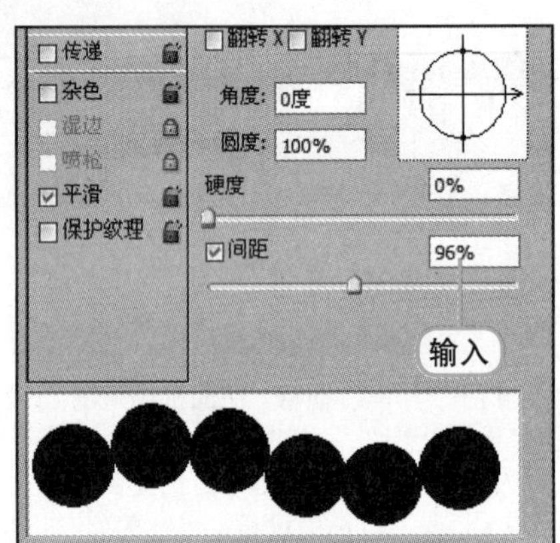

4 绘制半圆边框效果

将画笔放置到图像边缘上，在按住Shift键的同时，单击鼠标并水平拖曳，即可在水平直线上绘制出半圆边框效果。

5 添加邮票边框效果

用上一步骤中相同的方法在图像另几条边缘上绘制半圆形，制作出邮票边框效果。

第5章

5.1.3 颜色替换工具

使用“颜色替换工具”可以用当前设置的前景色替换图像中被涂抹区域内的颜色。在该工具的选项栏中利用“模式”选项，可选择不同模式来控制在图像中绘制产生的颜色效果。

1 打开素材文件创建副本图层

打开随书光盘\素材\第5章\03.jpg素材文件，在“图层”面板中将“背景”图层拖曳到“创建新图层”按钮上，复制图层，得到副本图层。

2 设置前景色并涂抹

选择“颜色替换工具”后，在选择栏中设置选项，并将前景色设置为绿色R195、G201、B61，在图像中人物抱枕上单击并涂抹。

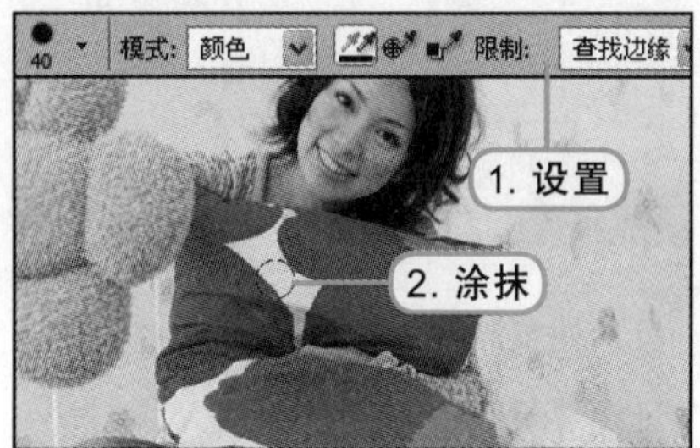

3 进行涂抹，替换颜色

继续使用“颜色替换工具”在人物抱枕上进行涂抹，可看到被涂抹过的区域颜色更改为绿色色调。涂抹边缘位置时，可按下键盘上的[键，快速将画笔缩小，再进行涂抹，使边缘拾取得更精确，直到将整个抱枕颜色更改为绿色。

5.1.4 混合器画笔工具

Photoshop CS5中的“混合器画笔工具”可以转换图像的艺术风格，用户在图像上绘画时可以选择画笔的不同姿态，可以改变画笔角度，还可以捻动笔杆，改变向不同方向涂抹时的笔触，得到需要的艺术效果。应用混合器画笔工具的具体步骤如下所示。

1 打开素材文件，创建新图层

打开随书光盘\素材\第5章\04.jpg素材文件，在“图层”面板中单击“创建新图层”按钮，新建“图层1”图层。

2 设置画笔选项并涂抹

选择“混合器画笔工具”，在其选择栏中设置选项，然后图像中按住Alt键单击背景较深的位置，使用工具在背景中涂抹。

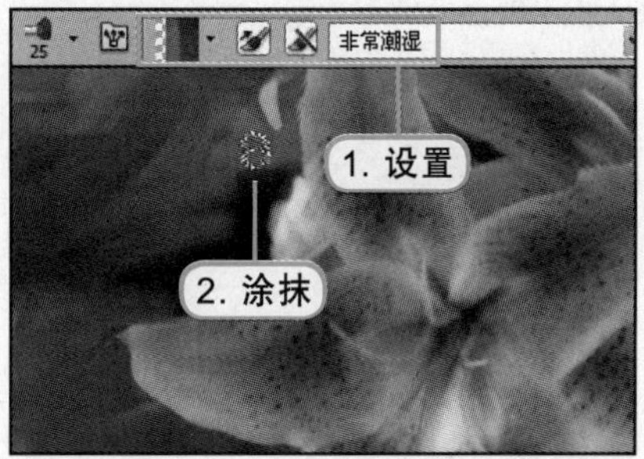

3 涂抹混合图像效果

被"混合器画笔工具"涂抹过的区域内，图像即产生绘画效果。继续使用该工具在图中花朵背景上进行涂抹，并在叶子上单击载入油彩，然后缩小画笔，在绿色图像上涂抹。

4 涂抹完成后的图层效果

继续使用"混合器画笔工具"在图中的花朵上单击，将油彩载入到储槽，然后在"画笔"面板中调整画笔的大小和方向，在花瓣上进行涂抹，将图像制作出水彩绘画的效果，如下图所示。

提示：设置混合量

在"混合器画笔工具"选项栏中，利用"混合"选项可控制画布油彩量同储槽油彩量的比例。当设置为100% 时，所有油彩将从画布中拾取。设置为0% 时，所有油彩都来自储槽。不过，"潮湿"选项的设置仍然会决定油彩在画布上的混合方式。

第5章

5.2 图像的填充

难 度 ★★☆☆☆

利用Photoshop CS5中的填充颜色工具，用户可以在图像中遮盖特定的部分，填充不同的颜色以及图案等。这里介绍的填充工具包括"渐变工具"和"油漆桶工具"，它们常被用于更换图像背景的操作中。

5.2.1 渐变工具

使用"渐变工具"可以绘制具有颜色变化的色带形态，可在选区或图层中创建出各种形态的渐变填充，包括线性、径向、角度、对称等形态。在工具箱中选择"渐变工具"后，在选项栏中单击渐变条，利用打开的"渐变编辑器"对话框来选择预设渐变或设置任意的渐变颜色，然后在图像中通过单击并拖曳鼠标，即可填充渐变色。

1 打开素材文件，创建选区

打开随书光盘\素材\第5章\05.jpg素材文件，使用"快速选择工具"在打开图像中的人物背景区域单击，将人物以外区域创建为选区。

2 设置渐变颜色

选择"渐变工具"，在其选项栏中单击渐变条，打开"渐变编辑器"对话框，在对话框中双击色标，在打开的拾色器中设置颜色为蓝色R37、G172、B250，设置出蓝色到白色的渐变。

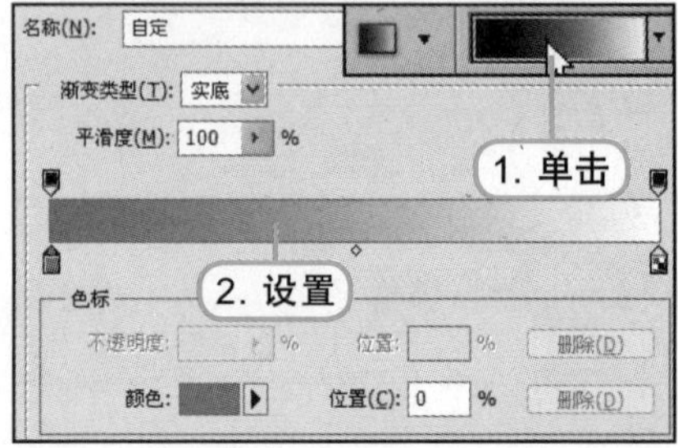

3 使用渐变工具

设置渐变颜色后，在“图层”面板中新建“图层1”图层，选择“渐变工具”，在选区内单击并拖曳鼠标，绘制出一条直线。

4 查看渐变效果

释放鼠标后，可看到选区内被填充上了蓝色到白色的渐变色，按Ctrl+D快捷键可以取消选区。

5 设置图层混合模式

在“图层”面板中设置“图层1”的图层混合模式为“正片叠底”，此时在图像中可看到图层混合后的效果，如下图所示。

6 创建“照片滤镜”调整图层

选择“背景”图层后，在“调整”面板中创建一个“照片滤镜”调整图层，在打开选项中设置“滤镜”为“冷却滤镜（82）”，将人物色调与背景色统一，使画面变得更清新。

5.2.2 油漆桶工具

使用“油漆桶工具”可在特定颜色和与其相近颜色区域填充前景色或指定的图案。使用该工具在图像中单击即可完成填充，还可自定义图案，然后将图案应用到其他图像中。

1 输入图案名称

打开随书光盘\素材\第5章\06.jpg素材文件，执行“编辑>定义图案”菜单命令，打开“图案名称”对话框，输入名称，确认完成。

2 打开素材文件，创建选区

打开随书光盘\素材\第5章\07.jpg素材文件，选择“快速选择工具”，在打开的图像背景上单击，将人物以外的区域创建为选区。

3 选择图案

选择"油漆桶工具"后，在选项栏中选择填充方式为"图案"，然后单击下三角按钮，打开"图案"拾色器，选择预设的图案。在最下方可看到自定义的图案，单击选中该图案。

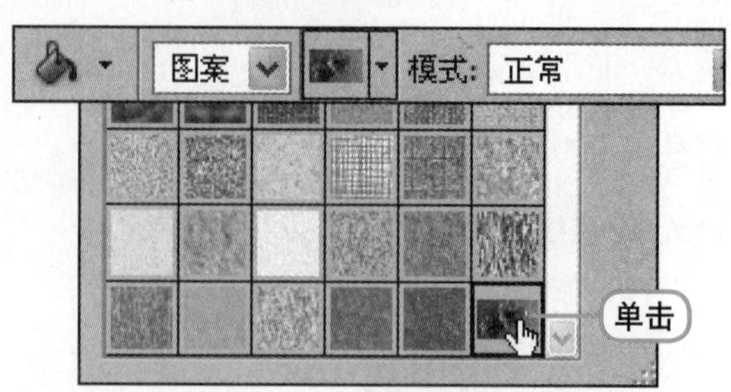

4 填充图案并降低不透明度

新建"图层1"图层，使用"油漆桶工具"在选区内单击将图案填充到选区内，并更改"图层1"的"不透明度"为40%。

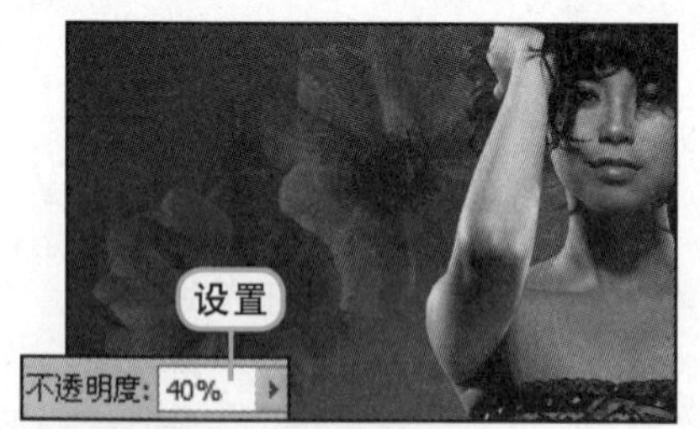

5 设置亮度/对比度

创建一个"亮度/对比度"调整图层，在打开的选项中提高参数设置，如下图所示，增强图像的亮度和对比度，最后在图像右边添加一些文字，完善画面。

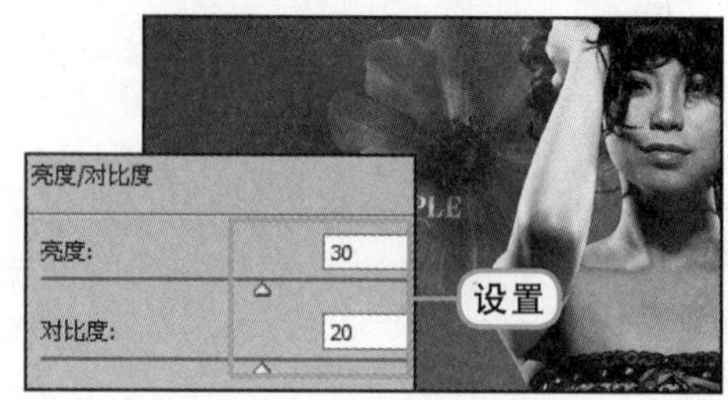

第5章

难 度 ★★☆☆☆

5.3 图像的修饰

使用修饰类工具可对图像中有瑕疵的部分进行修复、修补，去除不需要的图像部分。也可对图像颜色、明暗度等进行修饰，得到更完善的图像效果。这些修饰类工具包括"仿制图章工具"、"污点修复画笔工具"、"修复画笔工具"、"修补工具"、"红眼工具"、"锐化工具"、"模糊工具"、"加深工具"、"减淡工具"、"海绵工具"等。

5.3.1 仿制图章工具

使用"仿制图章工具"可将指定的图像部分区域复制到另外的位置。使用时需要先指定复制的基准点，进行取样，按住Alt键的同时单击需要复制的位置，然后在图像中进行涂抹绘制，即可完成图像复制，其具体操作步骤如下。

1 打开素材文件并取样

打开随书光盘\素材\第5章\08.jpg素材文件，在"图层"面板中新建"图层1"图层，在工具箱中选择"仿制图章工具"按钮后，在图像中蒲公英的中间位置按住Alt快捷键单击，进行取样。

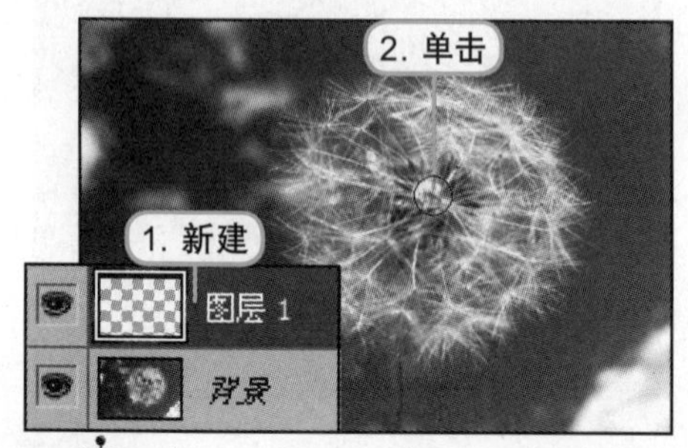

2 仿制图像

在选择栏中勾选"对齐"选项，选择"样本"为"所有图层"，使用"仿制图章工具"在图像左方进行涂抹，被涂抹过的区域即复制了取样的图像，复制出另一个蒲公英图像。

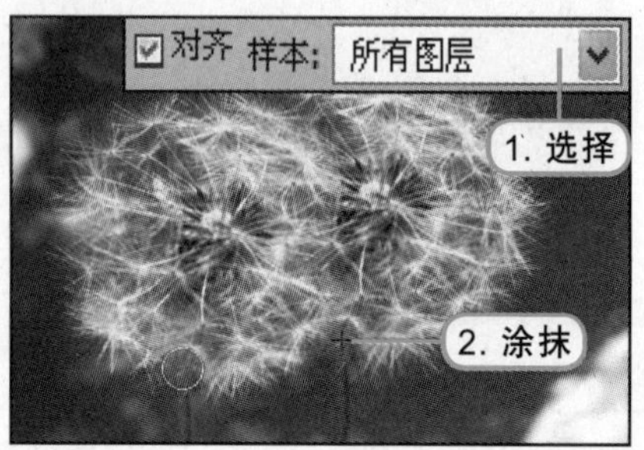

5.3.2 污点修复画笔工具

使用"污点修复工具"画笔可自动从所修饰区域的周围取样，来修复图像中的污点像素，并将样本像素的纹理、光照、透明度和阴影与所修复的像素匹配。在工具箱中选中该工具后，在图像中需要修复的位置单击即可完成。

1 打开素材文件，创建副本图层

执行"文件>打开"菜单命令，打开随书光盘\素材\第5章\09.jpg素材文件，在"图层"面板中拖曳"背景"图层至面板下方的"创建新图层"按钮上，得到"背景副本"图层。

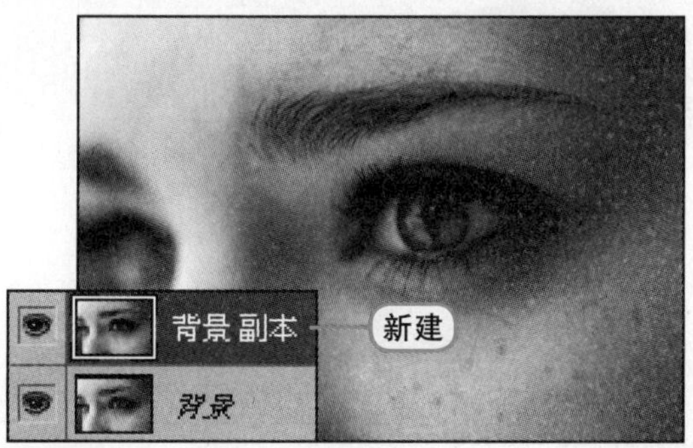

2 设置工具选项

选择"污点修复画笔工具"后，在其选项栏中单击画笔后方的下三角按钮，在打开的"画笔预设"拾取器中设置"大小"为10px，单击选择"近似匹配"单选按钮。

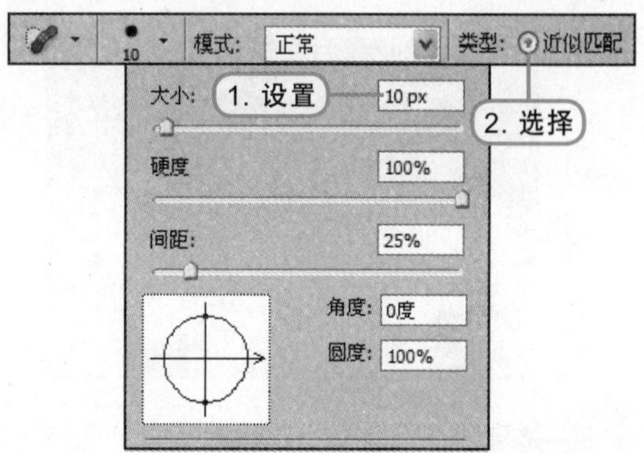

3 单击修复图像污点

使用"污点修复画笔工具"在图像中人物脸上有斑点的地方单击，即可看到被单击位置的斑点被修复的效果。

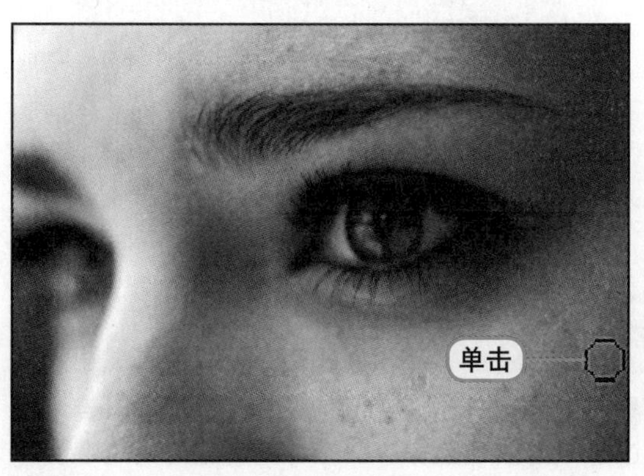

4 继续单击修复图像

继续使用"污点修复画笔工具"在人物脸上进行单击，去除斑点，其完成效果如下图所示。

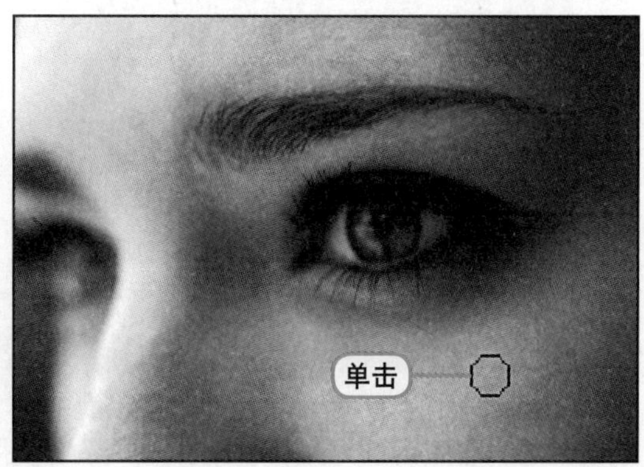

提示：设置"类型"选项

在"污点修复画笔工具"选项栏中的"类型"选项中有"近似匹配"、"创建纹理"两个单选按钮，选择"近似匹配"工具单选按钮时，可用选项区域边缘周围的像素来用于选定区域修补的图像区域。选择"创建纹理"单选按钮后，可使用选区中的所有像素创建一个用于修复该区域的纹理。

5.3.3 修复画笔工具

使用“修复画笔工具”可以校正图像中的瑕疵，使它们消失在周围的图像中。“修复画笔工具”利用图像或图案中的样本像素来绘画，可以将样本像素的纹理、光照、透明度和阴影与所修复的像素进行匹配，从而使修复后的像素不留痕迹地融入到图像的其余部分。使用前也需要按住Alt快捷键单击，进行取样。

1 打开素材文件，创建新图层

打开随书光盘\素材\第5章\10.jpg素材文件，在“图层”面板中单击“创建新图层”按钮，新建“图层1”图层。

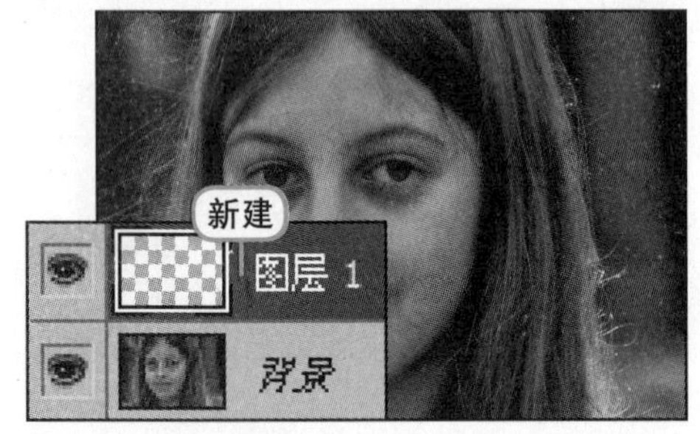

2 修复图像

选择“修复画笔工具”后，在选项栏中设置“样本”为“所有图层”，在图层中人物脸部皮肤上单击取样，在人物眼睛下的黑眼圈上涂抹修复。

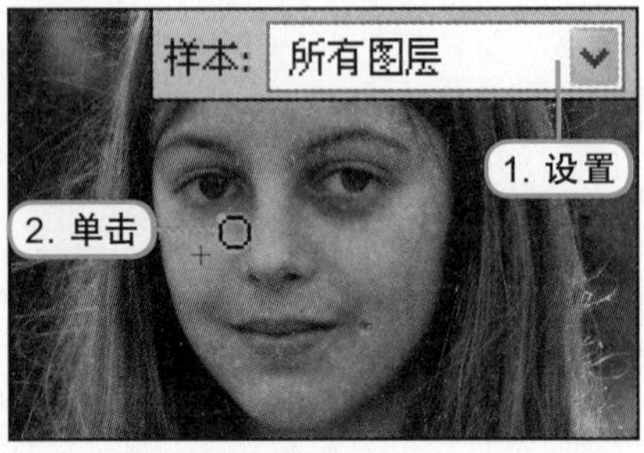

3 修复另一边图像

使用“修复画笔工具”在人物另一边的脸颊上进行取样，然后在眼睛下的黑眼圈上单击并涂抹，修复黑眼圈。

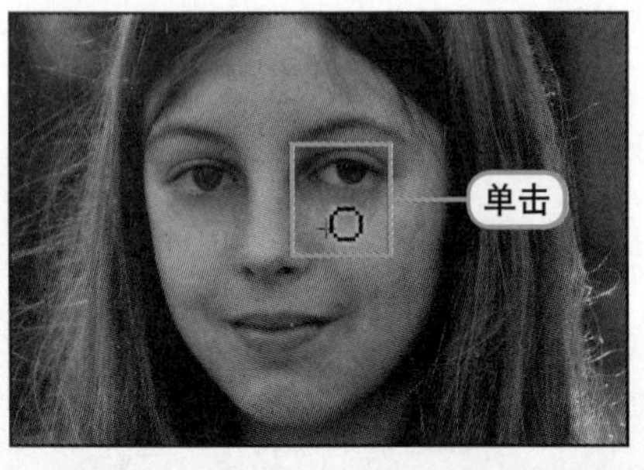

4 降低图层不透明度

在“图层”面板中设置“图层1”的“不透明度”为80%，在图像窗口中可看到修复后的图像更加融入到画面中。

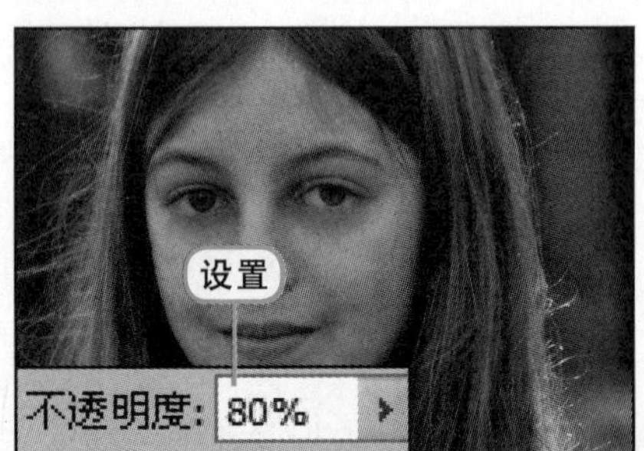

5.3.4 修补工具

使用“修补工具”可用其他区域或图案中的像素来修复选中的区域。“修补工具”也会将样本像素的纹理、光照和阴影与源像素进行匹配，在使用过程中需要在图像中要修补的区域内创建选区，然后拖曳到替换的区域中，完成修补。

1 绘制修补区域

打开随书光盘\素材\第5章\11.jpg素材文件，选中“修补工具”后，在图像中帽子图像边缘上单击并按住鼠标拖曳，沿帽子图像绘制出路径效果。

第5章

2 创建选区

绘制的起点与终点重合时，释放鼠标，可看到路径自动闭合，创建为选区。在工具选项栏中选择"修补"方式为"源"。

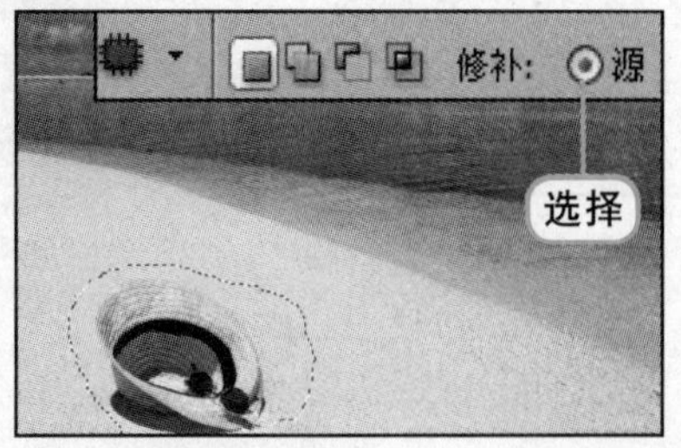

3 拖曳选区进行替换

将鼠标放置到绘制的选区内，然后单击并向右拖曳鼠标，即以拖曳的图像替换帽子图像，释放鼠标后完成修补。

4 查看完成效果

在图像选区以外的任意位置单击，快速取消修补选区，可以看到沙滩上的帽子图像已经去除。

提示：选择修补"源"和"目标"

在"修补工具"选项栏中选择"源"单选按钮后，可将选区边框拖曳到想要从中进行取样的区域，释放鼠标后，原来选中的区域将使用样本像素进行修补。选择"目标"单选按钮后，将选区拖曳到要修补的区域，释放鼠标后，样本像素将修补新选区的区域，即达到复制选区内样本像素的效果。

5.3.5 红眼工具

使用"红眼工具"可修复使用数码相机在光线暗淡的房间内拍照时人物眼睛上出现的眼球变红的情况，使用该工具在红眼上单击即可完成修复。如果对红眼修复结果不是很满意时，还可通过该工具的选项栏中的"瞳孔大小"选项，设置增大和减小受红眼工具影响的区域，通过"变暗量"来设置修复红眼时的颜色深度。

1 打开素材文件，创建副本图层

打开随书光盘\素材\第5章\12.jpg素材文件，在"图层"面板中复制"背景"图层，得到"背景副本"图层。

2 创建红眼修复区域

选择"红眼工具"后，在图像中人物眼睛边缘上单击并按住鼠标拖曳，绘制出一个矩形区域。

3 查看修复红眼效果

释放鼠标后，可到到人物的红色瞳孔已经被修复，变为正常的黑色瞳孔。

4 修复另一只眼睛

使用"红眼工具"在人物的另一只红色瞳孔上单击，去除红眼。

5.3.6 锐化工具和模糊工具

使用"锐化工具"和"模糊工具"可将图像变得更加清晰或模糊。"锐化工具"是将图像边缘的对比度增强，使图像的线条变得更清晰，常用于将模糊的图像变得清晰。而"模糊工具"可得到相反的效果，将清晰的图像变得模糊。

第5章

1 打开素材文件，创建副本图层

执行"文件>打开"菜单命令，打开随书光盘\素材\第5章\13.jpg素材文件。打开花朵图像后，在"图层"面板中的"背景"图层上单击，并向下拖曳到"创建新图层"按钮上，复制图层，得到"背景副本"图层。

2 锐化图像

选择"锐化工具" 后，将画笔调整到适当大小，在素材图像中的花朵上单击并涂抹，可看到被涂抹后的花朵图像由模糊变得清晰。

3 模糊图像

选择"模糊工具"后，在其选项栏中设置"强度"为100%。使用该工具在图像中花朵的背景上进行涂抹，将绿色背景变得模糊，使清晰的花朵图像更加突出。

提示：设置工具"强度"

在使用"锐化工具"和"模糊工具"时，可利用其选项栏中的"强度"选项来控制工具的应用深度，设置的"强度"参数越大，使用工具在图像上涂抹时效果就会越明显。"锐化工具"的强度过大时，涂抹图像会造成图像的失真。

5.3.7 减淡工具和加深工具

使用“减淡工具”和“加深工具”可调节特定区域的曝光度，使图像区域变亮或变暗，使用方法在是在需要调整的图像上进行涂抹。使用“减淡工具”在图像中涂抹，可将涂抹区域内的图像提亮，涂抹的次数越多，该区域就会越亮。使用“加深工具”可达到相反的效果，会使被涂抹过的区域图像变暗。

1 打开素材文件，创建副本图层

打开随书光盘\素材\第5章\14.jpg素材文件，打开人物图像后，在“图层”面板中的“背景”图层上单击并向下拖曳到“创建新图层”按钮上，复制图层，得到“背景副本”图层。

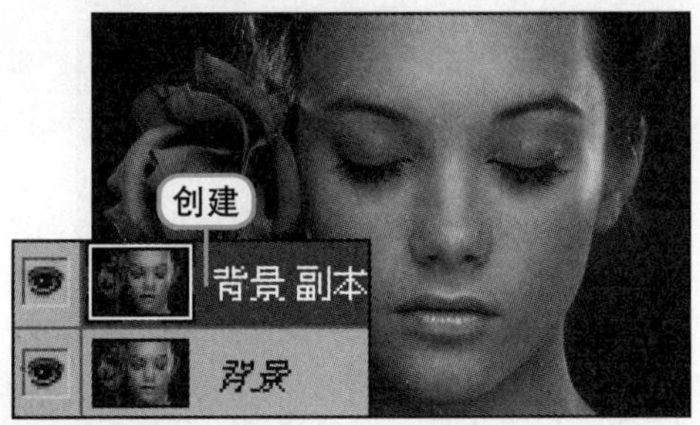

2 提亮肤色

选择“减淡工具”后，在其选项栏中，设置“范围”为“中间调”，“曝光度”为10%。使用该工具在图像中人物额头皮肤上单击，并按住鼠标进行涂抹，可看到被涂抹过的区域被提亮。

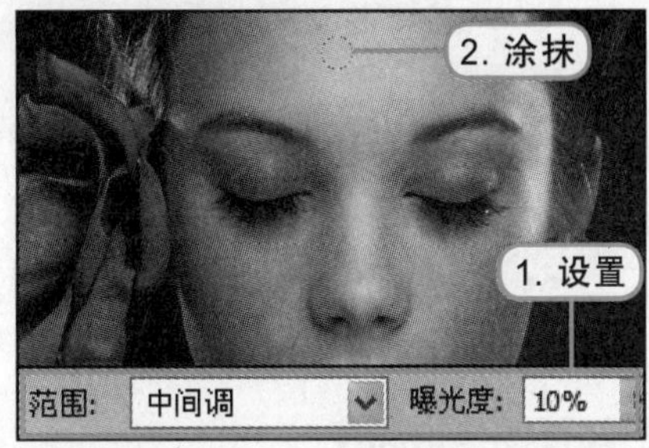

3 继续提亮图像

继续使用“减淡工具”在人物面部皮肤上进行单击并按住鼠标涂抹，提亮肤色。

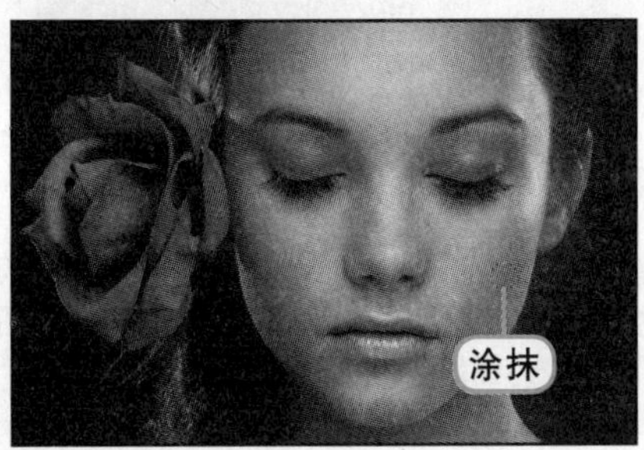

4 更改选项，提亮图像

更改工具选项栏中的“范围”为“高光”，“曝光度”为3%，然后在图像中涂抹，提亮图像。

5 加深图像

选择“加深工具”后，在选项栏中设置“范围”为“阴影”，“曝光度”为10%，使用该工具在人物眼睛位置涂抹，将图像加深。

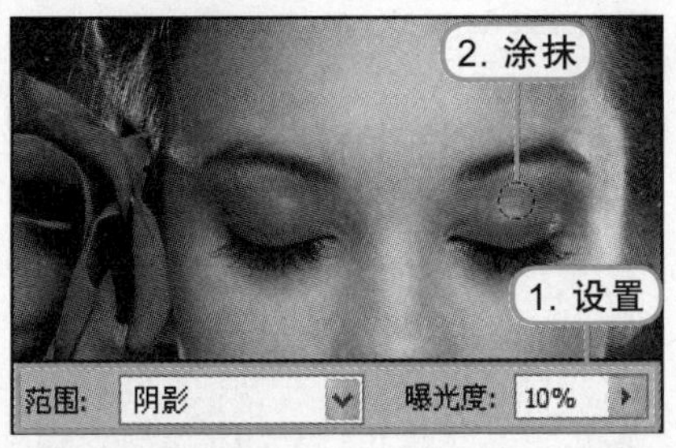

6 查看完成效果

继续使用“加深工具”在图像中人物嘴唇位置进行涂抹，增强图像的明暗对比与妆容的明艳程度。

5.3.8 海绵工具

使用“海绵工具”可精确地更改区域的色彩饱和度，使图像中特定区域色调变深或变浅，使用该工具在图像中涂抹即可实现。选择“海绵工具”后，在工具选项栏中选择“饱和”模式选项，可以提高图像饱和度，选择“降低饱和度”选项可以降低图像饱和度。

1 打开素材文件，创建副本图层

执行“文件>打开”菜单命令，打开随书光盘\素材\第5章\15.jpg素材文件。打开花朵图像后，在“图层”面板中的“背景”图层上单击，并向下拖曳到“创建新图层”按钮上，复制图层，得到“背景副本”图层。

2 提高图像饱和度

选择“海绵工具”后，设置选项栏中“模式”为“饱和”，“流量”为20%。在图像中杯具上进行涂抹，被涂抹区域的图像色彩的饱和度被提高。

3 降低图像饱和度

在选项栏中更改“模式”为“降低饱和度”，调整画笔到适当大小，在图像中杯具以外的区域上进行涂抹，被涂抹过的区域色彩被降低。

5.4 选区的设置与应用

难 度 ★★☆☆☆

调整图层是图像处理中常用的特殊图层，它可以在图层上创建效果，而不改变原有图层。可将颜色和色调调整应用于图像中，并能对调整图层随时进行修改。可在“图层”面板中为图层创建调整图层，并在“调整”面板中对调整图层选项进行设置。

5.4.1 橡皮擦工具

使用“橡皮擦工具”可将图像更改为背景色或透明，在背景或锁定透明度的图层中操作，就可将图像更改为背景色，在其他图层上进行操作就可擦除图像变成透明。在工具箱中选择“橡皮擦工具”后，在图像中不需要的部分涂抹，就可将其更改为背景色或是透明。

1 打开文件

同时打开随书光盘\素材\第5章\16.jpg、17.jpg素材文件，使用“移动工具”在人物图像上单击并拖曳到背景图案中。

2 复制图层

释放鼠标后，在背景图像中可看到人物图像移动后的效果，在“图层”面板中将图层复制到“图层1”图层中。

3 涂抹擦除背景

选择“橡皮擦工具”后，在人物边缘上进行单击并涂抹，被涂抹过的区域内灰色的背景被擦除。

4 擦除人物全部背景

继续在人物图像背景上进行单击并涂抹，将人物灰色背景全部擦除。

5 绘制半透明效果

在工具选项栏中设置“不透明度”和“流量”都为20%，然后将画笔调整到适当大小，在图像中人物裙摆上进行涂抹，将图像涂抹成半透明的效果，渐现背景中的图案效果。

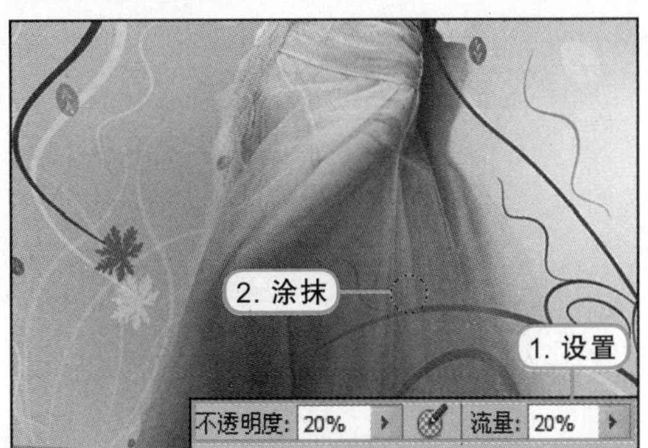

6 擦除边缘

继续调整“橡皮擦工具”的笔尖大小，在人物边缘上进行涂抹擦除，使人物与背景图案融合得更真实。

7 创建图层，填充渐变

新建“图层2”图层，使用“渐变工具”在新建图层上填充灰色到白色的渐变色，设置该图层的图层混合模式为“柔光”。

8 完成效果

在图像窗口中可看到设置渐变图层后，通过图层混合，将图像人物下方裙子颜色提亮，完善了整个图像的合成效果。

5.4.2 背景橡皮擦工具

使用“背景橡皮擦工具”可通过单击或拖动将图层上的图像抹成透明。可指定不同的取样和容差选项，来控制透明度的范围和边界的锐化程度。“背景橡皮擦工具”采集画笔中心的色样，删除在画笔以内任何位置出现的该色样，并可设置前景色，以保护该颜色的图像不被删除。

1 打开素材文件，吸取前景色

打开随书光盘\素材\第5章\18.jpg素材文件，选择“吸管工具”后，在图像中红色图像上单击，吸取前景色为红色。

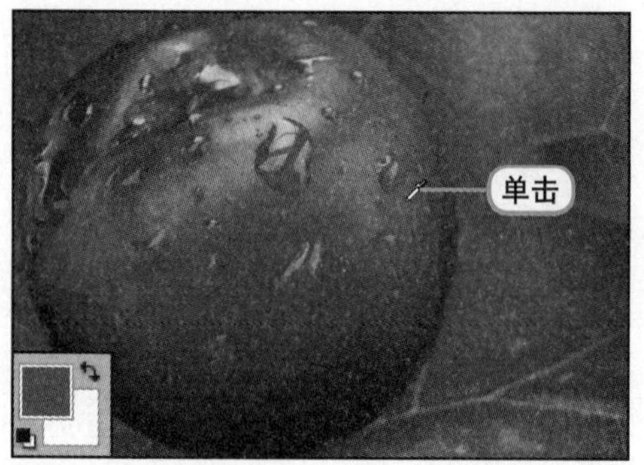

2 设置选项，单击擦除图像

选择“背景橡皮擦工具”后，在选项栏中设置“限制”为“查找边缘”，“容差”值为30%，并勾选“保护前景色”选项，在图像中绿色与红色图像之间单击，将绿色图像擦除。

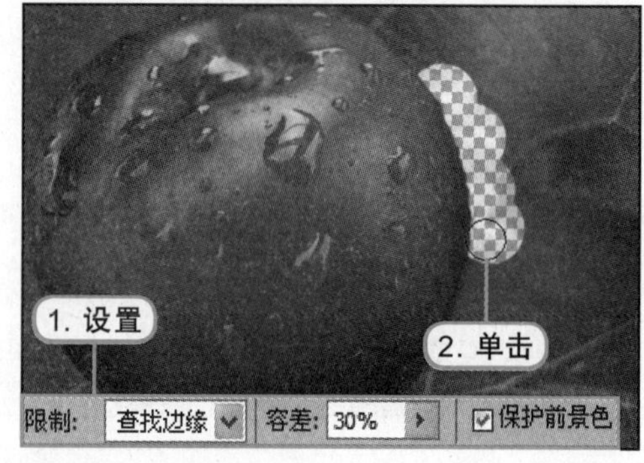

3 解锁图层

在图像中使用“背景橡皮擦工具”后，可在“图层”面板中可看到“背景”图层被自动解锁，名称自动更改为“图层0”。

4 擦除图像效果

继续使用“背景橡皮擦工具”，在图像中绿色树叶图像上单击或涂抹，擦除背景，抠出红色图像。

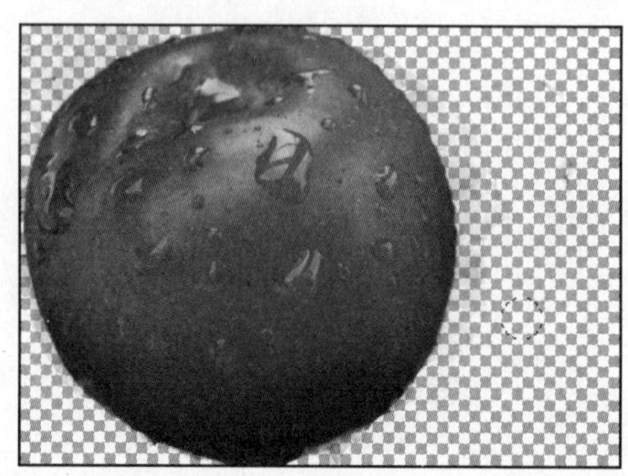

第5章

5.4.3 魔术橡皮擦工具

“魔术橡皮擦工具”可以用来更改相似的像素，使用该工具在图像中单击时，该工具会将所有相似的像素擦除并更改为透明。如果在已锁定透明度的图层中操作，这些像素将更改为背景色，如果在“背景”图层中单击，则将“背景”图层转换为普通图层，并将所有相似像素更改为透明。

1 打开素材文件

执行“文件>打开”菜单命令，同时打开随书光盘\素材\第5章\19.jpg、20.jpg两个素材文件，打开的图像如下图所示。

2 复制并变换图像

将人物图像复制到风景图像中，得到“图层1”图层，按Ctrl+T快捷键，使用变换编辑框对人物图像进行缩小、移动变换。

3 单击擦除

选择“魔术橡皮擦工具”后，在人物图层中背景上单击，可看到将背景中相似的像素擦除的效果。

4 擦除背景效果

继续使用“魔术橡皮擦工具”在人物图像背景上单击，将原背景图像全部擦除，显示出下面“背景”图层中的图像。

5 设置色阶参数

选中“背景”图层后，在其上方新建一个“色阶”调整图层，在打开的“色阶”选项中设置色阶参数依次为56、1.10、255，如下图所示。

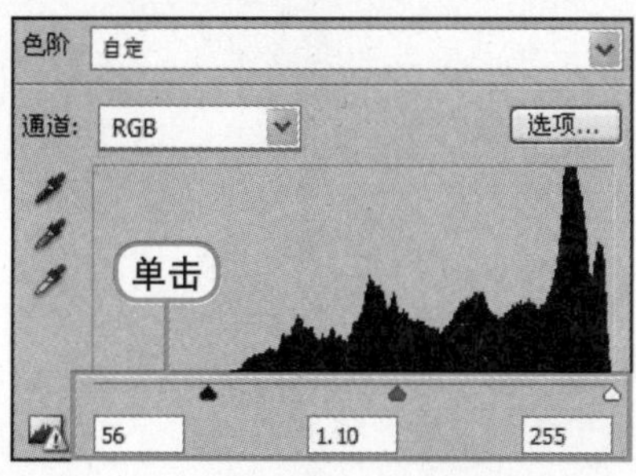

6 查看完成效果

设置调整图层后，可看到背景图像增强了明暗对比，简单、快速地完成了图像的合成效果。

新手提问 123

问题1 使用画笔类型工具绘制图像时，怎样快速地对笔尖大小进行调整？

答 本章学习到的绘制图像工具、修饰类工具和修改类工具，都是以画笔的形式出现，在使用中都可以利用键盘上的[和]两个键来快速调整画笔的大小。其中按下[键可将画笔按一定比例缩小，连续按下该键就可将画笔缩小到需要的效果。按下]键就可以放大画笔。

问题2 在使用“渐变工具”时，如何编辑3种以上的颜色？

答 在使用“渐变工具”时，要通过“渐变编辑器”对话框来编辑颜色，在对话框中通过色标来调整渐变中应用的颜色或者颜色范围，其默认色标只有两个，只能设置出两种颜色之间的过渡。当需要设置3种或以上的渐变颜色时，就必须在渐变条上添加色标，方法是在渐变条下方单击，即可添加一个色标，如左下图所示。继续单击就可添加多个色标，双击色标就可更改色标颜色，设置出多种不同色彩的渐变色，如右下图所示。

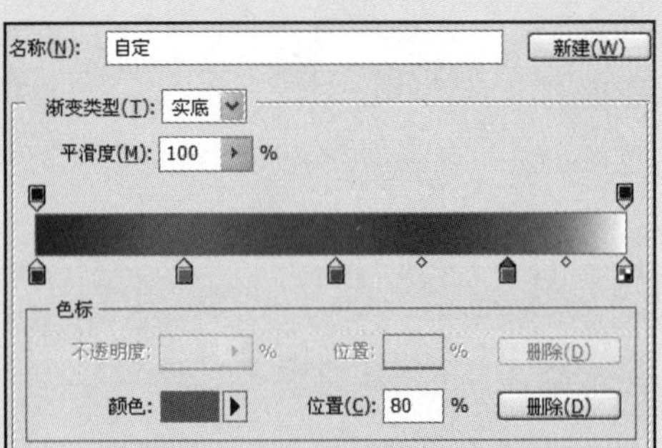

问题3 使用“减淡工具”提亮人物皮肤时，怎样解决提亮效果不均匀的现象？

答 在使用“减淡工具”对图像进行减淡操作过程中，如果不断地单击拖动涂抹，常会出现减淡效果不均匀的现象，造成局部过亮的效果。这就需要在操作中使用一点技巧，方法是在单击后按住鼠标拖曳时，不要连续释放鼠标，一次性将需要减淡的区域拖曳涂抹完，再释放鼠标，这样就可使得减淡效果均匀。

第6章

Photoshop CS5中提供了用于路径绘制的工具，可创建任何复杂的图形路径，包括可绘制任意形态路径的钢笔工具和可绘制规则路径的图形工具，绘制路径后还可通过路径编辑工具对路径进行编辑以及从“路径”面板管理绘制的路径。

路径形状的应用和编辑

参见随书光盘

■ 第6章 路径形状的应用和编辑

6.1.1 钢笔工具.swf
6.1.2 自由钢笔工具和磁性钢笔工具.swf
6.1.3 矩形工具.swf
6.1.4 圆角矩形工具.swf
6.1.5 椭圆工具.swf
6.1.6 多边形工具.swf
6.1.7 直线工具.swf
6.1.8 自定形状工具.swf
6.2.1 路径选择工具.swf
6.2.2 添加和删除锚点工具.swf
6.2.3 转换点工具.swf
6.3.3 描边路径.swf
6.3.4 实现路径到选区的转换.swf
6.3.5 实现选区到工作路径的转换.swf

6.1 了解图形绘制工具

使用图形绘制工具可绘制出任意形状或组合的几何图形的矢量图形。钢笔工具可绘制任意的图形，使用自定义形状工具可选择预设的几何图形，也可使用各种规则几何图形的工具来创建矩形、椭圆形、多边形和直线等。

6.1.1 钢笔工具

使用“钢笔工具”可以精确地绘制出直线或光滑的曲线。在使用“钢笔工具”绘制直线时，通过单击就可将节点之间以直线连接。绘制曲线时，单击就可添加一个节点，再次单击则通过拖动节点上的方向手柄来控制曲线的曲度。

1 打开素材

打开随书光盘\素材\第6章\01.jpg素材文件，选择“钢笔工具”，并在其选项中单击“形状图层”按钮。

2 单击绘制路径

设置前景色为橙色R254、G122、B43，使用“钢笔工具”在图像左上方花瓣上单击确定起点，沿花瓣边缘单击拖曳，绘制曲线。

3 闭合路径

继续使用“钢笔工具”沿该花瓣边缘单击并拖曳，绘制弯曲路径，绘制花瓣形状的路径形态。当起点与终点重合时，单击闭合路径，绘制出一条橙色的路径，并在“图层”面板中生成名为“形状1”的形状图层。

4 继续绘制花瓣路径

继续使用“钢笔工具”，沿另一个花瓣边缘绘制出橙色的闭合路径，并得到“形状2”图层。

5 更改“形状2”图层颜色

在“图层”面板中单击“形状2”图层前的颜色框，在打开的拾色器中更改颜色为黄色R220、G226、B44，更改路径填色。

6 绘制不同颜色的路径

用前两个步骤中相同的方法，继续在其他的花瓣上绘制路径，然后更改各个路径的颜色。

7 绘制环形路径

使用“钢笔工具”在花瓣中间位置绘制一条半圆环形状的路径，更改路径颜色为红色R219、G64、B132。

8 复制路径，更改颜色

复制一条圆环路径，更改颜色为黄色后，按下Ctrl+T快捷键，使用变换编辑框对路径进行缩小变化。

9 继续复制路径

继续复制多条圆环路径，并更改为不同的颜色。调整圆环的大小，制作出变化丰富的色圈效果。

6.1.2 自由钢笔工具和磁性钢笔工具

1. 设置“自由钢笔工具”

使用“自由钢笔工具”可在图像上绘制任意形状的路径，通过拖曳、移动鼠标，就可以随鼠标的移动位置自由地创建路径线条，如同在纸上使用画笔绘画一样，不需要确定锚点来绘制图形。还可设置工具的磁性，沿图像边缘自动创建路径。

1 移动鼠标，绘制路径

打开随书光盘\素材\第6章\02.jpg素材文件，选择“自由钢笔工具”后，在图像中的心形图像边缘上单击鼠标并拖曳，绘制出路径。

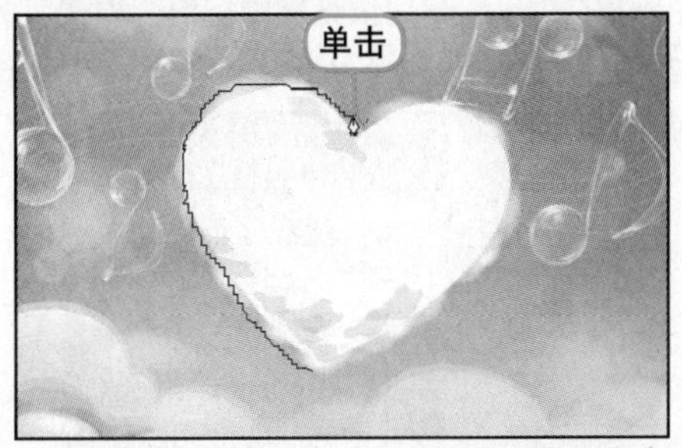

2 闭合路径

继续按住鼠标，沿心形图像边缘拖曳，就可创建出并不平滑的闭合路径。

2. 设置"磁性钢笔工具"

在选项栏中勾选了"磁性的"复选框后，即可将"自由钢笔工具"转变为"磁性钢笔工具"，在创建图像轮廓路径时，用户可以非常方便地使用。在图像上单击确定起点后，沿图像边缘移动鼠标，就可自动识别边缘，创建出带锚点的路径。

1 单击并移动鼠标

在选项栏中勾选"磁性的"复选框后，使用工具在图像中单击确定起点后，沿心形图像边缘拖曳鼠标，就可自动创建带锚点的路径。

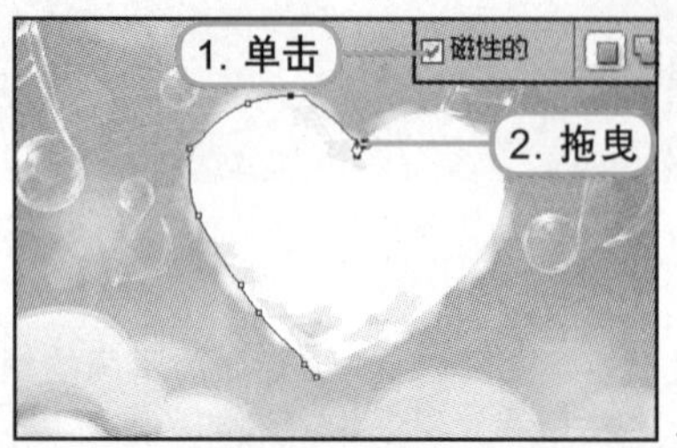

2 创建的路径效果

继续沿图像边缘移动鼠标，当与起点重合时，单击即可闭合路径，勾勒出心形图像路径。

6.1.3 矩形工具

使用"矩形工具"可在图像上创建任意大小的矩形或正方形，在图像中通过单击并拖曳鼠标，创建矩形图形。可在选项栏中选择创建的矩形为形状图像、路径或填充像素，还可设置添加、减去、交叉形状区域。

1 打开素材文件

打开随书光盘\素材\第6章\03.jpg素材文件，设置前景色为白色，然后在工具箱中选择"矩形工具"按钮。

2 从形状区域中减去

在工具选项栏中，单击选择"从选区中减去"选项，后，使用工具沿图像绘制一个相同大小的白色矩形，然后再中间位置再创建一个矩形，将中间部分的矩形内容减去。

3 设置图层混合模式

在图层中可看到创建的"形状1"图层，设置该图层的图层混合模式为"色相"。

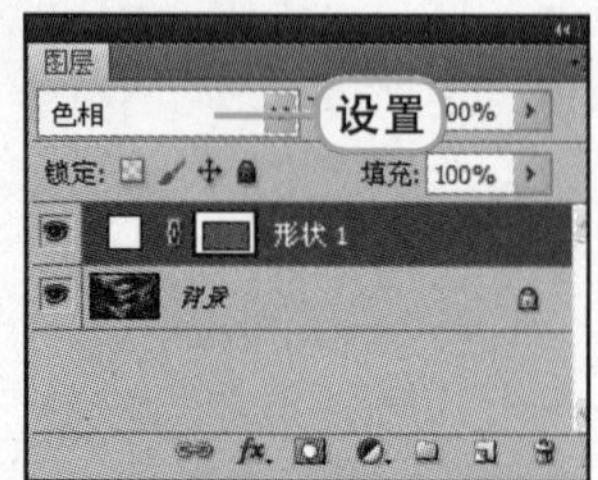

4 查看图层混合效果

在图像窗口中可看到图像设置图层混合模式后的效果，矩形框中的图像设置为黑白效果。

5 设置图层样式

为形状图层创建“斜面和浮雕”图层样式，在打开的“图层样式”对话框中对选项参数进行设置。

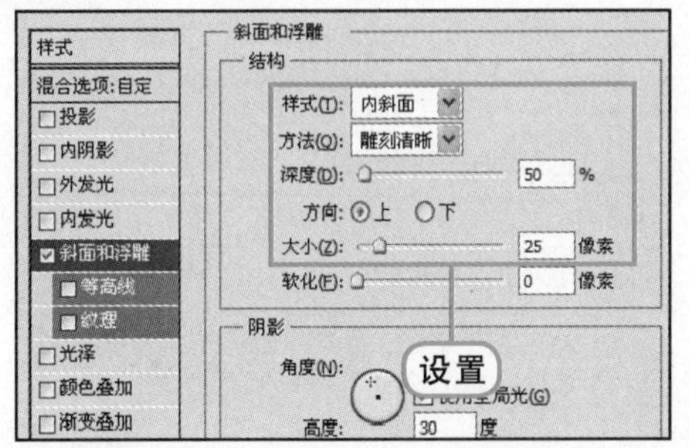

6 查看设置后的效果

确认设置后，在图像窗口中可看到添加的图层样式效果，增强了画面的立体感。

6.1.4 圆角矩形工具

使用“圆角矩形工具”可绘制出有平滑边缘的矩形，在选项栏中可对圆角矩形的半径进行设置，半径值越大，圆角的弧度就越大。

1 创建圆角矩形路径

打开随书光盘\素材\第6章\04.jpg素材文件，从工具箱中选择“圆角矩形工具”后，在选项栏中设置半径为50px，在图像上绘制圆角矩形路径。

2 将路径转换为选区

绘制圆角矩形路径后，按Ctrl+Enter快捷键，即可将路径转换为选区，选区效果如下图所示。

3 变换图像

按下Ctrl+J快捷键，复制选区内图像，得到“图层1”图层，然后使用变换编辑框对复制的图像进行移动、旋转变换。

4 设置图层样式选项

为“图层1”图层添加一个“斜面和浮雕”图层样式，在打开的对话框选项中进行设置。

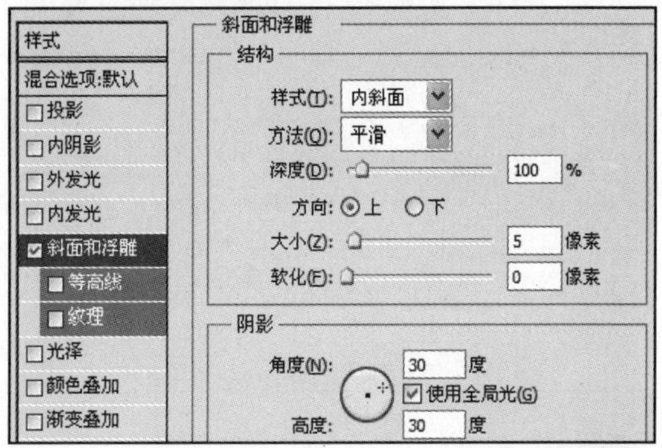

5 复制图层并变换图像

确认设置后，图像添加了浮雕样式，与背景中图层区分开来，然后复制“图层1”图层，得到“图层1副本”图层。按Ctrl+J快捷键，使用变换编辑框对复制图像进行翻转、缩小和移动变换。

6 设置“高斯模糊”滤镜

复制一个背景图层，对复制的图层执行“滤镜>模糊>高斯模糊”菜单命令，在打开的“高斯模糊”对话框中设置“半径”为6像素。

7 查看滤镜效果

确认设置后，可看到背景图像设置为模糊的效果，突出显示圆角矩形内的图像，如下图所示。

6.1.5 椭圆工具

使用“椭圆工具”可绘制出椭圆或正圆形，其使用方法与“椭圆选框工具”相同，不同的是“椭圆工具”是用于绘制路径或填充像素。

1 打开素材文件

打开随书光盘\素材\第6章\05.jpg素材文件，设置前景色为黑色后，在工具箱中选择“椭圆工具”。

2 绘制黑色椭圆形

在选项栏中单击“形状图层”按钮，使用“椭圆工具”在杯子图像上绘制一个黑色的椭圆形。

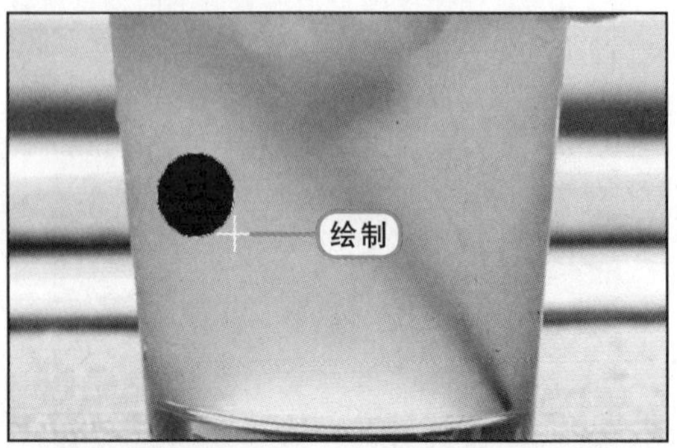

3 绘制白色椭圆形

更改前景色为白色，使用“椭圆工具”在黑色椭圆中绘制一个白色椭圆形，在“图层”面板中可看到创建的“形状1”和“形状2”两个形状图层，将这两个图层同时选中。

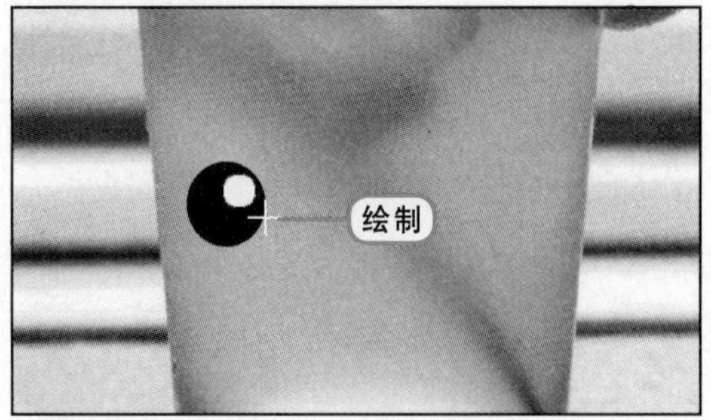

4 复制图形

复制选中的两个形状图层，使用“移动工具”将复制的圆形移动到杯子的另一边。

5 添加椭圆形组成图形

继续使用“椭圆工具”在杯子图像下方再添加两个椭圆形，为杯子添加了可爱的卡通表情。

6.1.6 多边形工具

使用“多边形工具”可以绘制多变形，通过在选项栏中的“边数”文本框输入数值，可以设置创建的多边形的边数。可以在“多边形选项”中设置多边形的平滑拐角、星形和边角的缩进，创建出形态不同的多边形。

1 绘制星形图形

打开随书光盘\素材\第6章\06.jpg素材文件，选择“星形工具”后，在其选项栏中设置选项，使用工具在图像上绘制星形。

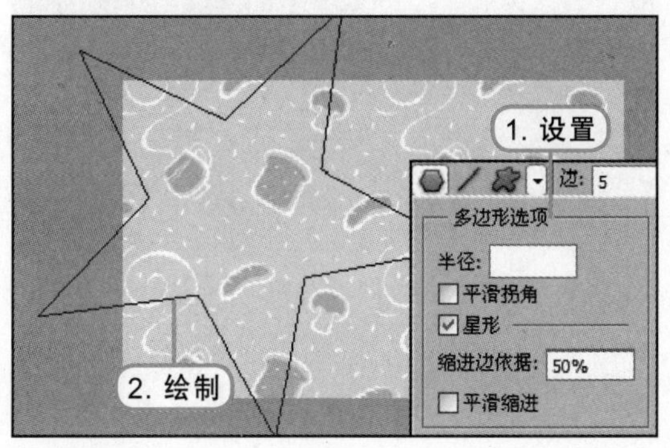

2 查看图形效果

释放鼠标后，创建了一个“形状1”形状图层，在图像中可看到图像窗口的星形区域被隐藏。

3 设置图层混合模式

在“图层”面板中，为“形状1”图层设置图层混合模式为“叠加”，可看到图像混合后在背景图案上设置出一个星形的深色区域。

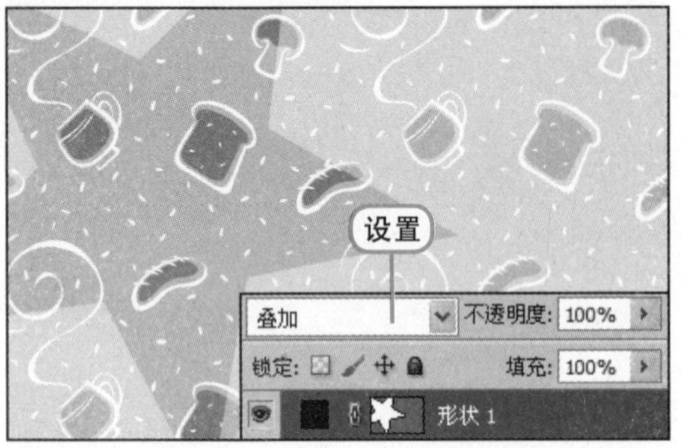

4 继续绘制星形

使用“星形工具”在图像中再次单击，绘制一个较小的星形，在创建的“形状2”图层应用前面形状图层设置的图层混合模式。

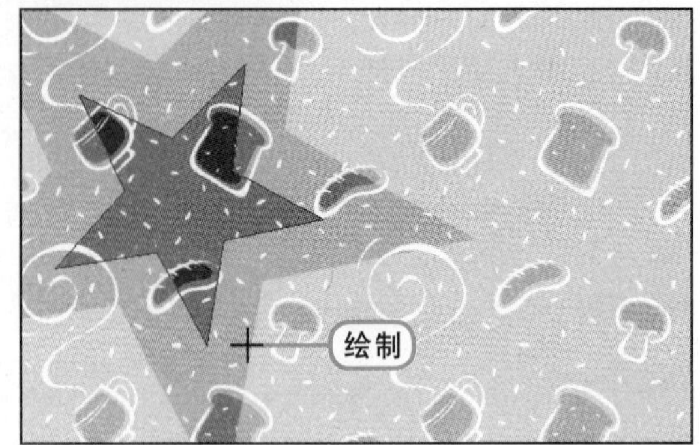

5 绘制多种多边形

在选项栏中更改工具选项，然后设置前景色，在图像中绘制出不同形态的多边形。

第6章

6.1.7 直线工具

“直线工具”用于创建直线像素条或路径，在其选项栏中的“粗细”文本框中可以输入直线的宽度，调整直线的粗细，并可利用“箭头”面板选项设置箭头的方向、长度和宽度来绘制不同大小的带箭头线段。

1 创建直线

打开随书光盘\素材\第6章\07.jpg素材文件，在工具箱中选择“直线工具”后，选择绘制方式为“填充像素”，新建图层后，绘制一条白色水平直线。

2 设置图层混合模式

继续使用“直线工具”在图像中再绘制多条白色的水平直线，然后在“图层”面板中设置图层混合模式为“叠加”。

3 更改工具选项，绘制箭头图形

在“直线工具”选项栏中单击下三角按钮，打开“箭头”面板，勾选“终点”复选框，并设置“宽度”和“长度”，更改“粗细”为5px。新建图层，在图像下方单击鼠标并向上拖曳，绘制一个白色的箭头图形。

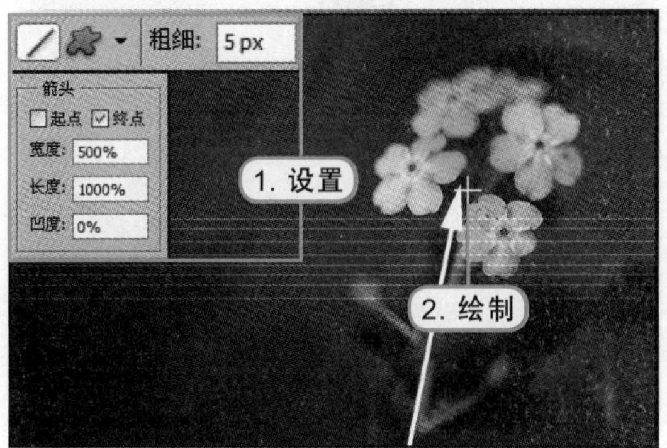

4 绘制多条箭头图形

继续使用“直线工具”在图像中绘制多条长短不同的箭头图形。

5 设置图层混合模式

在“图层”面板中设置“图层2”的图层混合模式为“叠加”，图层混合后，可看到在图像上添加的直线和箭头图形，如右图所示。

6.1.8 自定形状工具

使用“自定形状工具”可绘制出形态各异的复杂图形，在工具箱中选中“自定形状工具”后在选项栏中打开“自定形状”拾色器，可看到Photoshop CS5提供了多种预设形状供用户使用。

1 打开素材文件

打开随书光盘\素材\第6章\08.jpg素材文件，并在工具箱中选择“自定形状工具”。

2 追加全部形状

在工具选项栏中单击“形状”选项后方的下三角按钮，打开“自定形状”拾色器，然后单击扩展按钮，在打开的菜单中单击“全部”选项。

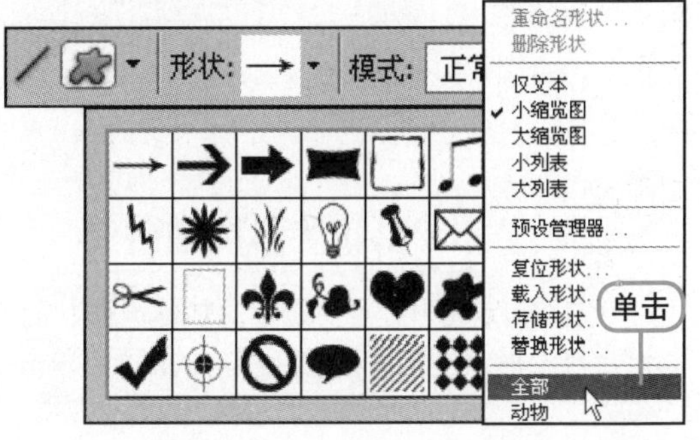

3 选择形状并绘制

将全部的预设形状追加到"自定形状"拾色器中后，单击选择其中的"猫"形状，在工具选项栏中选择绘制方式为"填充像素" ，新建"图层1"图层，在背景图像中绘制一个白色的猫图形。

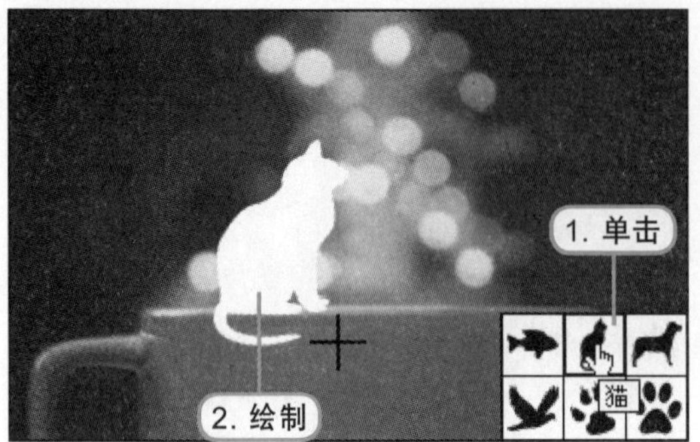

4 复制形状图层并变换

复制一个猫形状图层，按Ctrl+T快捷键，使用变换编辑框对复制图形进行水平翻转、缩小并移动位置。

5 选择其他形状并进行绘制

在"自定形状"拾色器中单击选择一个形状后，再次新建一个空白图层，绘制白色的形状。

6 再次选择形状并进行绘制

在"自定形状"拾色器中选择"鱼"形状后，新建空白图层，设置前景色为黑色，在图像中绘制一个黑色的鱼图形。

7 添加多种元素

继续在图像中添加形状，并在图像下方添加文字，组合成一幅趣味图像。

提示：形状的追加和替换

在"自定形状"拾色器中添加预设形状时，会弹出一个警示对话框，单击"确定"按钮后就可以选择的形状类型替换拾色器中的形状。单击"追加"按钮，可在原有的形状之后添加形状。

第6章

难 度 ★★★☆☆

6.2 路径的编辑

在Photoshop CS5中绘制路径后，用户还可以选择软件提供的多个用于编辑路径的工具，包括在工具箱的“钢笔工具”隐藏工具选项中的对路径锚点的添加、删除和路径形状变换的工具，还有对路径和锚点的选择工具。

6.2.1 路径选择工具

Photoshop CS5中提供了应用于路径的选择工具，包括“路径选择工具”和“直接选择工具”。使用“路径选择工具”可选中窗口中的任意一条完整的路径，使用“直接选择工具”可以选中路径中的任意一个或几个锚点，进行拖曳编辑，具体操作步骤如下。

1 打开素材文件，绘制路径

打开随书光盘\素材\第6章\09.jpg素材文件，在工具箱中选择“自定形状工具”后，在“自定形状”拾色器中选择音乐形状，在图像中绘制路径。

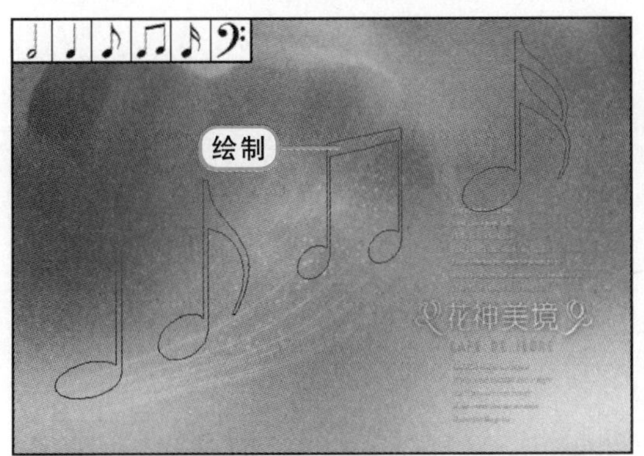

2 选中路径

选择“路径选择工具”，用鼠标在图像上单击并拖曳，绘制一个矩形选框，选框内的两条路径即被选中。

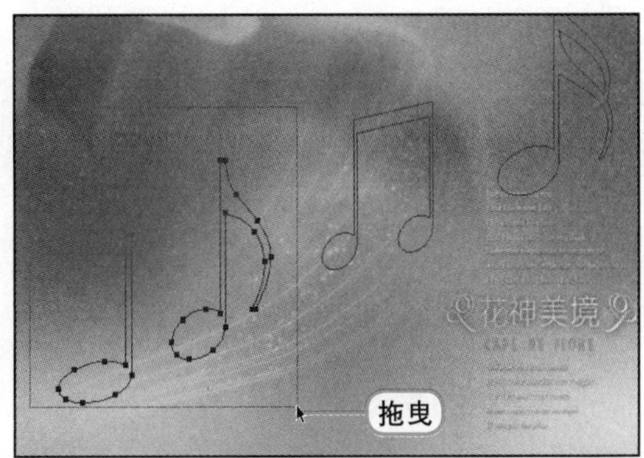

3 变换路径

使用变换编辑框对选中的路径进行缩小变换，然后使用“路径选择工具”选中另两条路径，同样进行缩小和移动变换。

4 拖曳锚点，更改路径

选择“直接选择工具”后，在其中一条路径上单击，选中一个锚点，按住鼠标向上拖曳，更改路径的形态。

5 编辑其他路径锚点

继续使用“直接选择工具”选择其他路径上方的锚点，单击并拖曳选中的锚点，调整路径形态。

6 完善效果

最后将编辑后的路径转换为选区，新建图层后，填充颜色并添加图层样式，丰富图形效果。

6.2.2 添加和删除锚点工具

使用“添加锚点工具”可以在绘制的路径上添加控制路径形状的锚点，使用时在路径上单击即可添加。使用“删除锚点工具”可以在路径中删除不需要的锚点，在路径的锚点上单击，就可以删除该锚点。

1 打开素材文件，绘制椭圆路径

打开随书光盘\素材\第6章\10.jpg素材文件，选择“椭圆工具”后，在图像中绘制一条椭圆路径。

2 单击添加锚点

在工具箱中选择“添加锚点工具”后，在椭圆路径上单击，即可就可添加一个锚点，继续单击，添加多个锚点。

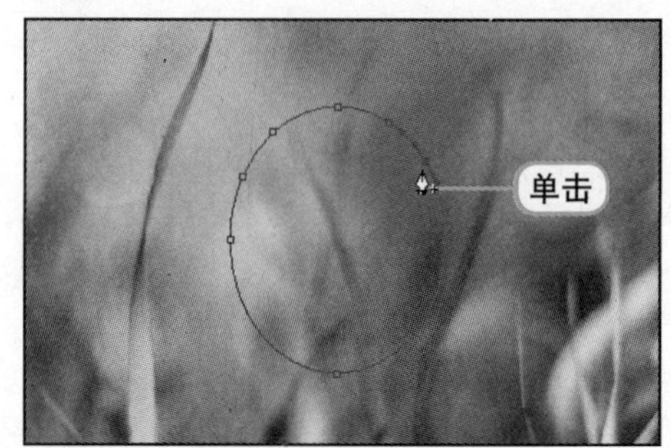

3 拖曳锚点，更改路径形状

使用“添加锚点工具”在添加的锚点上单击并按住鼠标向下拖曳，即可调整锚点位置，更改路径的形状。

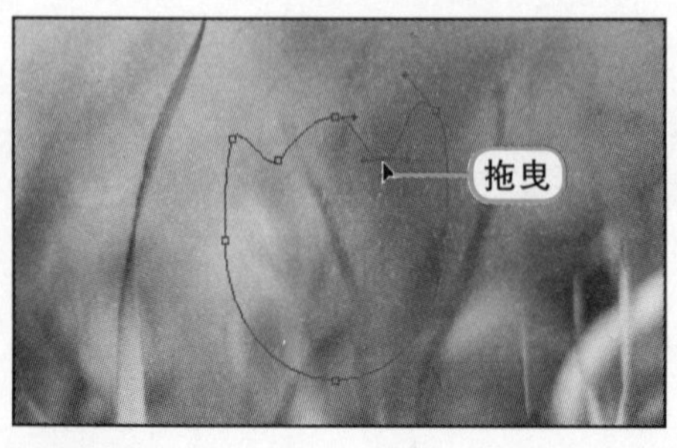

4 填充颜色

路径转换为选区后，新建一个空白图层，设置前景色为红色R247、G153、B178，为选区添加颜色。

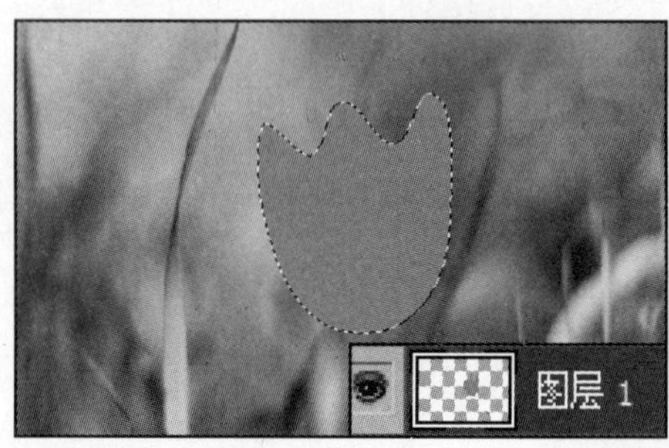

5 删除锚点

使用“椭圆工具”在图像中再绘制一条椭圆路径，然后在工具箱中选择“删除锚点工具”，在椭圆形路径上的锚点单击，即可删除锚点，此时可看到路径形状改变，如下图所示。

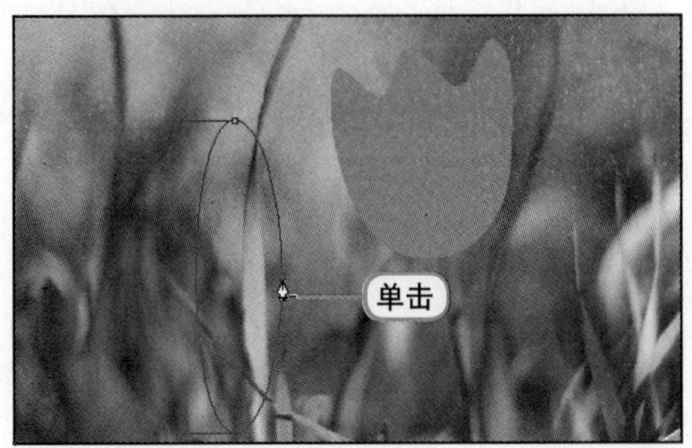

6 编辑路径并填色

使用“添加锚点工具”在锚点上单击椭圆控制手柄，更改路径为叶子形状，并将路径转换为选区，为选区填充绿色。

7 查看完成效果

最后使用“移动工具”复制几个花朵图像，更改颜色和图层混合模式，在草地上添加简单的花朵图形，其完成效果如右图所示。

6.2.3 转换点工具

利用“转换点工具”可以更改平滑的或有一定角度的路径锚点。在路径中的直线段的锚点上单击并拖曳，可将锚点转换为平滑锚点，利用控制手柄拖曳，将直线路径调整为弯曲的路径。在弯曲路径的锚点上单击，可将该锚点控制的路径线段转换为直线段。

1 绘制多变形路径

使用“多边形工具”绘制一个6边形的路径，然后在工具箱中选择“转换点工具”，在绘制的路径上的6角星形其中一个角的锚点上单击选择该锚点。

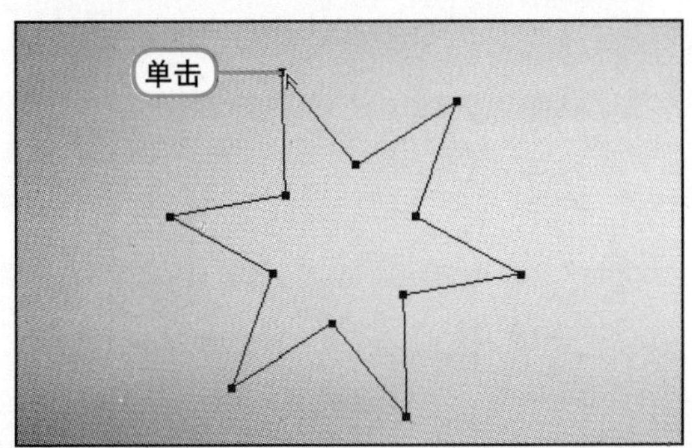

2 转换锚点，调整路径

在选中的锚点上单击鼠标并按住不放，进行拖曳，可将锚点转换为平滑锚点，出现控制手柄时通过对控制手柄的调整，将路径调整为弯曲路径。

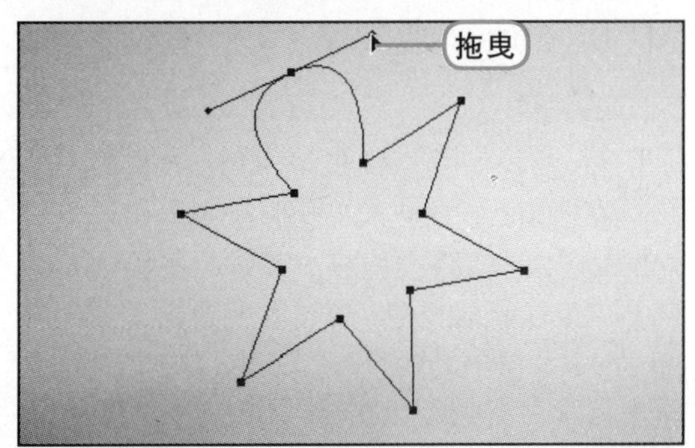

3 继续转换锚点，调整路径

继续使用“转换点工具”在其他锚点上单击，更改锚点，将直角锚点转换为平滑锚点，调整出花朵形状的路径，如右图所示。

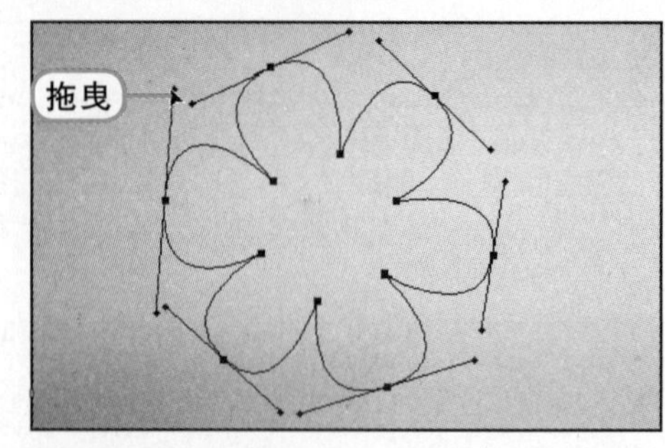

6.3 “路径”面板的应用

使用“路径”面板可以对使用形状工具和钢笔工具等路径绘制工具创建的路径进行综合管理和设置，比如对创建的路径进行存储、新建路径、复制路径、删除路径、描边路径等。

6.3.1 认识“路径”面板

执行“窗口>路径”菜单命令，即可打开“路径”面板，面板中显示了在图像窗口中创建的路径形态，下面就来详细了解“路径”面板。

① 路径名称：显示新建路径的名称。

② 路径缩览图：显示该路径中的路径形态。

③ 用前景色填充路径：单击该按钮，以前景色填充选择的路径。

④ 用画笔描边路径：以设置的画笔形态为路径，设置描边。

⑤ 将路径作为选区载入：将路径创建为选区。

⑥ 从选区生成工作路径：将图像中创建的选区创建为工作路径。

⑦ 创建新路径：单击可新建一个路径。

⑧ 删除当前路径：选择路径后，单击此按钮可删除选中的路径。

6.3.2 创建、复制和删除路径

在“路径”面板中，为了更好地管理创建的路径，利用面板下方的按钮可以在面板中快速地新建、复制和删除路径。

1. 新建路径

在使用“钢笔工具”或形状工具等绘制任意的路径后，该路径即在“路径”面板中被存储到“工作路径”中。单击“创建新路径”按钮后，就可以“路径1”、“路径2”、“路径3”等名称顺序排列新建路径。

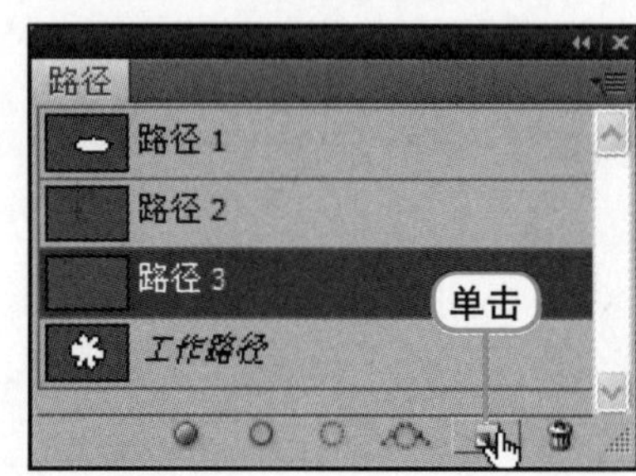

2. 复制路径

在“路径”面板中选中一条路径后，单击右上角的“扩展”按钮，在打开的菜单中选择“复制路径”选项，可以打开 “复制路径”对话框，可设置复制的路径名称，确认后即可复制该路径。也可将选中路径拖曳到“创建新路径”按钮进行复制。

1 创建新路径

在“路径”面板中单击选中“工作路径”，并拖曳到“创建新路径”按钮上，将路径名称更改为“路径4”。

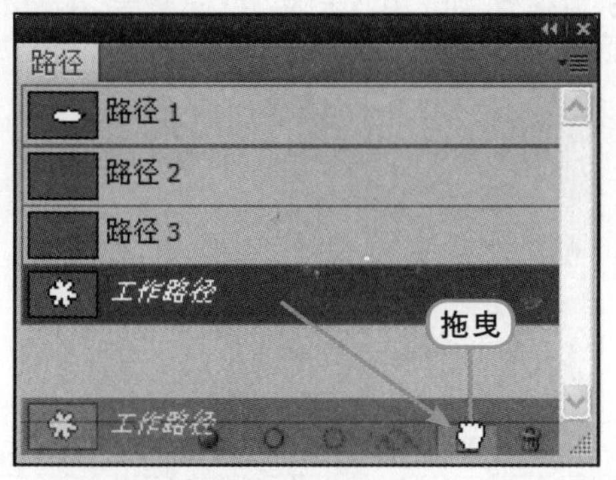

2 继续创建新路径并复制

继续单击“路径4”并拖曳到“创建新路径”按钮上，复制该路径，得到“路径4副本”路径。

3. 删除路径

选择需要删除的路径，在面板下方单击“删除当前路径”按钮，会弹出一个警示对话框，提示是否删除路径，单击“是”按钮即可以删除选中路径。选中路径后拖曳到“删除当前路径”按钮上，也可删除路径。

1 单击并拖曳要删除的路径

在“路径”面板中需要删除的路径上单击并将其拖曳到“删除当前路径”按钮上，如下图所示。

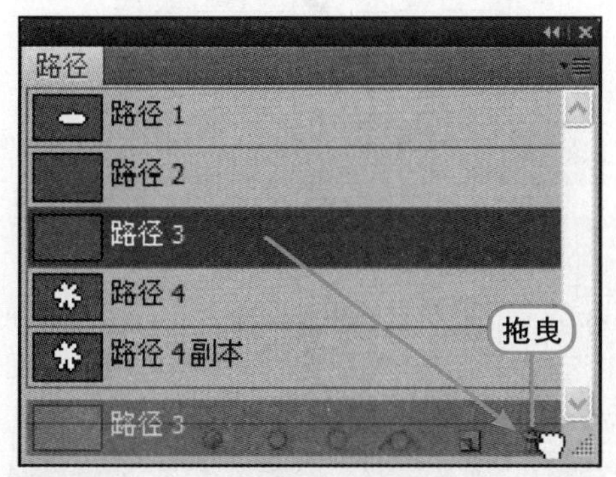

2 路径已删除

释放鼠标后，就可以看到选中的路径被删除，如下图所示。

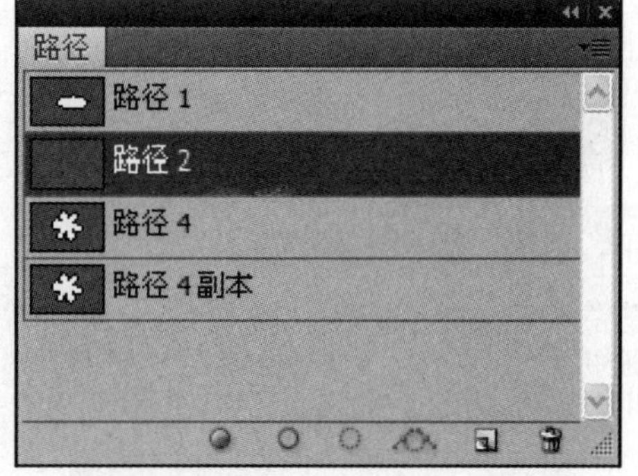

提示：更改路径名称

在“路径”面板中创建路径后，默认情况下会按路径1、2、3的顺序为新建路径命名。在路径名称上双击，可出现文本输入框，更改路径的名称。单击面板右上角的扩展按钮，在打开的菜单中单击“新建路径”命令，可打开一个“新建路径”对话框，在对话框“名称”选项中可以输入新建路径的名称。

6.3.3 描边路径

利用"描边路径"命令，可以为创建的路径设置特殊的边缘效果并以前景色显示描边效果。使用画笔工具、钢笔工具、橡皮擦工具、图章工具等，均可以对路径进行描边。在"路径"面板中选中路径后，按住Alt键，单击"描边路径"按钮，可以打开"描边路径"对话框，在对话框中可选择多种方式的描边工具，确认设置后为路径描边。

1 打开素材文件

执行"文件>打开"菜单命令，打开随书光盘\素材\第6章\11.jpg素材文件。

2 绘制路径

选择"钢笔工具"后，在打开的图像上绘制一条弯曲的开放路径，如下图所示。按住Ctrl键后，在图像任意区域单击，即可结束路径。

3 绘制多条开放路径

继续使用"钢笔工具"在图像上绘制两条开放的路径。

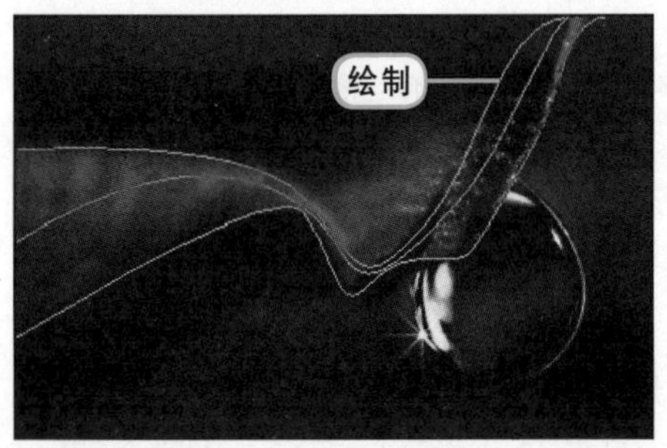

4 设置画笔

选择"画笔工具"后，在其选项栏中单击下三角按钮，打开"画笔预设"拾取器，选择柔角画笔，并更改画笔"大小"为1px。

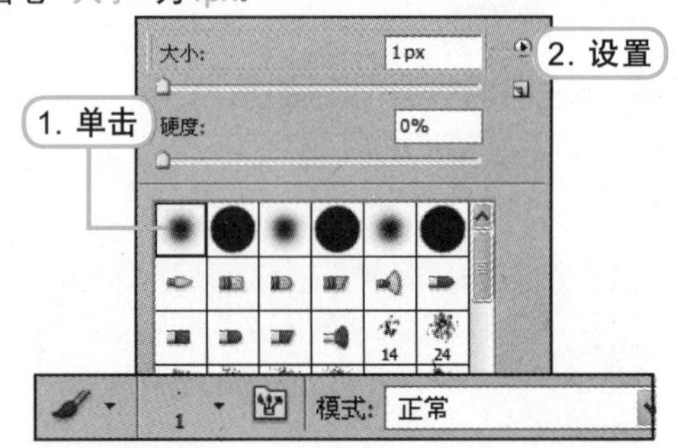

5 选择"描边路径"选项

设置前景色为白色并新建"图层1"图层，在"路径"面板中的"工作路径"上单击鼠标右键，在打开的菜单中选择"描边路径"选项。

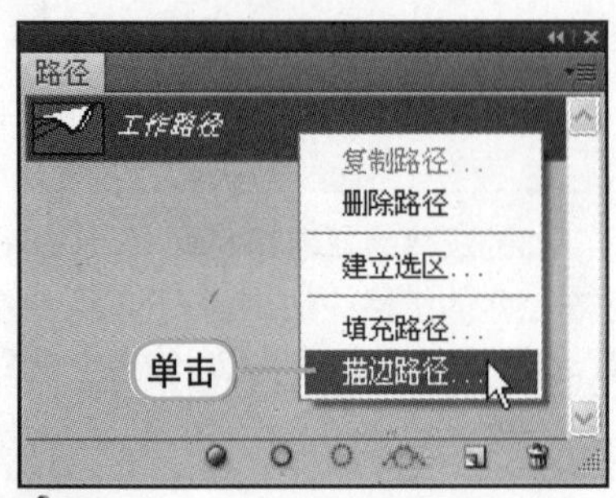

6 描边路径

在打开的"描边路径"对话框中，选择"工具"为"画笔"，并勾选"模拟压力"单选框，然后确认设置，在图像中可看到路径添加了白色的描边效果。

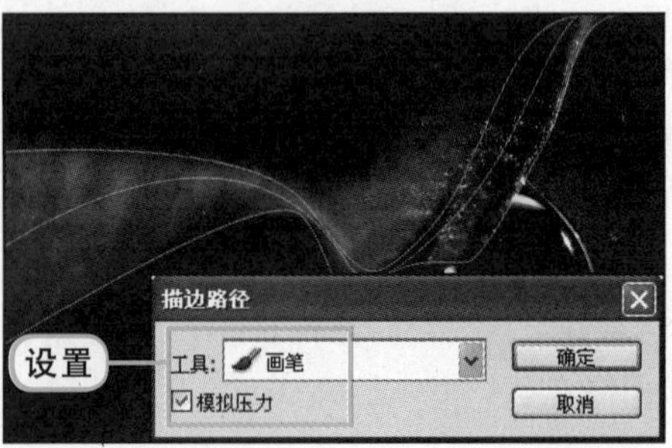

第6章

7 设置画笔选项

选中“画笔工具”，打开“画笔”选项栏，选择柔角画笔，设置“形状动态”选项，设置“散布”选项，如下图所示。

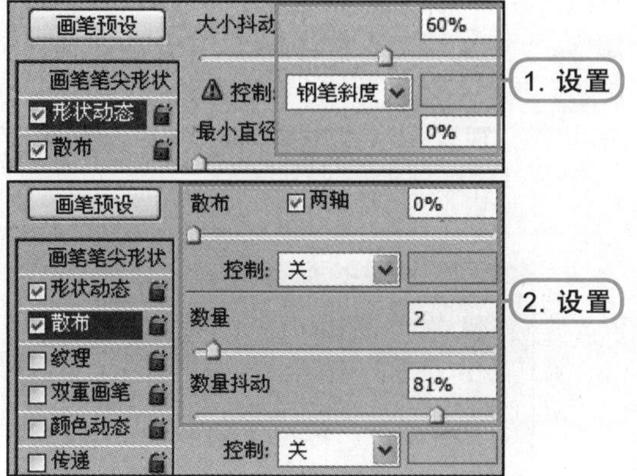

8 继续设置画笔选项

在面板中单击“画笔笔尖形状”，显示笔尖形状设置选项，将“大小”更改为20px，“间距”调整为135%，如下图所示。

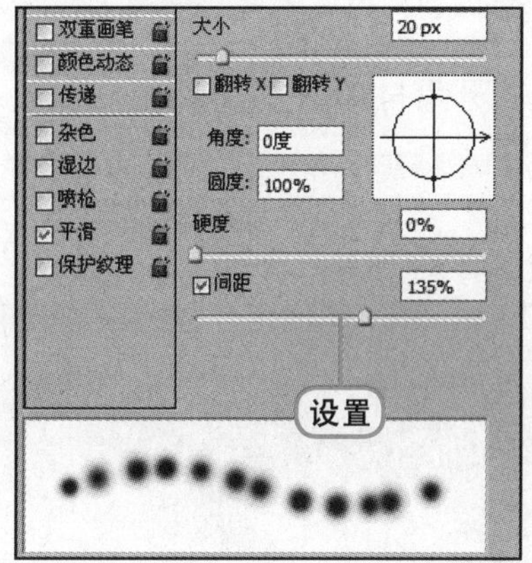

9 描边路径效果

新建一个空白的“图层2”图层，在“路径”面板中单击“描边路径”按钮，再次为路径描边，可以看到添加了白色的光点效果，如下图所示。

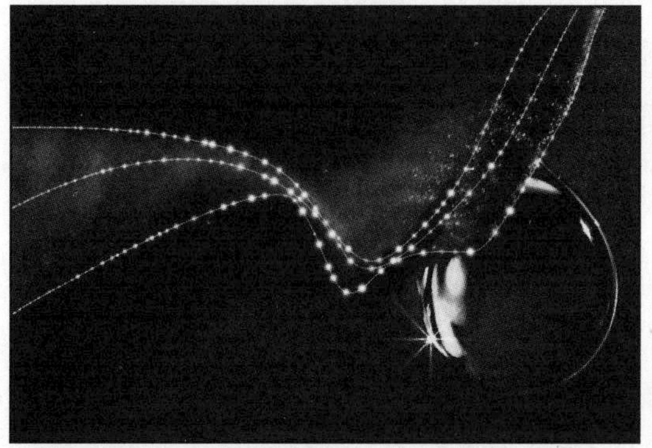

10 设置外发光样式

在“图层”面板中为“图层2”图层添加一个“外发光”图层样式，在打开的对话框中设置选项。

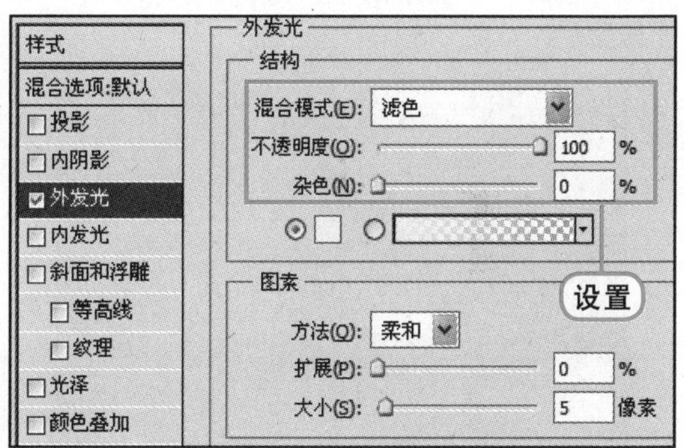

11 查看外发光效果

确认设置“外发光”样式后，在图像中可看到圆点边缘添加了淡黄色的发光效果。

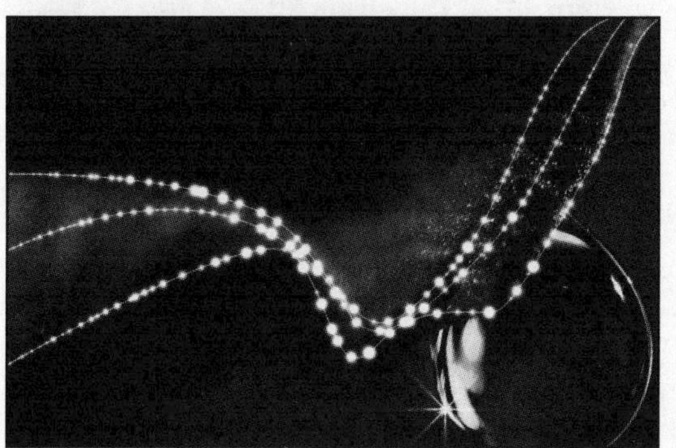

12 完善效果

可以在“画笔”面板中再次调整画笔形态，再次为路径描边添加一些小光点效果。

6.3.4 实现路径到选区的转换

在“路径”面板中可单击“将路径载入为选区”按钮，将路径转换为选区，再进行其他编辑。在单击“将路径作为选区载入”按钮的同时，按住Alt键，可打开“建立选区”对话框，在对话框中可以设置选区的羽化和消除锯齿等。

1 打开素材文件，绘制路径

打开随书光盘\素材\第6章\12.jpg素材文件，使用“钢笔工具”在图像中沿云图像绘制出相同形态的闭合路径。

2 单击“将路径作为选区载入”按钮

在“路径”面板中选中创建的“工作路径”后，单击“将路径作为选区载入”按钮。

3 查看路径载入为选区效果

在图像窗口中可看到路径被转换为选区的效果，如下图所示。

4 填充颜色并取消选区

新建“图层1”图层，在该图层上为选区填充白色，然后按Ctrl+D快捷键，取消选区。

5 设置“斜面和浮雕”选项

在“图层”面板中单击“创建图层样式”按钮，在打开的菜单中选择“斜面和浮雕”选项，打开“图层样式”对话框，对“斜面和浮雕”选项进行设置。

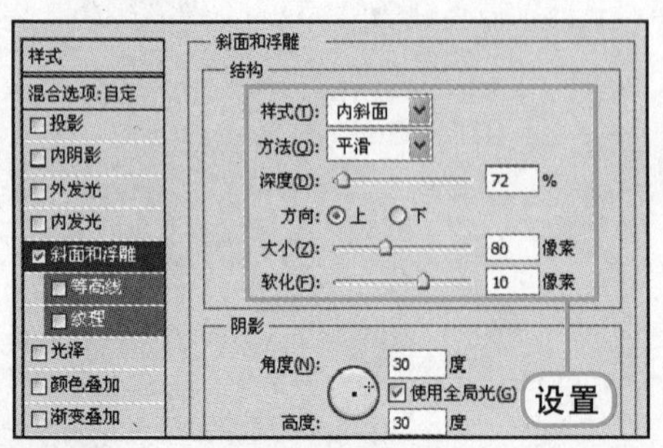

6 设置图层混合模式

为“图层1”图层添加图层样式后，设置其图层混合模式为“叠加”。

第6章

7 查看完成效果

在图层窗口中可看到原图像中纸片上的云朵图像被设置出立体感的效果。

6.3.5 实现选区到工作路径的转换

在画面中创建选区后，单击“路径”面板下方的“从选区生成工作路径”按钮，即可将选区创建为工作路径。对路径进行保存，也可将该路径定义为形状，添加到“自定形状”拾色器中，方便以后重复使用。

1 打开素材文件，单击创建选区

打开随书光盘\素材\第6章\13.jpg素材文件，选择“魔棒工具”，在打开图像的白色背景上单击创建选区。

2 反向选择选区

对选区执行“选择>反向”菜单命令，反向选择选区，将蝴蝶图像创建到选区中。

3 从选区生成路径

在“路径”描边中单击下方的“从选区生成工作路径”按钮，就可将蝴蝶选区创建为路径，并保存到“工作路径”中。

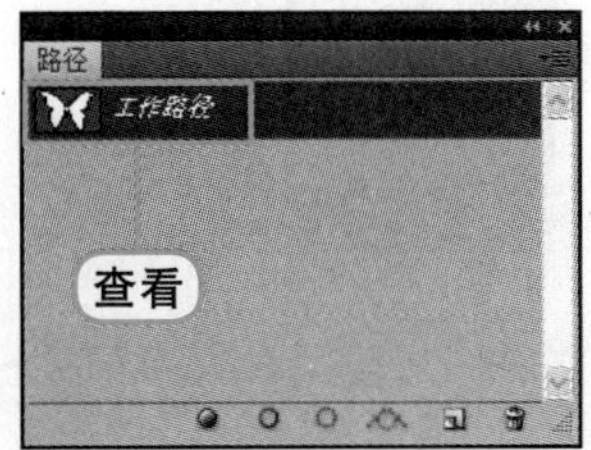

4 输入形状名称

执行“编辑>定义自定形状”菜单命令，在打开的“形状名称”对话框中输入“名称”为“蝴蝶”，然后确认设置。

5 单击选择形状

选择“自定形状工具”后，在其选项栏中打开“自定形状”拾色器，在最后可看到自定名称为“蝴蝶”的形状。

6 绘制形状

选择“蝴蝶”形状后，选择绘制方式为“形状图层”，设置前景色为黄色R240、G173、B43，然后使用“自定形状工具”在图像中绘制，即可创建出相同形态的蝴蝶图形。

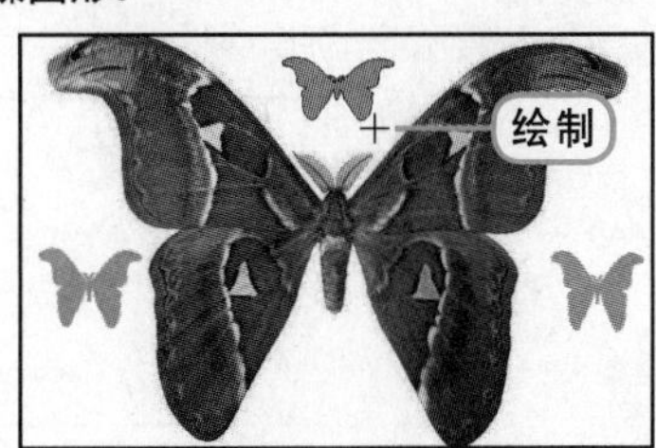

新手提问123

问题1 如何在编辑路径时选中多条路径?

答 在编辑路径时，如果需要同时选中多条路径进行编辑时，可使用“路径选择工具”来进行选择，方法是使用该工具在路径中单击并拖曳创建一个选框，缩放鼠标后就可将选框内的所有路径选中，如左下图所示。另一种方法是在按住Shift键的同时使用“路径选择工具”在不同的路径上单击，就可加选多条路径，如右下图所示。

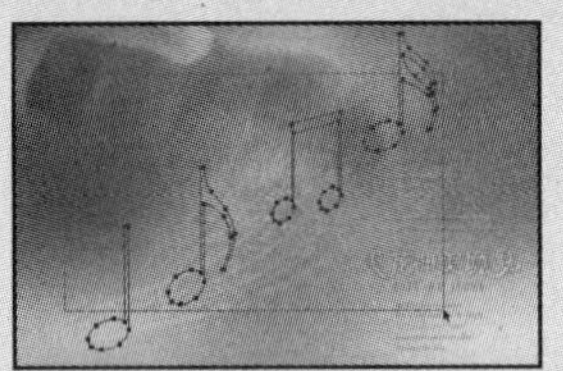

问题2 在使用钢笔工具进行绘制时，有没有需要掌握的要点呢?

答 在使用“钢笔工具”绘制路径时，有一些需要掌握的要点，可有助于用户更加随意地绘制需要的路径。在使用“钢笔工具”进行路径绘制时，直接单击添加锚点后，就可将两个锚点直接以直线连接，绘制的形状则是以锚点为转折的多边形，如左下图所示。如果在单击添加锚点时，按住鼠标不放并进行拖曳，就可以在画面中添加以锚点为中心，向锚点两边延伸出方向手柄，拖曳方向手柄上的点就可调整路径的弯曲程度，如中下图所示。在绘制路径的过程中时，如果按住Alt键的同时单击方向手柄进行拖曳调整，就可更改方向手柄的角度，调整路径产生的弯曲效果，如右下图所示。

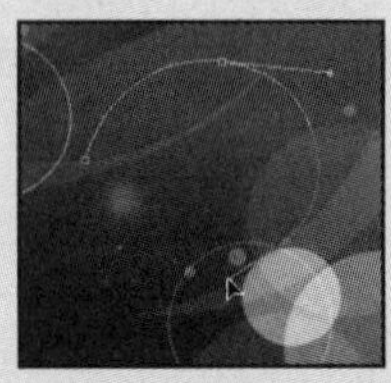

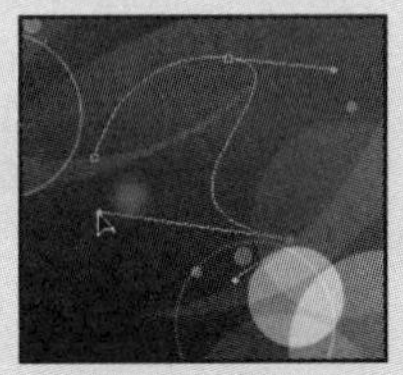

问题3 有没有好的方法能够绘制出绝对水平、垂直或45度的标准线段呢?

答 在利用“钢笔工具”或“直线工具”绘制直线段时，可通过组合键准确地绘制出水平、垂直或45度的标准线段。方法是在绘制的时候按住键盘上的Shift键改变路径产生的方向。如左下图所示，使用“钢笔工具”绘制直线段的路径时，按住Shift键进行单击，就可创建出水平、垂直和45度倾斜的直线段。如右下图所示使用“直线工具”绘制时，按住Shift键可以绘制出水平、垂直和45度倾斜的直线段。

第7章

图像的色彩处理是Photoshop软件的一项强大功能，通过色彩处理，图像能变成一幅视觉盛宴。这里将从图像的色彩模式和不同色彩模式之间的转换入手，并利用“图像”菜单中的多个色彩调整命令来掌握色彩的调整、明暗调整等。

图像的色彩处理

参见随书光盘

- 第7章　图像的色彩处理
  - 7.1.1　灰度模式.swf
  - 7.1.2　位图模式.swf
  - 7.1.5　Lab颜色模式.swf
  - 7.1.6　双色调模式.swf
  - 7.2.2　利用直方图调整曝光.swf
  - 7.3.1　使用“自动色调”命令.swf
  - 7.3.2　使用“自动对比度”命令.swf
  - 7.3.3　使用“自动颜色”命令.swf
  - 7.4.1　使用“色阶”命令.swf
  - 7.4.2　使用“曲线”命令.swf
  - 7.4.3　使用“亮度对比度”命令.swf
  - 7.4.4　使用“阴影高光”命令.swf
  - 7.4.5　使用“去色”命令.swf
  - 7.4.6　使用“HDR色调”命令.swf
  - 7.5.1　使用“色彩平衡”命令.swf
  - 7.5.2　使用“照片滤镜”命令.swf
  - 7.5.3　使用“渐变映射”命令.swf
  - 7.5.4　使用“通道混合器”命令.swf
  - 7.5.5　使用“可选颜色”命令.swf
  - 7.5.6　使用“替换颜色”命令.swf
  - 7.5.7　使用“色相和饱和度”命令.swf
  - 7.6.1　使用“反相”命令.swf
  - 7.6.2　使用“色调分离”命令.swf
  - 7.6.3　使用“阈值”命令.swf
  - 7.6.4　使用“黑白”命令.swf

难 度 ★★☆☆☆

7.1 认识图像的色彩模式

在进行图像处理中，可通过“模式”中的各项命令来调整图像，变化图像的色彩模式。每一种色彩模式都有其各自的特点和适应范围，可根据制作需要来确定色彩模式，并可以在不同色彩模式之间转换。

7.1.1 灰度模式

灰度模式的图像只有灰度信息，没有彩色信息，它是由256级灰度的黑白颜色构成。将彩色模式的图像转换为灰度模式后，将去掉颜色信息并不能再恢复。将图像转换为灰度模式，可执行“图像>模式>灰度”菜单命令，即可将图像转换为黑白效果。

1 打开素材文件

打开随书光盘\素材\第7章\01.jpg素材文件，执行“图像>模式>灰度”菜单命令。

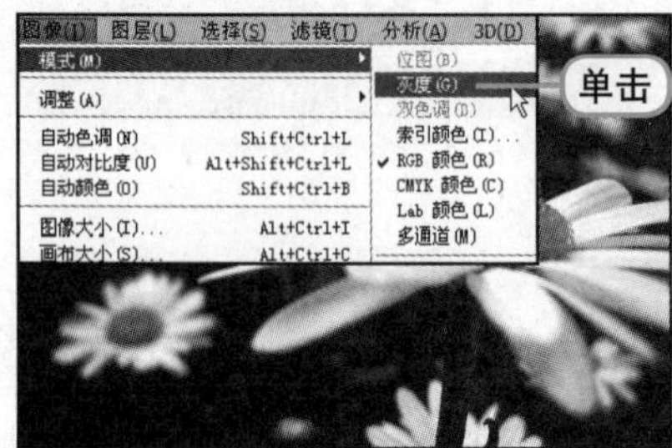

2 选择图层样式

执行命令后，将弹出一个“信息”对话框，提示是否扔掉颜色信息，单击“扔掉”按钮即可。

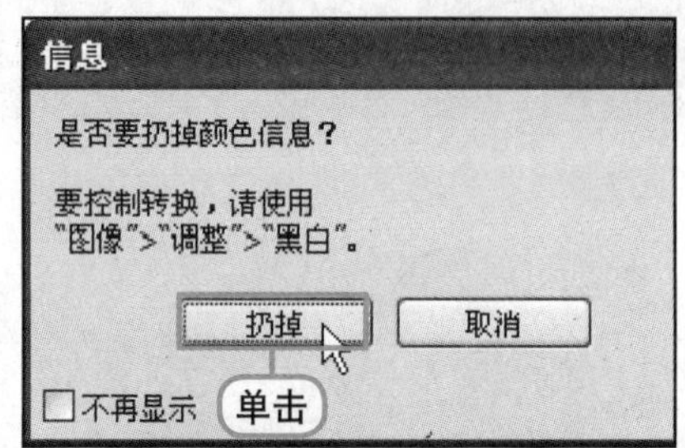

3 查看图像效果

回到图像窗口中，就可看到图像颜色信息被去除，变成一幅黑白图像的效果。在“通道”面板中还可查看到“灰度”模式下只有一个“灰色”通道。

7.1.2 位图模式

位图模式下的图像只有黑色和白色，只有将图像转换为灰度模式后，才可使用位图模式。在对图像执行“位图”命令后，就会打开一个“位图”对话框，在对话框中可对图像的“分辨率”和“方法”进行设置，在“方法”中对选项的设置可在图像中制作出特殊的纹理效果。

1 打开素材文件

执行“文件>打开”命令，打开随书光盘\素材\第7章\02.jpg素材文件。

第7章

2 转换为灰度模式

执行"图像>模式>灰度"菜单命令，将图像转换为灰度模式，扔掉颜色信息。

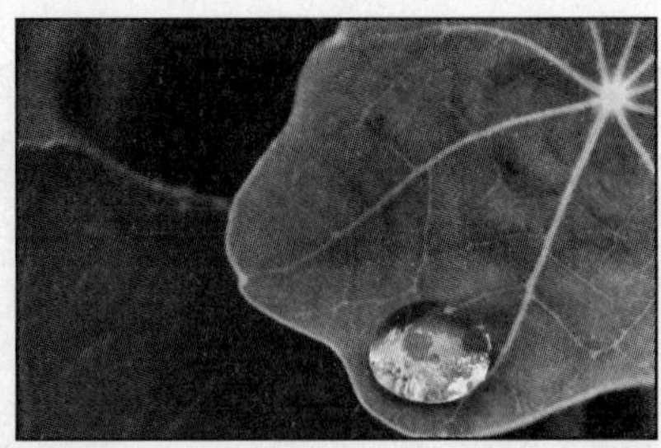

3 设置位图选项

继续执行"图像>模式>位图"菜单命令，打开"位图"对话框，在对话框中设置"使用"选项为"半调网屏"，单击"确定"按钮。

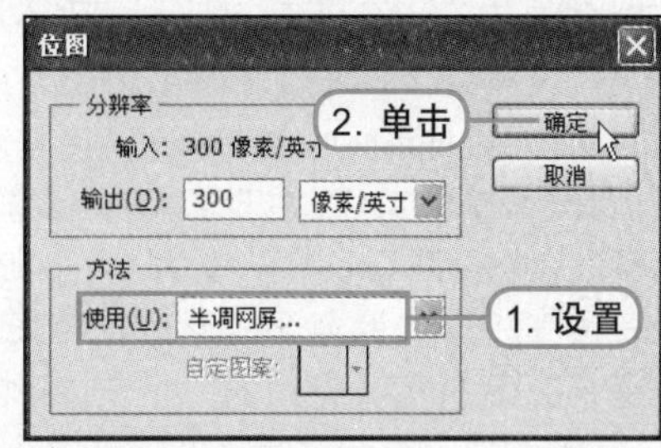

4 设置"半调网屏"

在打开的"半调网屏"对话框中，设置"频率"为80，"角度"为45度，"形状"为"菱形"，然后确认设置。

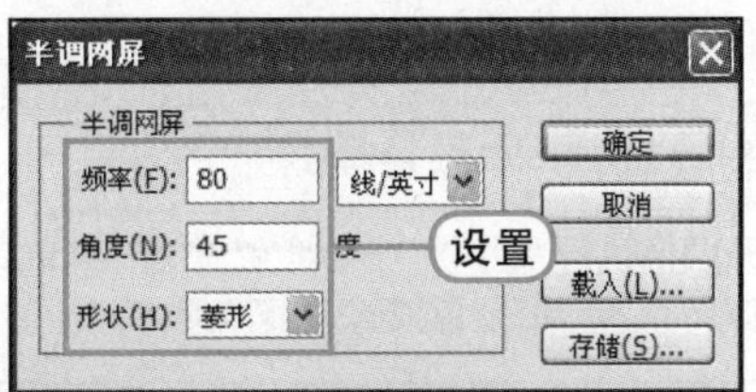

5 查看效果

完成设置后，回到图像窗口中，可查看到图像转换为位图模式，并添加了纹理的黑白图像效果，在"通道"面板中还可查看到该色彩模式下的通道只有一个"位图"通道。

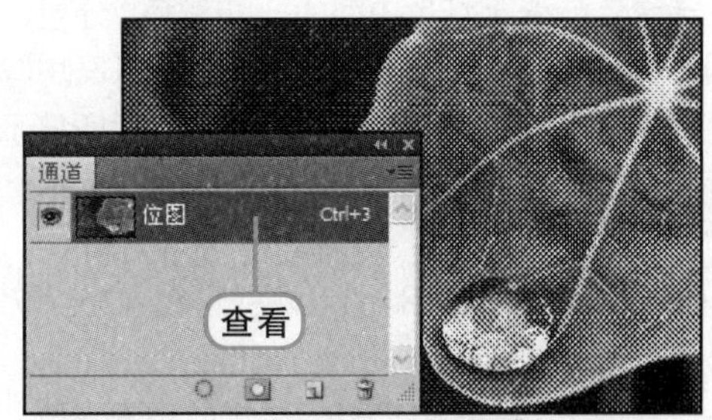

提示：了解位图

位图也叫点阵图、像素图，是最小单位由像素构成的图像，是由像素以阵列的排列来实现显示效果的。每个像素都有自己的颜色信息，对位图图像进行编辑，就是对每个像素进行操作，改变图像的色相、饱和度、明暗度，从而改变图像的显示效果。

7.1.3 RGB颜色模式

RGB颜色模式下的图像由红、绿、蓝3种颜色构成，是Photoshop CS5中最常用的一种图像色彩模式。在该模式下Photoshop CS5能提供更多的功能和命令，通常在操作过程中用户会将其他的颜色模式转换为RGB模式，进行操作。

自然界中大多数颜色都可以由红色、绿色和蓝色合成，由于这3种颜色的光线在复合光中所占比例的不同，所合成的复合光的颜色也就不同。红、绿、蓝被称为三原色，由它们合成其他颜色的基色而组成的颜色系统就叫做RGB模式颜色系统。RGB颜色的合成原理是利用颜色相加得到的，大多数的电脑显示器都采用这种色彩模式，是应用最为广泛的色彩模式之一。

7.1.4 CMYK颜色模式

CMYK模式下的图像是由青、洋红、黄、黑4种颜色构成，主要用于彩色印刷中。在制作样式文件时，对文件执行“图像>模式>CMYK颜色”菜单命令，将转换为CMYK颜色模式，并可将文件保存为印刷常用的文件格式，如TIFF或EPS文件格式。

由青（Cyan）、洋红（Magenta）、黄（Yellow）和黑（Black）4种基色组成的颜色系统称为CMYK颜色系统，在印刷业中标准的彩色图像模式就是CMYK颜色模式，用于印刷输出的分色处理上。其颜色合成原理与RGB模式相反，是通过颜色相减得到的。由于这4种基色在合成时所占的比重和强度不同，所得到的合成颜色也不同。

7.1.5 Lab颜色模式

Lab模式是以两个颜色分量a和b以及一个亮度分量L（Lightness）来表示的，其中分量a的取值来自绿色渐变至红色中间的一切颜色，分量b的取值来自蓝色渐变至黄色中间的一切颜色。它包括RGB和CMYK色域中的所有颜色，所以使用Lab模式进行转换不会造成任何色彩上的损失，在该模式下使用不同的显示器或打印机设备时所显示的颜色都是相同的。

1 打开素材文件

执行“文件>打开”命令，打开随书光盘\素材\第7章\03.jpg素材文件，如下图所示。

2 转换为Lab颜色模式

对打开图像执行“图像>模式>Lab颜色”菜单命令，将图像转换为Lab颜色模式。

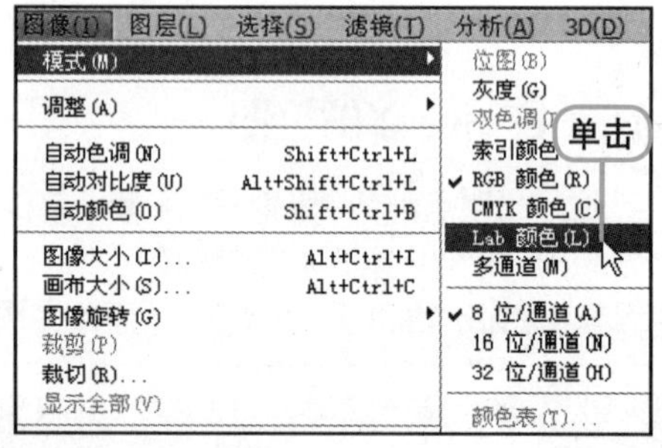

3 选中通道并复制

打开“通道”面板，在面板中单击选中a通道，按Ctrl+A快捷键，全选通道内容，创建出选区，并按Ctrl+C快捷键，复制选区内容。

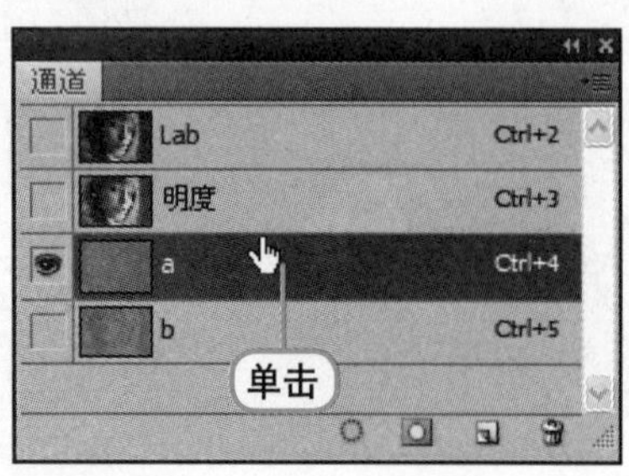

4 选择通道并粘贴

继续在面板中单击选中b通道，并按Ctrl+V快捷键，粘贴上一步骤中复制的通道内容。

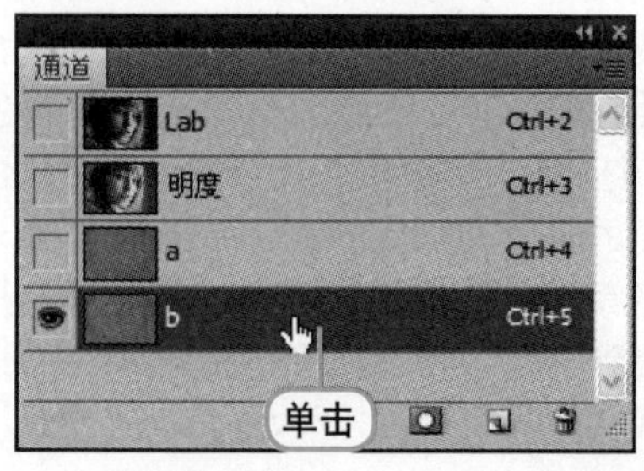

第7章

5 查看效果

单击Lab通道，显示所有颜色通道，回到图像窗口中，可看到通过对Lab颜色模式下的颜色通道的编辑，图像色调已经更改。

6 设置图层混合模式

复制一个“背景”图层，得到“背景副本”图层后，设置其图层混合模式为“柔光”。图层混合后，图像颜色增强，对比增强。

7.1.6 双色调模式

双色调模式采用2至4种彩色油墨来创建由双色调（两种颜色）、三色调（三种颜色）和四色调（四种颜色）混合的色阶来组成图像。使用“双色调”命令前，需要将图像转换为灰度模式，然后在打开的“双色调选项”对话框中设置类型和颜色，也可使用预设的选项。

1 打开素材文件

执行“文件>打开”命令，打开随书光盘\素材\第7章\04.jpg素材文件。

2 转换为灰度模式

执行“图像>模式>灰度”菜单命令，将图像转换为“灰度”模式，扔掉颜色信息。

3 设置选项

执行“图像>模式>双色调”菜单命令，在打开的“双色调选项”对话框中选择“预设”选项中的B1 165 red orange 457 brown。

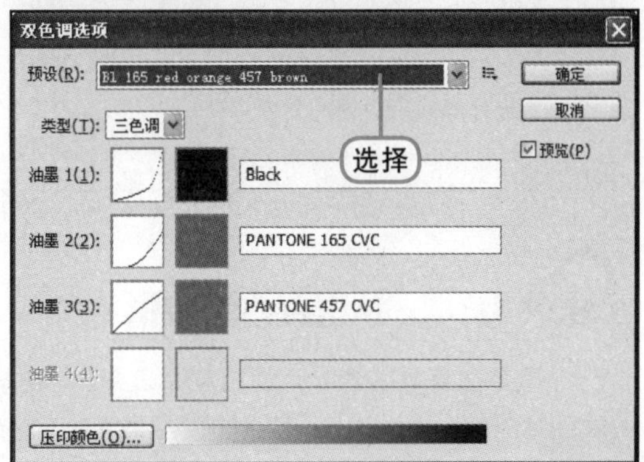

4 查看应用双色调的效果

确认设置后，在图像窗口中可看到图像应用双色调模式的效果。

提示：选择类型

在“双色调选项”对话框中的“类型”选项下，可选择单色调、双色调、三色调和四色调4种类型，能设置1～4种不同颜色。

7.2 应用直方图对图像进行分析

直方图是通过波形参数来确定照片曝光精度，利用直方图的横轴和纵轴可以清楚地判断拍摄的照片或正在取景照片的曝光度。Photoshop CS5中提供的“直方图”面板就能方便地对图像的曝光情况进行查看和校正。

7.2.1 了解直方图的相关信息

执行“窗口>直方图”菜单命令，打开“直方图”面板，在面板中可以显示图像的基本信息。打开的“直方图”默认显示为“紧凑视图”，单击面板右上角的“扩展”按钮，在打开的面板菜单选项中还可以选择“扩展视图”和“全部通道视图”，显示更多的图像信息。

1. 紧凑视图

“紧凑视图”为默认的直方图显示效果，可直观地查看到当前图像的各个颜色通道的波长信息。

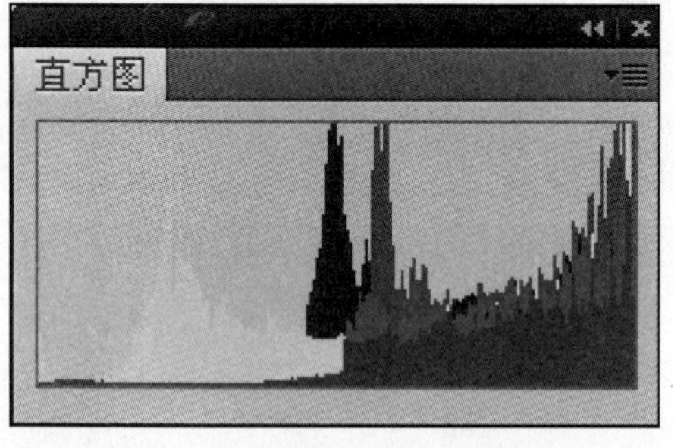

2. 扩展视图

“扩展视图”中包含了更多的图像信息，还可在“通道”选项中选择不同颜色通道的直方图信息。

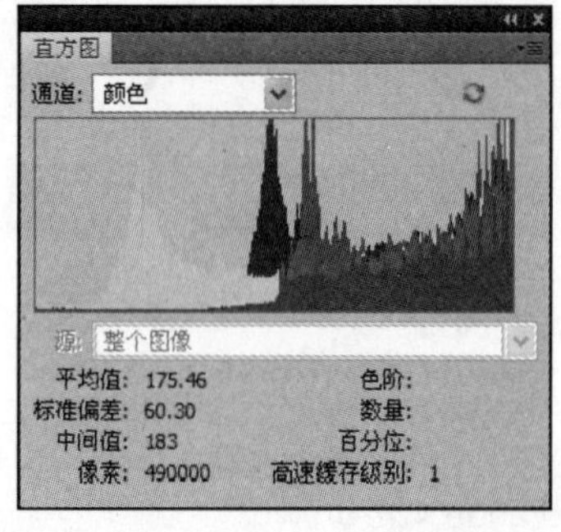

提示：认识直方图波形

图像在直方图中以弯曲的波形表示，其中靠左侧的波形表示图像中的暗调部分，中间的波形表示图像的中间调部分，右侧的波形表示图像的亮调部分。

第7章

7.2.2 利用直方图调整曝光

利用直方图可以看出照片的曝光问题，曝光不正常的图像可利用直方图来分析曝光情况，然后进行相应调整，达到正常的曝光效果。

1 打开素材文件

执行“文件>打开”菜单命令，打开随书光盘\素材\第7章\05.jpg素材文件，可看到图像较为黯淡。

2 选择面板菜单选项

打开直方图，可看到曲线波形偏重于左侧，右侧的明显下降，到右侧最亮位置有一段空白，暗的部分较多，亮调不足。单击面板右上角的“扩展”按钮，在打开的菜单中选择“扩展视图”选项。

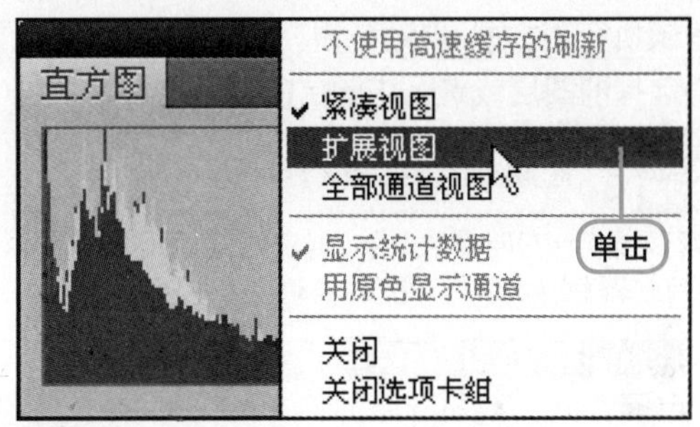

3 选择通道样式

“直方图”面板显示了扩展视图的信息，选择“通道”为RGB，显示出黑色波形。

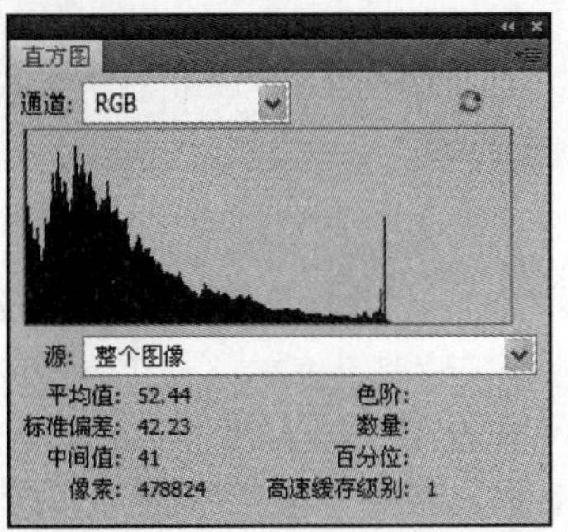

4 调整曲线

在“调整”面板中为图像创建一个“曲线”调整图层，在打开的“调整”面板中调整曲线。

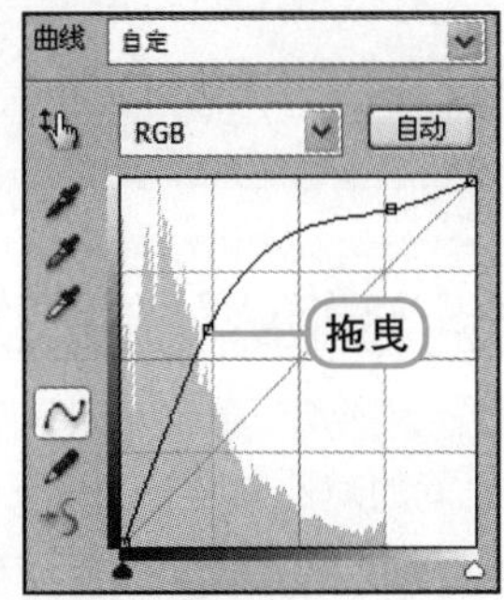

5 查看效果

对图像设置了“曲线”调整图层后，可看到图像的整体亮度被提高，偏暗的照片曝光恢复了正常。

6 查看直方图分析

此时在“直方图”面板中看可查看到曲线波形已向右偏移，图像中的暗调区域被均匀化，标志着图像的曝光情况回到正常。

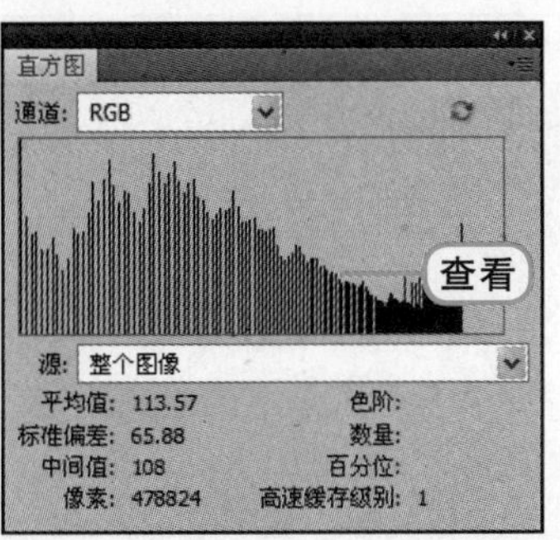

难度 ★★☆☆☆

7.3 自动调整图像色彩

在图像菜单中有3个自动调整图像色彩的命令，包括“自动色调”、“自动对比度”和“自动颜色”命令，通过这3个命令可以让Photoshop软件自动根据图像的色调、对比度等进行调整，自然地调整图像。

7.3.1 使用“自动色调”命令

色调是一幅图像色彩外观的基本倾向，以明度、纯度和色相3个要素来表现。“自动色调”命令会根据图像的色调自动对图像的明度、纯度和色相进行调整，统一图像色调让整体色调均匀化。对图像执行“图像>自动色调”菜单命令，或者按Shift+Ctrl+L组合键，对图像快速执行该命令，即可将选择的图层或选区内图层色调进行自动调整。

1 打开素材文件，执行菜单命令

执行“文件>打开”菜单命令，打开随书光盘\素材\第7章\06.jpg素材文件，执行“图像>自动色调”菜单命令。

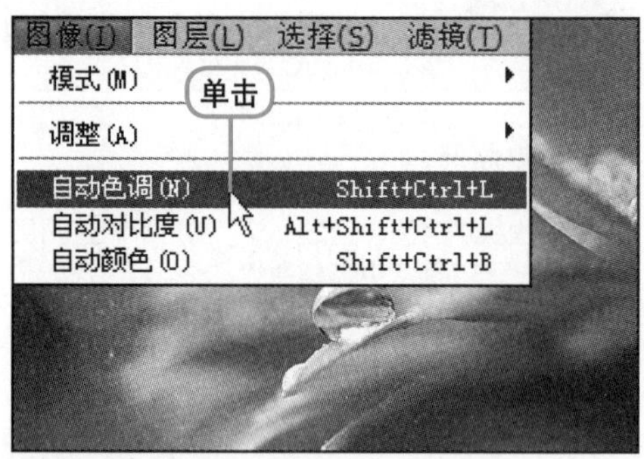

2 查看自动调整效果

应用“自动色调”命令后，原图像的色调自动进行了调整，增强了图像的色调。

第7章

7.3.2 使用“自动对比度”命令

使用“自动对比度”命令可调整图像的明暗对比度，使高光区域显得更亮，阴影区域显得更暗，以增强图像之间的对比效果，适用于色调较灰、明暗对比不强的图像。执行“图像>自动对比度”菜单命令，或按Shift+Ctrl+Alt+L组合键，就可使选中图层或选区内图像的对比度进行自动调整。

1 打开素材文件，执行菜单命令

执行“文件>打开”菜单命令，打开随书光盘\素材\第7章\07.jpg素材文件，并执行“图像>自动对比度”菜单命令。

2 应用自动对比度后的效果

应用“自动对比度”命令后，可看到图像增强了明暗对比的效果。

7.3.3 使用"自动颜色"命令

使用"自动颜色"命令，可使图像不受环境色的影响，还原图像部分的真实色彩。它常用于偏色的图像中，可去掉图像偏向的某种颜色，恢复自然色彩。对图像执行"图层>自动色彩"菜单命令，或按下Shift+Ctrl+B组合键，即可自动调整图像颜色。

1 打开素材文件并执行菜单命令

打开随书光盘\素材\第7章\08.jpg素材文件，执行"图像>自动颜色"菜单命令。

2 应用自动颜色后的效果

执行命令后，原图像中的黄色消除，还原了人物图像原本的颜色，效果如下图所示。

7.4 图像明暗的调整

图像的效果常会受各种因素的影响，不能很好地表现出图像的明暗。针对这一问题，Photoshop CS5中提供了多个用于调整图像明暗的调整命令，可将光线不好的照片调整到正常或更好的效果。这些明暗调整命令包括"色阶"、"曲线"、"亮度/对比度"、"阴影/高光"、"去色"和"HDR色调"命令。

难 度 ★★★★☆

7.4.1 使用"色阶"命令

"色阶"是一种直观的调整图像明暗的命令，利用该命令可通过修改图像的阴影区、中间调和高光区的亮度水平来调整图像的色调范围和色彩平衡，也可对图像各个颜色通道进行单独的色阶调整，更改图像的颜色。

1 打开素材文件，创建副本图层

打开随书光盘\素材\第7章\09.jpg素材文件，在"图层"面板中复制"背景"图层，得到"背景副本"图层。

2 设置色阶选项

执行"图像>调整>色阶"菜单命令，在打开的"色阶"对话框中，在"输入色阶"选项下拖曳滑块分别到22、2.00、232的位置。

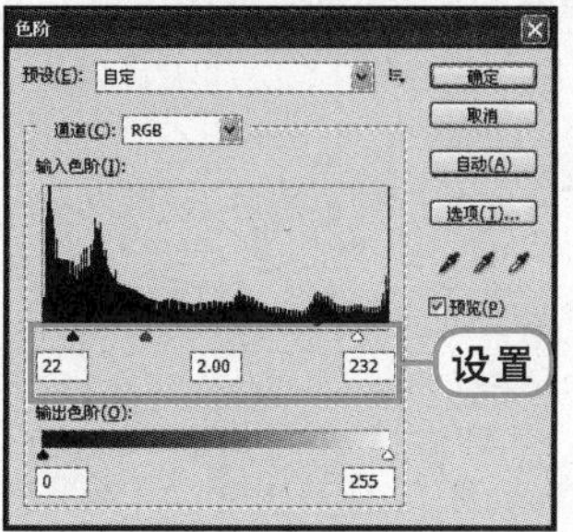

3 调整红通道色阶

在对话框中选择“通道”为“红”，将“输入色阶”下的灰色滑块向右拖曳到0.55的位置，并确认设置。

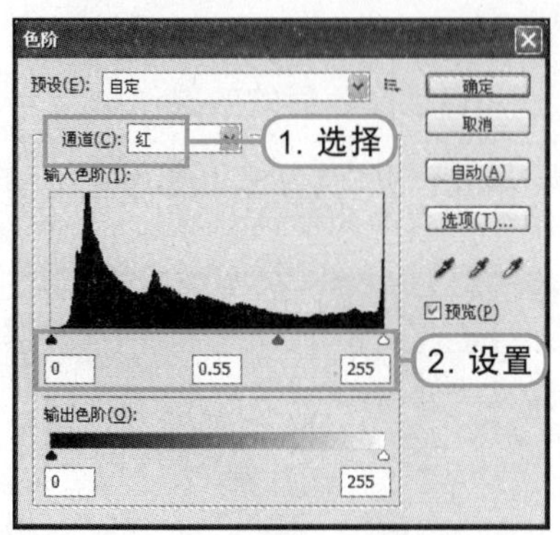

4 查看完成效果

完成设置后，回到图像窗口中，可查看到图层调整色阶后提高了亮度，并更改了色调的效果。

提示：认识输入色阶滑块控制区域

在输入色阶下端有三个滑块，用于控制图像不同区域的色阶效果，在右边的黑色滑块▲控制图像的阴影区域，中间的灰色滑块▲控制图像中的中间色区域，右边白色滑块△控制图像中的高光区域。拖动这些滑块，就可以调整图像中最暗处、中间色和最亮处的色调值，从而调整图像的色调和对比度。

第7章

7.4.2 使用“曲线”命令

使用“曲线”命令可以精确地调整图像的色调并进行全面的色彩调整。执行“图像>调整>曲线”菜单命令，在打开的“曲线”对话框中更改曲线的形状来改变图像的色调和颜色。将曲线向上或向下弯曲会使图像变亮或变暗，曲线上较陡的部分表示图像对比度较高的部分，曲线上比较平缓的部分表示图像对比度较低的区域。

1 打开素材文件，执行菜单命令

执行“文件>打开”菜单命令，打开随书光盘\素材\第7章\10.jpg素材文件， 复制背景图层后，执行“图像>调整>曲线”菜单命令。

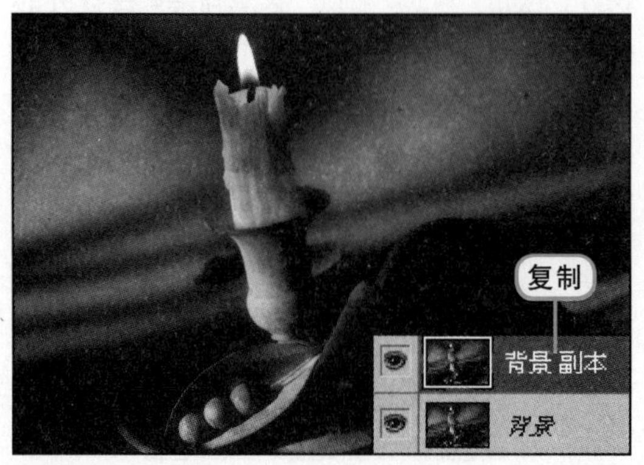

2 调整曲线弧度

在打开的“曲线”对话框中，使用鼠标在曲线上单击添加一个点并按住鼠标向上拖曳出弯曲弧度，其位置为“输出”206，“输入”127。

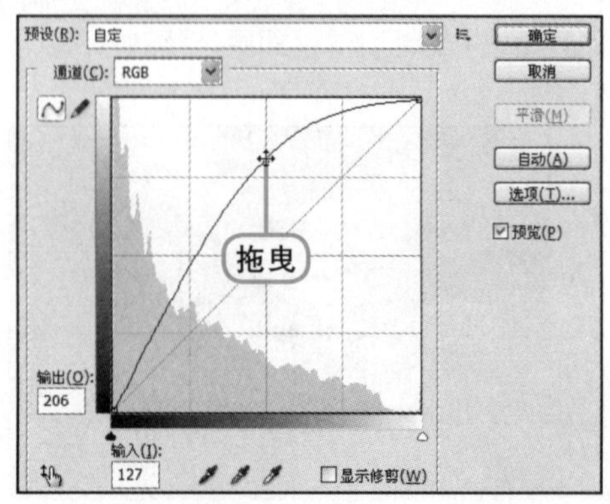

3 继续调整曲线

在曲线左侧单击，添加一个点并向下拖曳到"输出"69、"输入"56的位置。

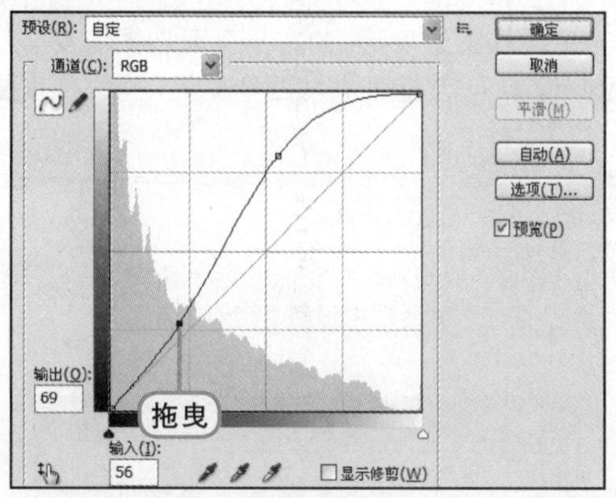

4 查看设置后的图像效果

确认设置后，回到图像窗口中，可看到图像调整曲线后增强了色调和对比度。

7.4.3 使用"亮度/对比度"命令

使用"亮度/对比度"命令可调整一些光线不足、比较昏暗的图像，使其恢复到正常的明亮、清晰状态。对图像执行"图像>调整>亮度/对比度"菜单命令，在打开的"亮度/对比度"对话框中，通过拖曳选项滑块来设置，向左拖曳滑块会降低亮度和对比度，向右拖曳滑块会提高亮度和对比度。

1 打开素材文件，创建副本图层

打开随书光盘\素材\第7章\11.jpg素材文件，在"图层"面板中复制"背景"图层，得到"背景副本"图层。

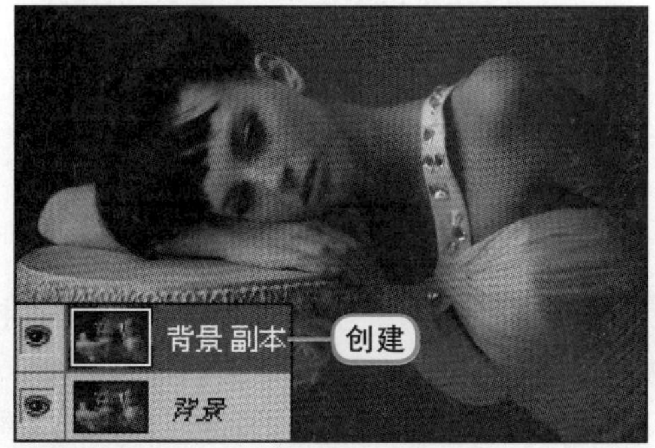

3 使用海绵工具，提高饱和度

选择"海绵工具"，在其选项栏中设置画笔大小为40，"模式"为"饱和"，"流量"为10%，然后使用该工具在图像中人物和石柱上涂抹，调高部分区域的色彩饱和度，完善图像。

2 提高亮度/对比度

执行"图像>调整>亮度/对比度"菜单命令，在打开的对话框中设置"亮度"为50、"对比度"为36，将图像亮度和对比度调高。

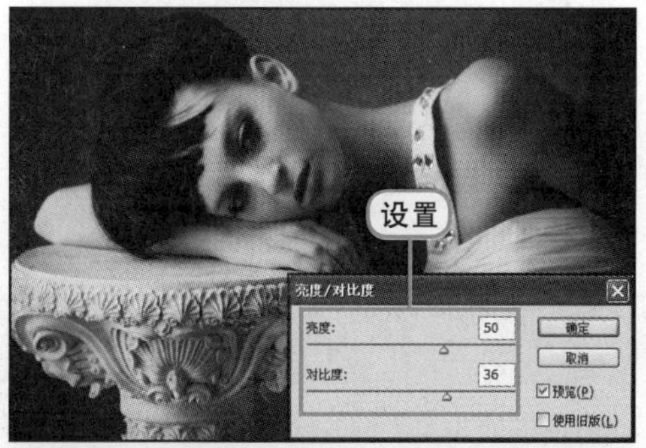

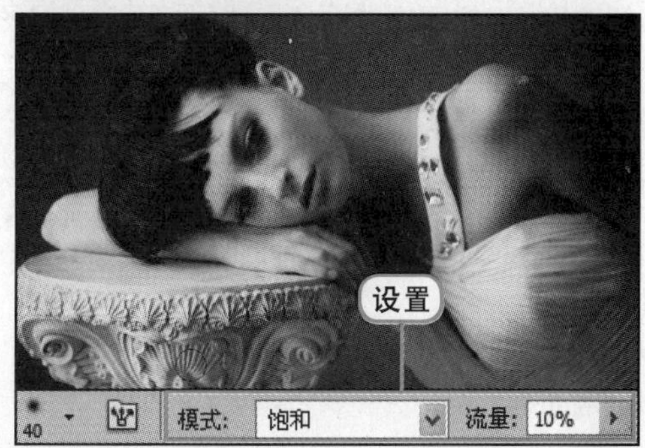

7.4.4 使用“阴影/高光”命令

通过“阴影/高光”命令可调整图像的阴影和高光部分，常用于修复一些因阴影或者逆光而比较暗的图像。执行“图像>调整>阴影/高光”菜单命令，在打开的“阴影/高光”对话框中，在“阴影”选项下，通过拖曳滑块来调整图像的阴影，向左拖曳滑块图像变暗，向右拖曳滑块图像变亮，默认值为50%。利用“高光”选项可以调整图像的高光部分，向左拖曳滑块图像变亮，向右拖曳图像变暗。

1 打开图像，创建副本图层

打开随书光盘\素材\第7章\12.jpg素材文件，在“图层”面板中复制“背景”图层，得到“背景副本”图层。

2 设置阴影/高光

执行“图像>调整>阴影/高光”菜单命令，在打开的“阴影/高光”对话框中设置“阴影”选项为64%。

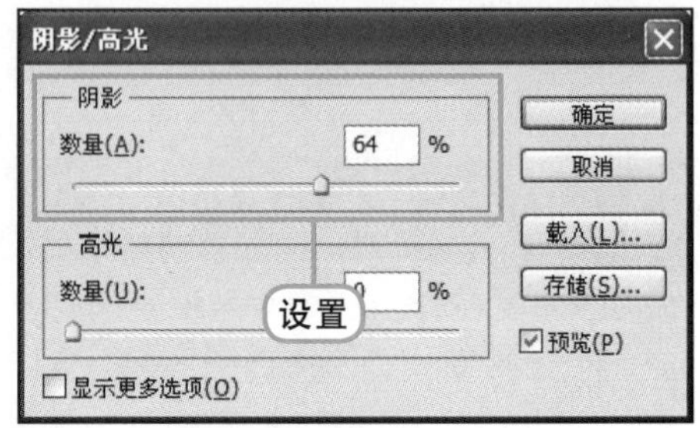

3 查看应用效果

确认“阴影/高光”设置后，在图像窗口中可看到暗调的图像被提亮，图像清晰地展现出来。

4 设置图层混合模式

在“图层”面板中复制一个副本图层，得到“背景副本2”图层，并设置图层混合模式为“柔光”，混合后图像的对比度提高。

7.4.5 使用“去色”命令

使用“去色”命令可将图像转换为灰度图像，即将图像中的色彩直接去掉并使每个像素保持原有的亮度值，但图像的颜色模式保持不变。对图像执行“图像>调整>去色”菜单命令，即可去除图像的色彩，变为黑白图像效果。

1 打开素材文件，创建副本图层

打开随书光盘\素材\第7章\13.jpg素材文件，在“图层”面板中复制“背景”图层，得到“背景副本”图层。

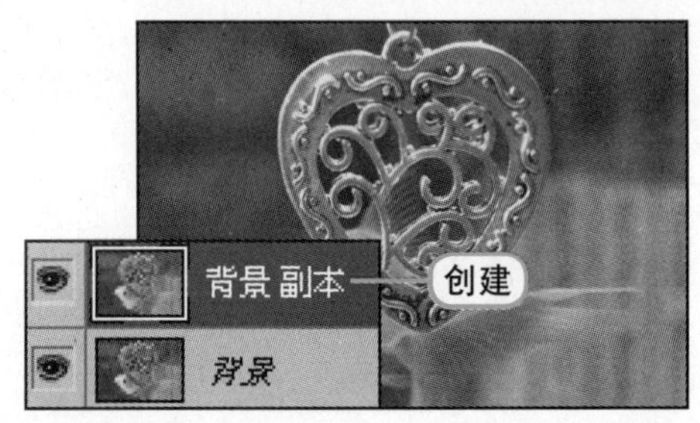

第7章

2 应用去色后的图像效果

对复制图层执行"图像>调整>去色"菜单命令，即可去掉图像色彩，显示为黑白图像效果。

3 提高亮度/对比度

继续对图像执行"图像>调整>亮度/对比度"菜单命令，在打开的"亮度/对比度"对话框中设置"亮度"为38，"对比度"为82。确认设置后，图像提高了亮度和对比度，设置出高浓度的黑白图像。

7.4.6 使用"HDR色调"命令

使用"HDR色调"命令可应用更强大的色调映射功能，从而创建从逼真照片到超现实照片的高动态范围图像。执行"图像>调整>HDR色调"菜单命令，利用打开的"HDR色调"对话框选择预设的效果，也可自定义选项参数，进行调整。

1 执行菜单命令

打开随书光盘\素材\第7章\14.jpg素材文件，执行"图像>调整>HDR色调"菜单命令。

2 选择"逼真照片"选项

在打开的"HDR色调"对话框中单击"预设"下三角按钮，在列表中选择"逼真照片"选项。

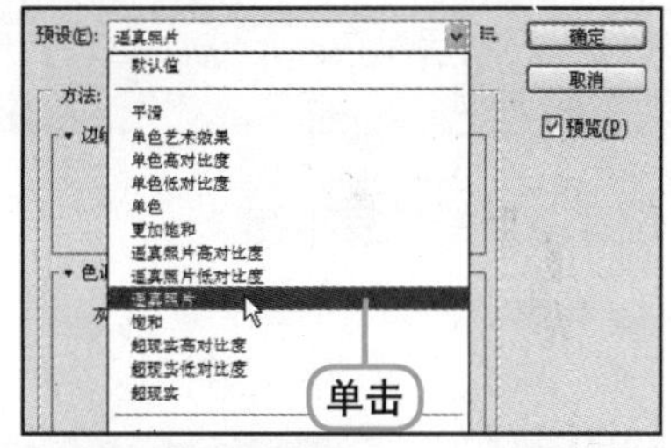

3 设置选项参数

继续在"HDR色调"对话框中对"色调和细节"和"颜色"下的选项参数进行重新设置。

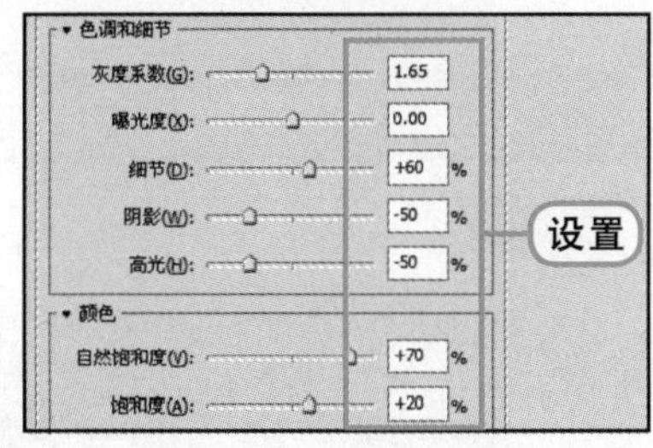

4 查看应用效果

确认设置后，回到图像中可看到，应用HDR色调后，曝光和色调效果增强，制作出一幅高动态范围图像。

提示：关于高动态范围图像

HDR为"高动态范围"的缩写，利用HDR可制作一张阴影部分和高光部分都有细节的图片，为我们呈现了一个充满无限可能的世界，可表现现实世界的全部可视动态范围。

难 度 ★★★★☆

7.5 图像色彩的调整

利用图像菜单中的调整命令，不仅可对图像的明暗进行调整，还可根据图像色调对图像色彩进行调整。调整图像色彩的命令包括“色彩平衡”、“照片滤镜”、“渐变映射”、“通道混合器”、“可选颜色”、“替换颜色”和“色相/饱和度”。

7.5.1 使用“色彩平衡”命令

“色彩平衡”命令可分别调整图像阴影区域、中间调区域和高光区域的色彩，并混合色彩达到平衡，从而改变图像的色调。执行“图像>调整>色彩平衡”菜单命令，在打开的“色彩平衡”对话框中利用各颜色下的滑块移动来更改图像色调。

1 打开素材文件，创建副本图层

打开随书光盘\素材\第7章\15.jpg素材文件，在“图层”面板中复制“背景”图层，得到“背景副本”图层。

2 设置色彩平衡选项

执行“图像>调整>色彩平衡”菜单命令，在打开的“色彩平衡”对话框中设置“色阶”依次为+23、0、+88。

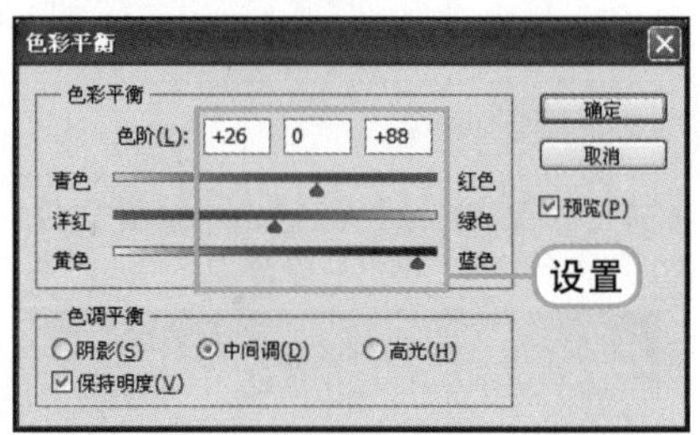

3 设置阴影的色彩平衡

在对话框中单击选中“阴影”单选按钮，设置“色彩平衡”调整“色阶”依次为0、+33、-100。

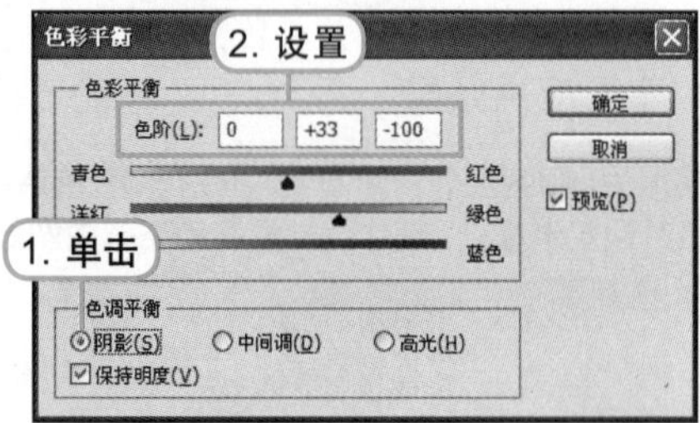

4 设置高光的色彩平衡

在对话框中单击“高光”单选按钮，然后设置“色彩平衡”调整“色阶”，拖曳颜色滑块到-24、-17、-30。

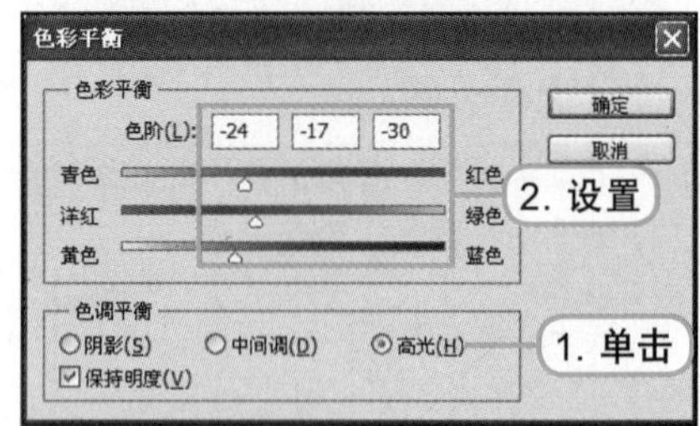

5 查看设置效果

确认设置后，回到图像窗口中可看到图像从阴影区域、中间调区域和高光区域的色彩都做了改变，整个图像色调发生变化。

7.5.2 使用"照片滤镜"命令

使用"照片滤镜"命令可通过模拟相机镜头前滤镜的效果对图像进行色彩调整。执行"图像>调整>照片滤镜"菜单命令，在打开的"照片滤镜"对话框中可使用Photoshop CS5中预设的颜色滤镜，也可自定义任意颜色，应用到图像中。

1 打开素材文件，创建副本图层

打开随书光盘\素材\第7章\16.jpg素材文件，在"图层"面板中复制"背景"图层，得到"背景副本"图层。

2 设置"照片滤镜"选项

执行"图像>调整>照片滤镜"菜单命令，在打开的对话框中选择"滤镜"为"蓝"，然后设置"浓度"为50%。

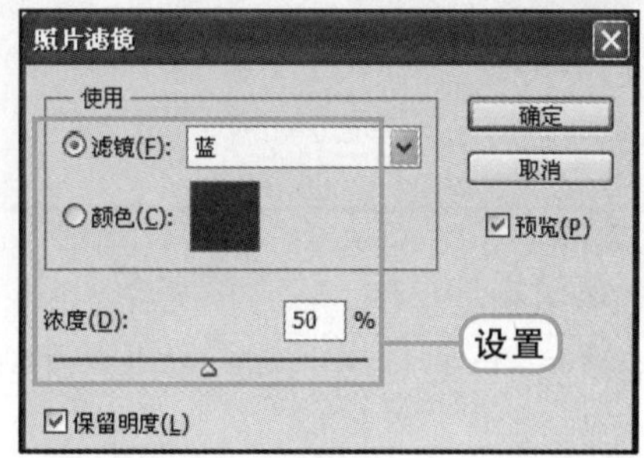

3 查看图像色调

确认设置后，回到图像窗口中可看到图像被应用了蓝滤镜后，图像的色调更改。

4 查看最终完成效果

对图像创建一个"色阶"调整图层，在打开的对话框中设置色阶参数依次为31、1.00、235，确认设置后，图像的明暗对比增强。

7.5.3 使用"渐变映射"命令

使用"渐变映射"命令可将一幅图像的最暗色调映射为一组渐变的最暗色调，将图像最亮色调映射为渐变的最亮色调。在"渐变映射"对话框中的"灰度映射所有的渐变"选项中设置渐变，然后将渐变颜色映射到图像中，可以更改图像颜色。

1 打开素材文件，创建副本图层

打开随书光盘\素材\第7章\17.jpg素材文件，在"图层"面板中复制"背景"图层，得到"背景副本"图层。

2 单击渐变颜色条

执行"图像>调整>渐变映射"菜单命令，在打开的"渐变映射"对话框中单击"灰度映射所用的渐变"选项下的渐变颜色条。

3 添加色标，设置颜色

在打开的"渐变编辑器"对话框中，在渐变条下中间位置单击，添加一个色标，然后双击该色标，在打开的颜色拾取器中设置颜色为蓝色R75、G122、B230。

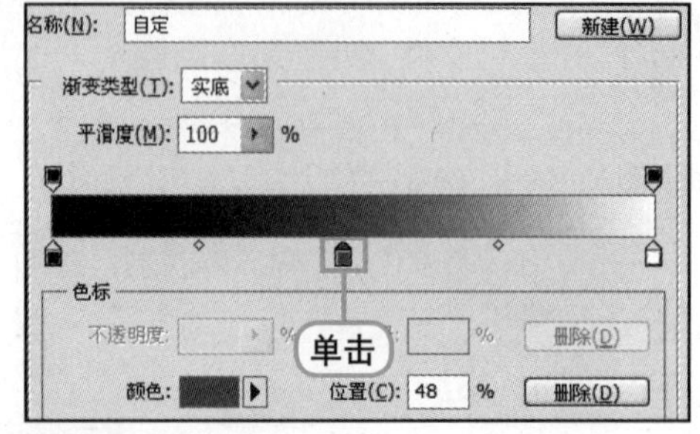

4 继续添加色标

继续在渐变条中添加一个白色色标，并移动色标的位置。

5 查看图像效果

确认设置后，回到图像窗口中，可看到设置的渐变颜色已映射到图像中，制作出双色调的图像效果。

7.5.4 使用"通道混合器"命令

使用"通道混合器"命令可通过通道的调整设置颜色的加减操作，从而达到更改色彩的目的。可使用通道混合器调整的图像颜色模式只有RGB和CMYK颜色模式，在其他颜色模式下的图像不能使用该命令。在"通道混合器"对话框中，可利用"输出通道"来选择颜色通道，进行设置。

1 打开素材文件，创建副本图层

打开随书光盘\素材\第7章\18.jpg素材文件，在"图层"面板中复制"背景"图层，得到"背景副本"图层。

2 调整"红"通道颜色

执行"图像>调整>通道混合器"菜单命令，在打开的对话框中对"红"通道下的颜色进行调整。

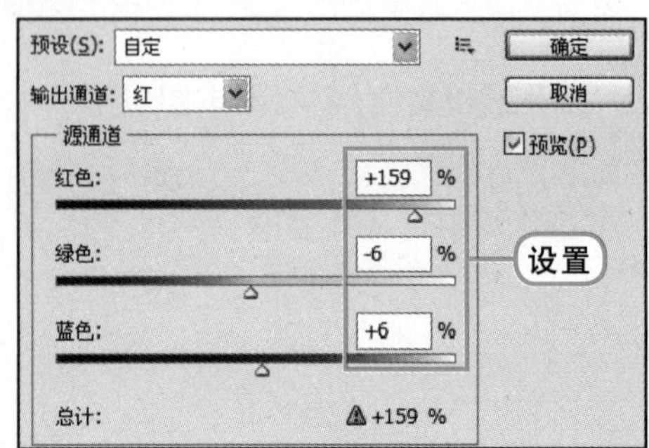

第7章

3 调整“绿”通道颜色

继续在对话框中单击“输出通道”选项的下拉按钮，在打开的下拉列表中选择“绿”通道，对该通道下的颜色滑块进行调整。

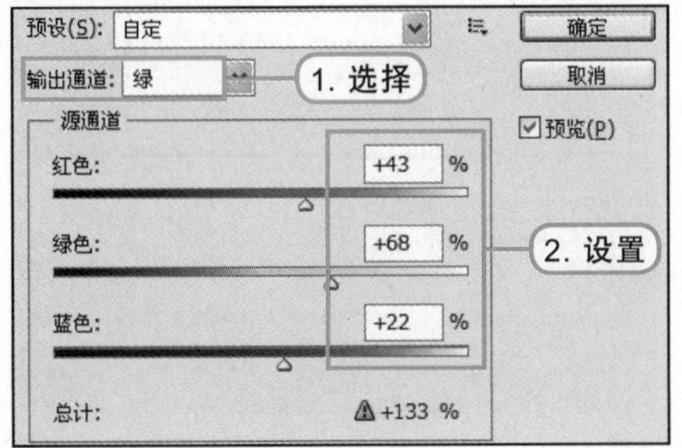

4 调整“蓝”通道颜色

继续在对话框中选择“蓝”通道，并对该颜色通道下的颜色进行设置。

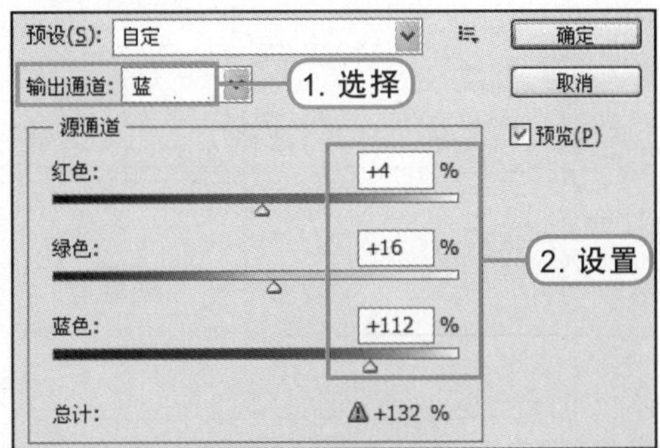

5 查看设置后的效果

确认设置后回到图像窗口中，可看到通过颜色通道的混合，图像色彩已经更改。

7.5.5 使用“可选颜色”命令

使用“可选颜色”命令可以更改图像中的每个主要原色成分的颜色浓度，可有选择性地修改某一种特定的颜色，有针对性地进行色彩的调整。执行“图像>调整>可选颜色”菜单命令后，在打开的“可选颜色”对话框中选择需要更改的颜色，然后对该颜色的比例进行设置，更改图像色彩。

1 打开素材文件，创建副本图层

打开随书光盘\素材\第7章\19.jpg素材文件，在“图层”面板中复制“背景”图层，得到“背景副本”图层。

2 设置可选颜色

执行“图像>调整>可选颜色”菜单命令，在打开的“可选颜色”对话框中将“洋红”设置为+72%，“黄色”设置为+100%。

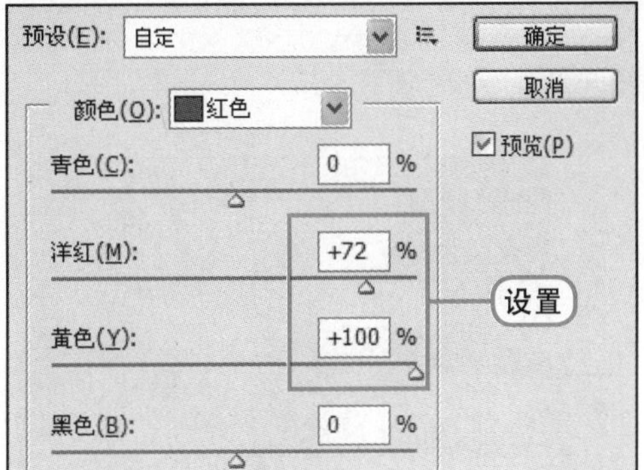

3 调整中性色

单击"颜色"选项后的下拉列表，在下拉列表中选择"中性色"，设置"青色"为+2%，"洋红"为+12%，"黄色"为-12%，完成设置后单击"确定"按钮，关闭对话框。

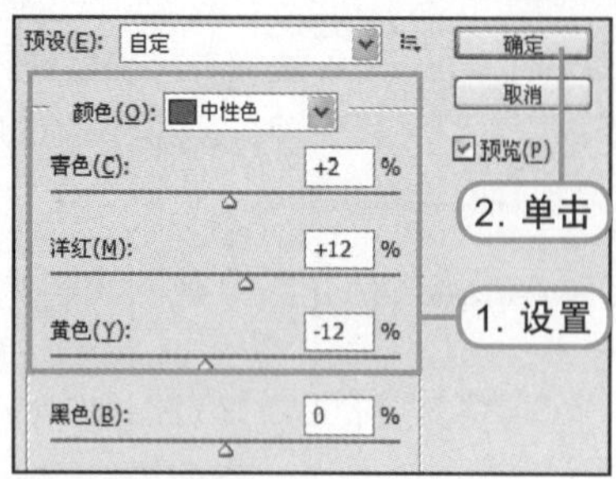

4 调整可选颜色后的效果

回到图像窗口中可看到图像应用了"可选颜色"后，色彩效果发生改变。

5 设置色阶参数

在"调整"面板中创建"色阶"调整图层，在打开的选项中设置色阶参数依次为12、1.44、235。

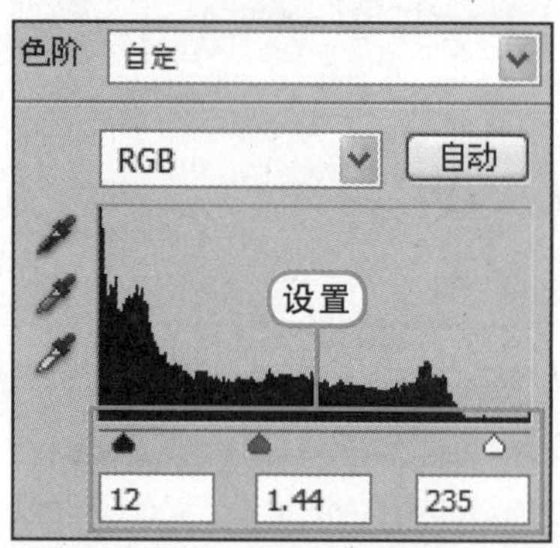

6 查看完成效果

设置"色阶"后，可看到图像提高了明暗对比效果，将普通色调的照片设置为具有艺术感的色调效果。最后可以在图像中添加文字或花纹等进行修饰。

7.5.6 使用"替换颜色"命令

使用"替换颜色"命令可替换图像中指定的某个颜色区域的颜色，通过"替换颜色"对话框中的"吸管工具"在图像中取样替换颜色，并可在预览框中查看该颜色的区域，白色为选中区域。再更改色相、饱和度和亮度，将颜色进行更改或替换。

1 打开素材文件，创建副本图层

打开随书光盘\素材\第7章\20.jpg素材文件，在"图层"面板中复制"背景"图层，得到"背景副本"图层。

2 取样颜色区域

执行"图像>调整>替换颜色"菜单命令，在打开的"替换颜色"对话框中设置"颜色容差"为200，使用吸管工具在人物衣服上取样红色。

第7章

3 设置替换颜色

在对话框下方的“替换”选项中设置“色相”为-42，“饱和度”为+8。

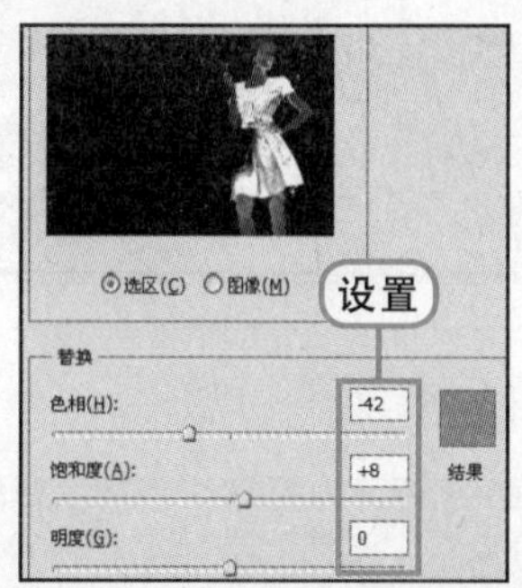

4 替换颜色后的图像效果

确认“替换颜色”设置后，在图像窗口中可看到人物的红色裙子被替换为紫红色后的图像效果。

7.5.7 使用“色相/饱和度”命令

使用“色相/饱和度”命令可调整整个图像或其中某一种颜色成分的色相、饱和度和明度，达到更改图像色调、色彩浓度和明暗的目的。在“色相/饱和度”对话框中，还可利用“着色”选项将图像设置出单一色调的效果。

1 打开素材文件，创建副本图层

打开随书光盘\素材\第7章\21.jpg素材文件，在“图层”面板中复制“背景”图层，得到“背景副本”图层。

2 设置饱和度

执行“图像>调整>色相/饱和度”菜单命令，在打开的对话框中，将“饱和度”选项参数设置为+40。

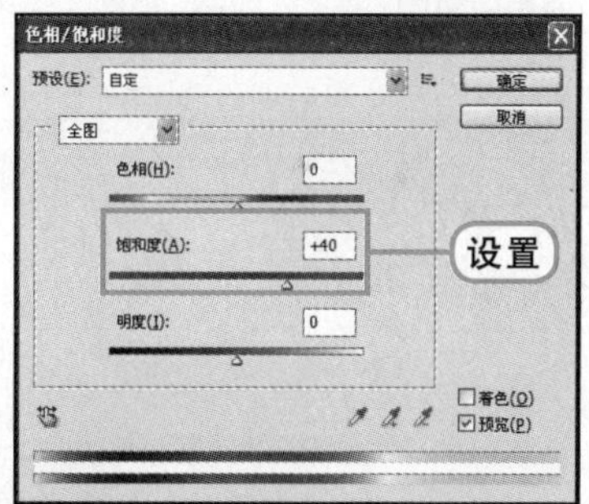

3 提高饱和度后的效果

确认设置后，回到图像窗口中可看到图像应用“色相/饱和度”命令后，整体色彩的浓度提升，颜色变得艳丽。

4 设置黄色饱和度

在“调整”面板中创建一个“色相/饱和度”调整图层，在打开的选项中选择“黄色”，将其“饱和度”降低为-100。

5 设置后的图像效果

设置后，在图像中可看到图中的黄色点饱和度降低，背景基本没有色彩，人物更显突出。

难度 ★★★☆☆

7.6 图像色调和色彩的特殊调整

利用调整命令中的一些特殊命令，还可为图像创造艺术化的图像效果，这些命令包括“反相”、“色调分离”、“阈值”和“黑白”命令。

7.6.1 使用“反相”命令

使用“反相”命令可将图像转化为256级颜色刻度值上相反的值，达到与相机的底片相同的效果。使用该命令可将白色反相为黑色，中间的像素值取其对应相反的数值。对图像执行“图像>调整>反相”菜单命令，或按下Ctrl+I快捷键，即可直接将图像色彩反相。

1 打开素材文件，创建副本图层

打开随书光盘\素材\第7章\22.jpg素材文件，在“图层”面板中复制“背景”图层，得到“背景副本”图层。

2 设置效果，涂抹图像

执行“图像>调整>去色”菜单命令，为图像去色设置黑白图像效果，然后选择“加深工具”，将其“范围”设置为“高光”，使用该工具在图像中上涂抹，使其变暗。

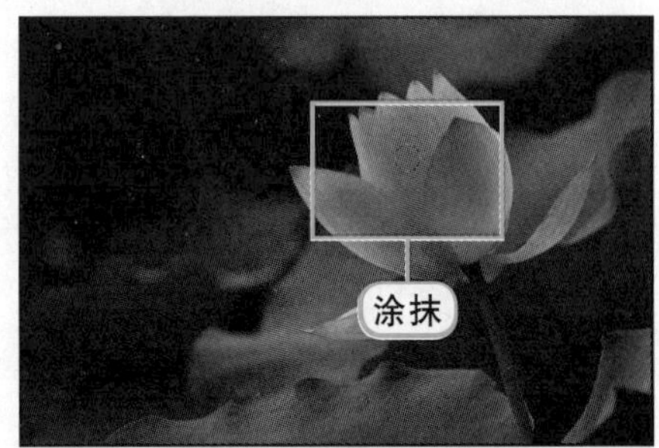

3 查看反相图像效果

对图像执行“图像>调整>反相”命令或按Ctrl+I快捷键，得到的反相图像效果如下图所示。

4 设置“调色刀”选项

执行“滤镜>艺术效果>调色刀”菜单命令，在打开的对话框中右侧对“调色刀”选项进行设置，设置“描边大小”为11，“描边细节”为3。

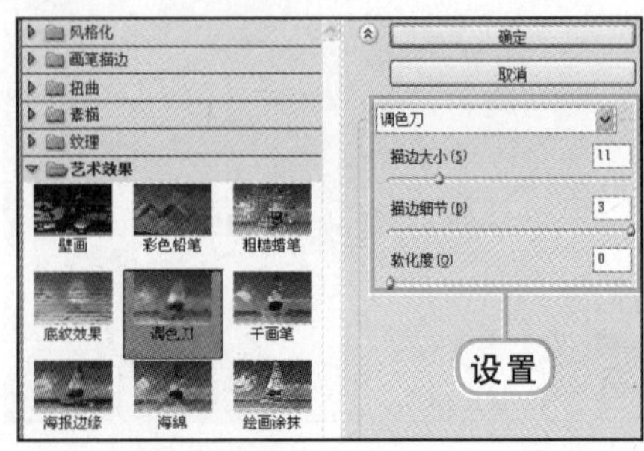

第7章

5 查看设置效果

确认设置后，回到图像窗口中可查看到图像应用"调色刀"滤镜后，边缘产生绘画的效果。

6 复制"背景"图层

在图层面板中，再复制"背景"图层，得到"背景副本 2"图层，并将该图层置于顶层。

7 设置图层混合模式

继续在"图层"面板中设置"背景副本2"图层的图层混合模式为"颜色"，"不透明度"为40%。

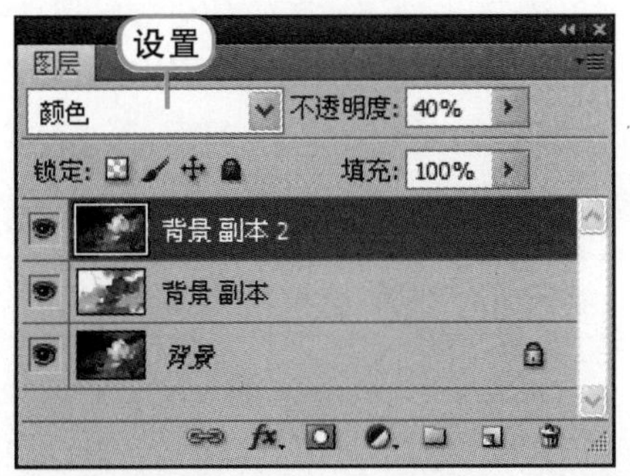

8 查看完成效果

图层混合后，在图像窗口中可查看到图像中混合出了色彩，制作出一幅水墨画的图像效果。

7.6.2 使用"色调分离"命令

使用"色调分离"命令可以通过设定图像的灰度级数，将灰度相同或相近的部分划分为一个等级，然后将像素映射为最接近的匹配级别。使用该命令时，图像的原始数量会减少，但能够设置出奇妙的视觉效果。在"色调分离"对话框中，利用"色阶"选项来设置色调分离的级数。

1 打开素材文件，创建副本图层

打开随书光盘\素材\第7章\23.jpg素材文件，在"图层"面板中复制"背景"图层，得到"背景副本"图层。

2 设置"色调分离"中的"色阶"参数

执行"图像>调整>色调分离"菜单命令，在打开的"色调分离"对话框中设置"色阶"参数为2，确认设置后，图像出现强对比效果。

3 设置图层混合模式

在“图层”面板中，设置“背景副本”图层的图层混合模式为“柔光”。

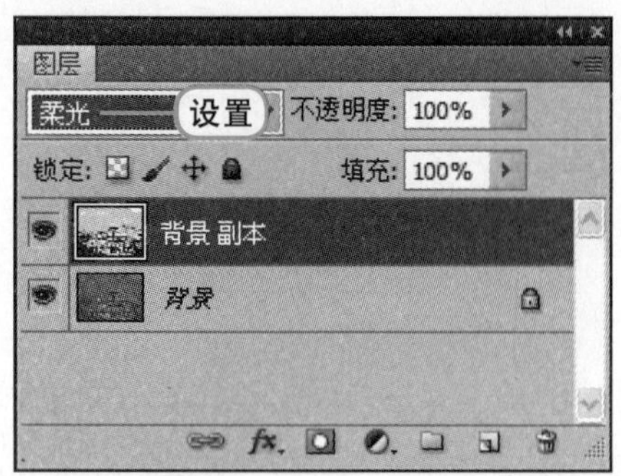

4 图层混合后的图像效果

在图像窗口中可看到图层混合后，图像色彩和线条变得更柔和。

7.6.3 使用“阈值”命令

使用“阈值”命令能够将彩色或灰阶图像转换为对比度很高的黑白图像，可以指定色阶作为阈值，将相对应指定的阈值更亮的像素区域转化为白色，将相对于指定阈值更暗的像素区域转化为黑色。执行“图像>调整>阈值”菜单命令后，在打开的“阈值”对话框中，默认的阈值参数为128，可利用滑块的拖曳来设置需要的阈值色阶。

1 打开素材文件，创建副本图层

打开随书光盘\素材\第7章\24.jpg素材文件，在“图层”面板中复制“背景”图层，得到“背景副本”图层。

2 设置“阈值”选项

执行“图像>调整>阈值”菜单命令，在打开的“阈值”对话框中设置“阈值色阶”为148，然后确认设置。

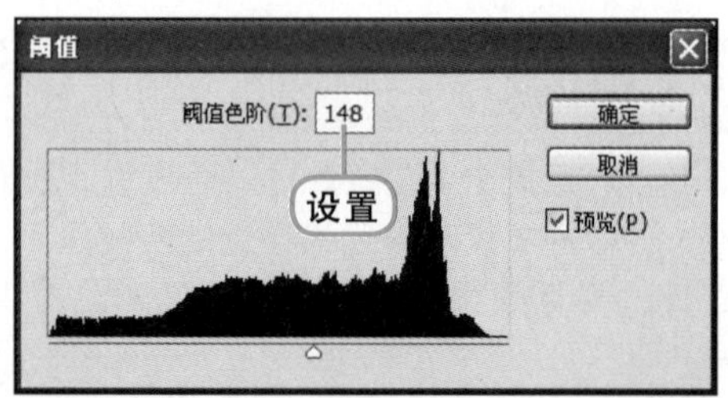

3 应用阈值后的效果

应用“阈值”命令后，可看到图像调整为强对比的黑白图像。

4 设置“木刻”选项参数

执行“滤镜>艺术效果>木刻”菜单命令，在打开的对话框中设置“木刻”选项参数。

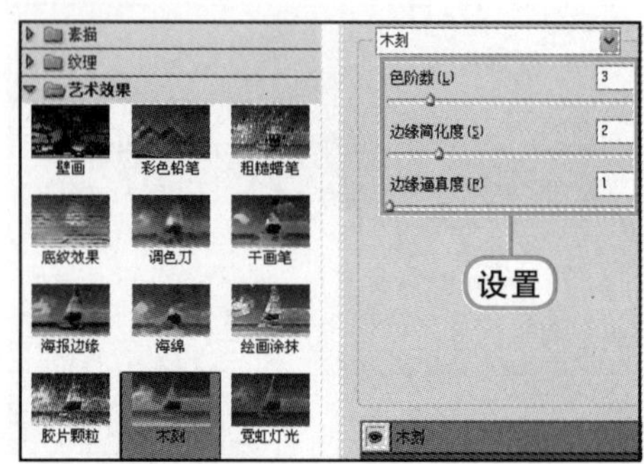

第7章

5 查看图像效果

确认"木刻"滤镜设置后，在图像中可看到原本生硬的线条变成小方块效果。

6 设置图层混合模式

再复制一个"背景"图层，并将其置于顶层，设置图层混合模式为"颜色"，为图像添加颜色，模拟出绘画的效果。

7.6.4 使用"黑白"命令

使用"黑白"命令也可以去掉图像色彩，将彩色照片调整为黑白效果。执行"图像>调整>黑白"菜单命令，在打开的"黑白"对话框中，可对各颜色的参数进行设置，调整该颜色区域内的像素黑白亮度，也可利用"色调"选项为图像设置出单色调效果，表现出经典的黑白艺术效果。

1 打开素材文件，创建副本图层

打开随书光盘\素材\第7章\25.jpg素材文件，在"图层"面板中复制"背景"图层，得到"背景副本"图层。

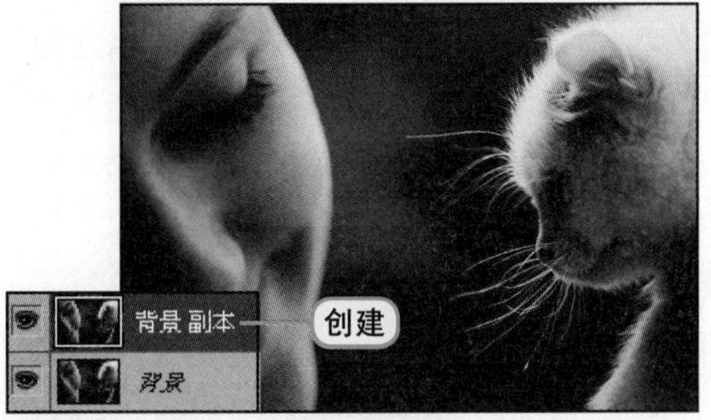

2 设置选项

执行"图像>调整>黑白"菜单命令，在打开的"黑白"对话框中对各颜色的百分比进行设置。

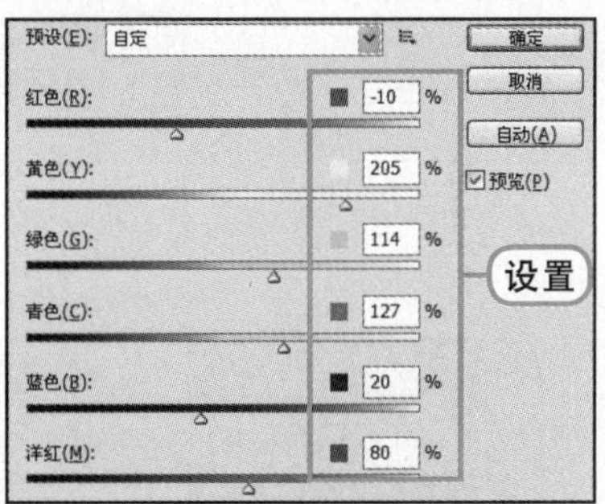

3 查看黑白图像效果

确认"黑白"设置后，在图像窗口中可查看到图像调整为黑白照片的效果。

4 提高亮度/对比度

在"调整"面板中创建一个"亮度/对比度"调整图层，设置其"亮度"为1，"对比度"为84，调高图像的黑白对比。

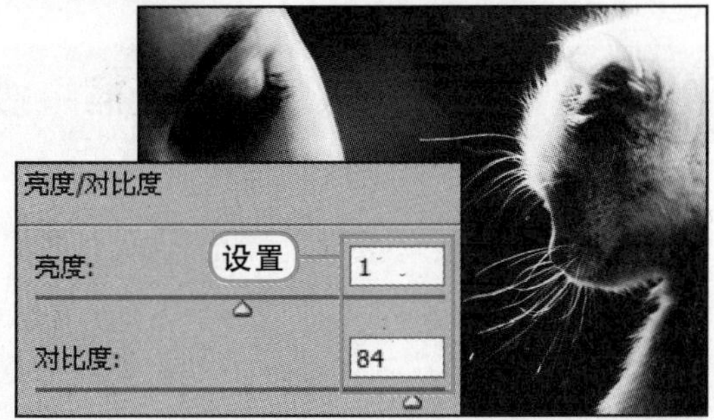

新手提问 123

问题1 “色阶”对话框中的“通道”选项有什么用处？

答 在使用“色阶”命令时，在“色阶”对话框中利用“通道”选项，不仅可以调整整个图像的色阶，还可选择单独的颜色通道，对该通道做色阶的调整，在图像中增加或减少该颜色。如在一个RGB图像中，如左下图所示，执行“色阶”命令后，在“色阶”对话框中选择通道为“红”，然后对输入色阶进行设置，如中下图所示，确认设置后，可看到图像中的红通道图像发生了变化，增强了红色调，如右下图所示。

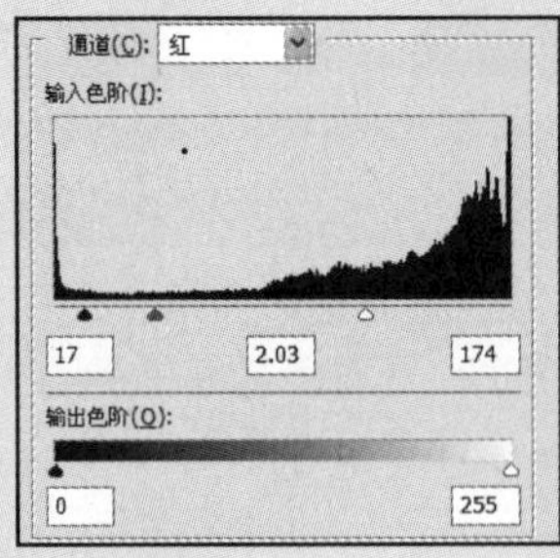

问题2 在对图像进行色彩调整时，可不可以只调整部分区域的图像色彩？

答 在对图像进行色彩调整时，是可以只调整部分区域的图像色彩的。方法是在应用“调整”命令之前，在图像中需要设置的区域内创建出选区，如左下图所示。对选区内的图像执行“曲线”命令进行调整，如中下图所示，设置后，在图像中可看到只有选区内的图像提高了亮度，如右下图所示。

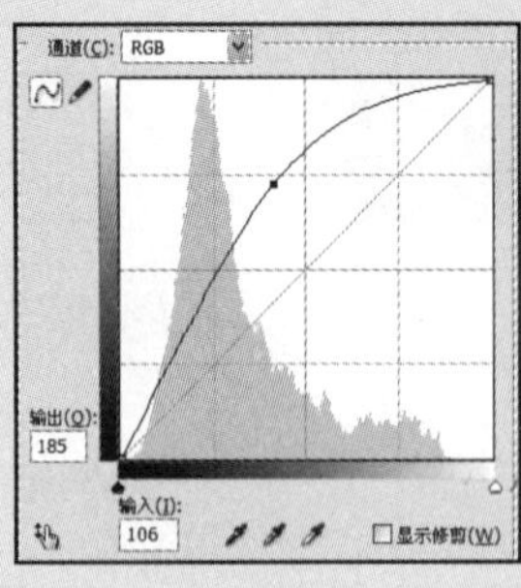

问题3 “替换颜色”对话框中的3个吸管工具分别具有什么作用？

答 在“替换颜色”对话框中，最重要的是选择好替换颜色的区域，这个颜色区域的选择就需要用到3个吸管工具，利用“吸管工具” 在图像中某种颜色上单击，就可将该颜色区域选中，结合“添加到取样”选项 ，可加选其他的颜色区域。结合“从取样中减去”选项 就可减选颜色区域，从而更准确地选择替换颜色的区域。

第8章

在处理图像的过程中，利用Photoshop CS5中的文字工具可为图像添加丰富的文字信息，提示图像所表达的思想，修饰图像的整体效果，使画面传达出更完整的信息。在图像中创建文字要通过各种文字工具来完成。用户还可对创建的文字进行修饰性的编辑，让文字效果更加多变。

文字的运用与编辑

参见随书光盘

■ 第8章　文字的运用与编辑

8.1.1　横排和直排文字工具.swf
8.1.2　文字方向的转换.swf
8.1.3　横排和直排文字蒙版工具.swf
8.2.1　在“字符”面板中修改字体.swf
8.2.2　文字的大小设置.swf
8.2.3　文字的缩放设置.swf
8.2.4　文字的颜色设置.swf
8.3.1　创建段落文本.swf
8.3.2　设置段落的对齐方式.swf
8.4.1　设置不同的变形样式.swf
8.4.2　在路径上添加文字.swf
8.4.3　将文字转换为路径形状.swf
8.5.1　将文字图层栅格化.swf
8.5.2　为文字图层添加样式.swf

难 度 ★★★☆☆

8.1 文字的基本运用

创建文字需要利用工具箱中的各种文字工具，在图像中创建水平或垂直方向排列的文字。利用横排文字工具和直排文字工具就可直接创建文字，利用横排/直排文字蒙版工具，还可创建出文字选区。

8.1.1 横排和直排文字工具

利用工具箱中的“横排文字工具”和“直排文字工具”可在图像中创建横排、竖排的文字，在图像中输入文字前，利用选项栏中的选项来设置文字的字体、字体大小和文字颜色等。使用工具在图像中单击，就会出现文字输入光标，指示文字的起点，然后输入文字即可。

1 打开素材文件，确定文字起点

打开随书光盘\素材\第8章\01.jpg素材文件，从工具箱中选择“横排文字工具” T后，在图像中单击，出现文字输入光标，如下图所示。

2 设置文字属性，输入文字

在工具选项栏中，设置文字的字体和字体大小，并设置前景色为白色。输入英文NEW，添加上白色文字的效果如下图所示。

3 进行添加横排文字

按下Enter键，为文字换行，然后进行输入英文LIFE，输入横排文字的效果如下图所示。

4 确定直排文字的起点并设置文字

选择“直排文字工具” IT后，在图像右上角单击，确定起点。在选项栏中更改文字字体和字体大小，并更改颜色为浅紫色R242、G212、B246。

5 输入英文

在图像中输入英文NEW LIFE，然后选择“移动工具”调整文字的位置。

第8章

6 变换文字

按Ctrl+T快捷键，使用变换编辑框对竖排文字进行缩放、移动变换，编辑后按下Enter键确认变换。

7 设置文字图层混合模式，查看效果

在"图层"面板中设置文字图层的图层混合模式为"柔光"，图层混合后在图像中可看到图像添加文字后的效果。

8.1.2 文字方向的转换

使用"横排文字工具"和"直排文字工具"创建的文字都可以相互转换，方法是单击选项栏中的"更改文字方向"按钮，更改后文字的起始位置不变，文字方向发生改变。

1 打开素材文件，输入文字

打开随书光盘\素材\第8章\02.jpg素材文件，从工具箱中选择"横排文字工具"后，在图像中单击，确定输入起点，文字工具选项栏中设置字体、字体大小，输入白色的横排文字。

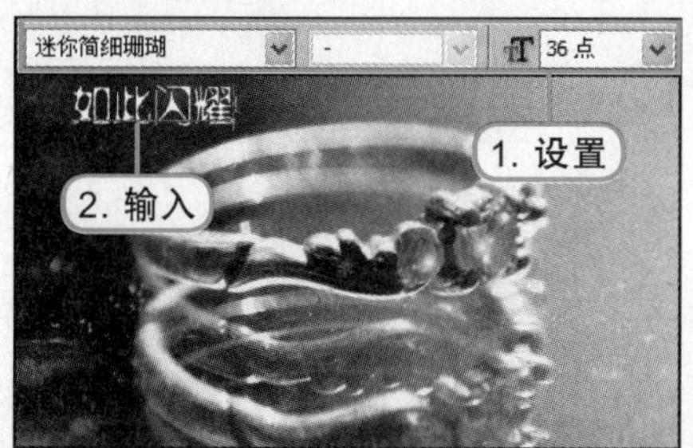

2 转换文字方向

输入文字后，在工具选项栏中单击"更改文字方向"按钮，即可将横排文字转换为直排文字。

3 设置图层样式

为创建的文字图层创建一个"外发光"图层样式，在打开的"图层样式"对话框中更改"不透明度"为100%。

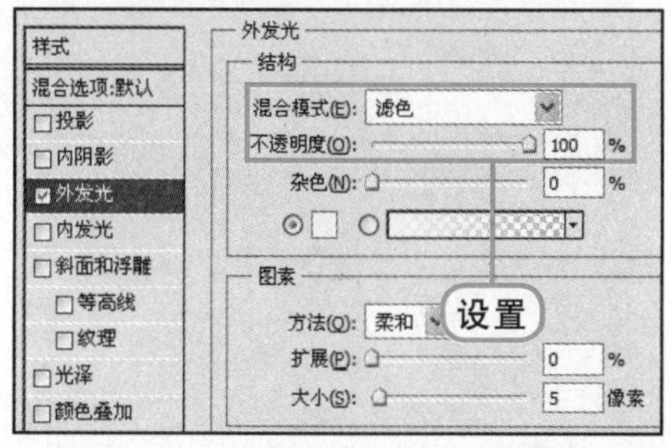

4 变换文字

确认设置后，文字添加了黄色的外发光效果，然后按下Ctrl+T快捷键，使用变换编辑框对文字进行移动、缩放等变换，调整效果如下图所示。

8.1.3 横排和直排文字蒙版工具

利用横排和直排文字蒙版工具，可以在画面中创建横排文字和直排文字选区。使用这两个工具在图像中单击后，就会出现红色半透明的蒙版，然后输入文字并进行编辑，即可创建出文字的选区。

1 打开素材文件

同时打开随书光盘\素材\第8章\03.jpg、04.jpg两个素材文件。

2 复制图像

将蓝色天空的图像复制到墙面的图像中，得到“图层1”图层。

3 设置文字属性

在工具箱中选择“横排文字工具”后，在选项栏中设置字体和字体大小。在工具箱中单击“以快速蒙版模式编辑”按钮，然后在图像最左侧单击，就出现蒙版。

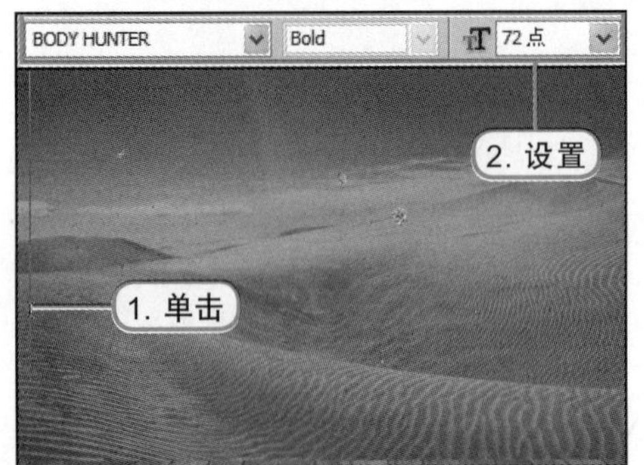

4 输入蒙版文字

输入英文LOOK，可看到文字区域没有显示红色半透明的蒙版。

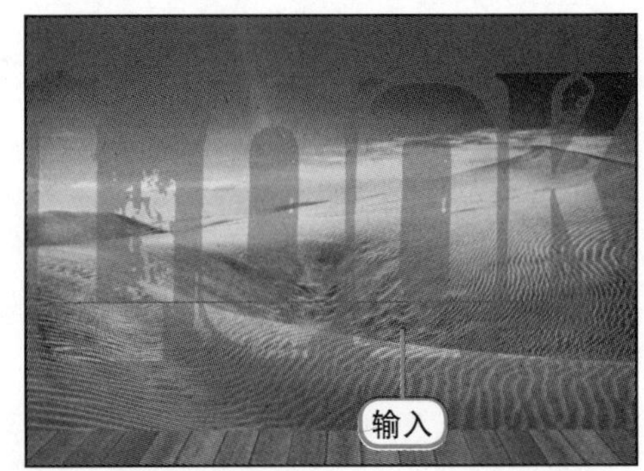

5 查看文字选区效果

单击工具箱中的“移动工具”，即可退出蒙版文字编辑状态，文字即作为选区显示。

6 添加图层蒙版

在“图层”面板中单击“添加图层蒙版”按钮，为“图层1”图层创建一个图层蒙版。

第8章

7 查看添加蒙版的效果

在图层窗口中可看到添加了图层蒙版后，文字选区以外的区域被隐藏，只保留了文字区域内的图像。

8 设置图层样式

为"图层1"创建一个"斜面和浮雕"图层样式，在打开的"图层样式"面板中进行选项设置。

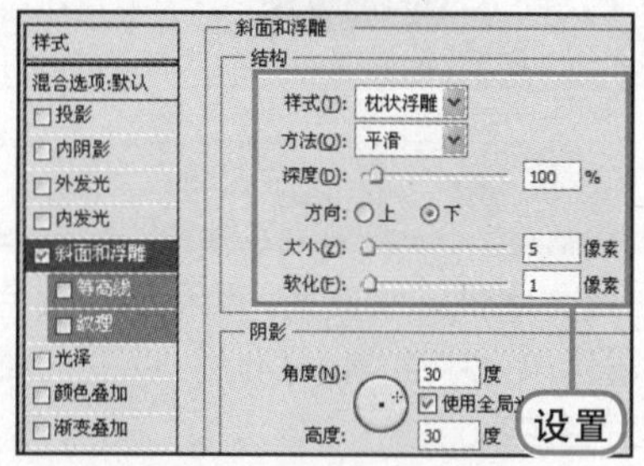

9 更改图层混合模式

在"图层"面板中可看到为"图层1"图层添加的图层样式名称，然后更改图层的图层混合模式为"强光"。

10 查看图层效果

在图像窗口中可看到设置图层样式和图层混合模式后，可以制作出在墙面上添加文字浮雕的效果。

11 添加渐变填充图层

在"图层"面板中创建一个"渐变填充"颜色图层，在打开的"渐变填充"对话框中，设置黑色到透明的渐变，然后单击"确定"按钮，确认设置。

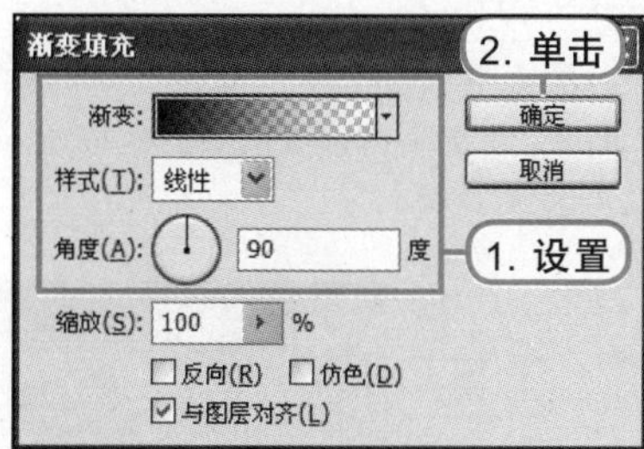

12 查看填充渐变效果

设置"渐变填充"颜色图层后，在图像窗口中可看到图像添加渐变颜色后的效果。

13 设置图层混合模式

在"图层"面板中可看到创建的"渐变填充1"颜色图层，设置其图层混合模式为"叠加"，图层混合后增强了图像颜色、明暗的对比度。

8.2 “字符”面板的应用

难 度 ★★★☆☆

在画面中创建文字后，如果需要再次更改文字效果，可通过“字符”面板来对文字的字体、样式、大小、间距、颜色等基本属性进行设置，还可对文字基线进行控制，包括大小字母的转换、使用斜线、下划线等设置。

8.2.1 在“字符”面板中修改字体

在对文字进行编辑时，可利用选项栏中的选项，在输入文字之前来设置文字字体，创建文字后，如需修改文字字体，可利用“字符”面板中的“字体”设置选项选择字体，修改选中的文字图层中的文字字体。

1 打开素材文件，创建矩形选区

打开随书光盘\素材\第8章\05.jpg素材文件，然后选择“矩形选框工具”，在打开图像中创建一个矩形选区。

2 填充图层并设置图层混合模式

新建“图层1”图层，设置其图层混合模式为“柔光”，并为选区填充浅紫色R242、G212、B246，填充后，按Ctrl+D快捷键取消选区，其效果如下图所示。

3 输入文字

选择“横排文字工具”后，设置字体大小为155点，在矩形区域内输入白色的英文Rose。

4 更改字体

在“图层”面板中单击选中创建的文字图层，打开“字符”面板，单击字体选项的下三角按钮，在下拉列表中就可选择字体。

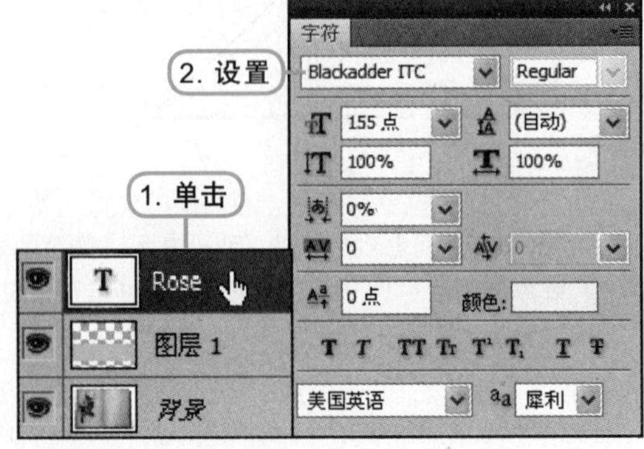

第8章

5 查看更改字体后的效果

在图像窗口中可看到文字被更改了字体后的效果。

6 设置图层样式

为文字图层创建"描边"图层样式，在打开的"图层样式"对话框中设置描边"大小"为1像素，"颜色"为红色R242、G61、B133。

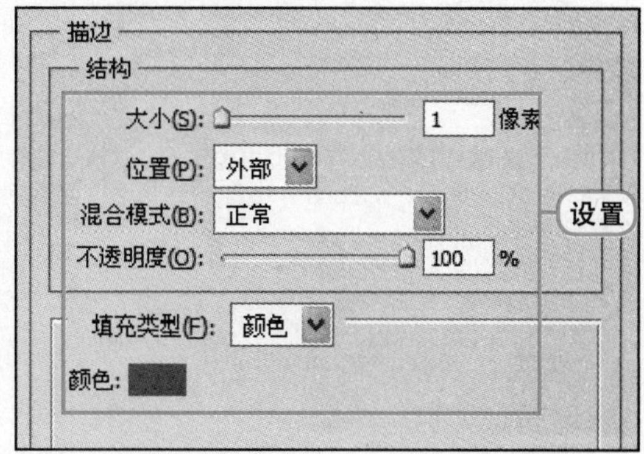

7 查看添加红色描边的效果

确认图层样式设置后，在图像窗口中可看到文字的边缘添加了红色描边的效果。

8 设置文字属性

选择"横排文字工具"后，在"字符"面板中修改字体和字体大小选项，并更改"颜色"为绿色R112、G108、B70。

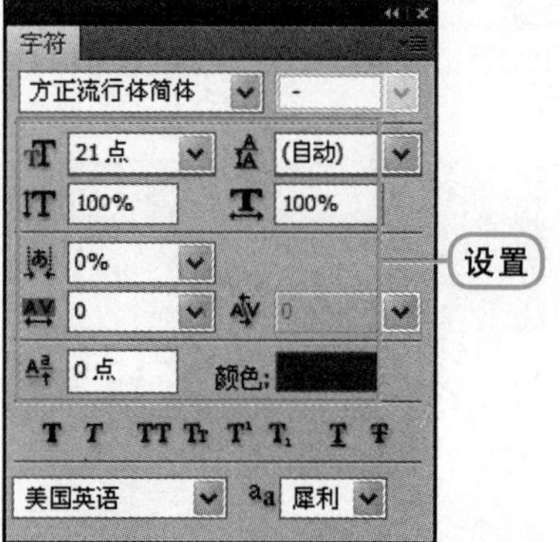

9 输入文字

在图像中再添加一排文字，并移动到前面添加的文字下方。

10 为花朵上色

新建一个"图层2"图层，更改图层混合模式为"颜色"后，使用红色的画笔在图像中玫瑰花朵上涂抹，修饰花朵颜色。

8.2.2 文字的大小设置

文字的大小在Photoshop CS5中以“点”值表示，可在输入文字前对文字大小进行设置，也可在输入文字后，选中需要调整的文字图层或部分文字，在“字符”面板中利用“文字大小”选项来重新更改文字的大小。

1 创建直线段

打开随书光盘\素材\第8章\06.jpg素材文件，然后使用“直线工具”，在图中绘制一条黄色的直线形状图层。

2 设置文字属性

选择“横排文字工具”后，在“字符”面板中设置文字的字体、字体大小，设置“颜色”为褐色R92、G69、B21。

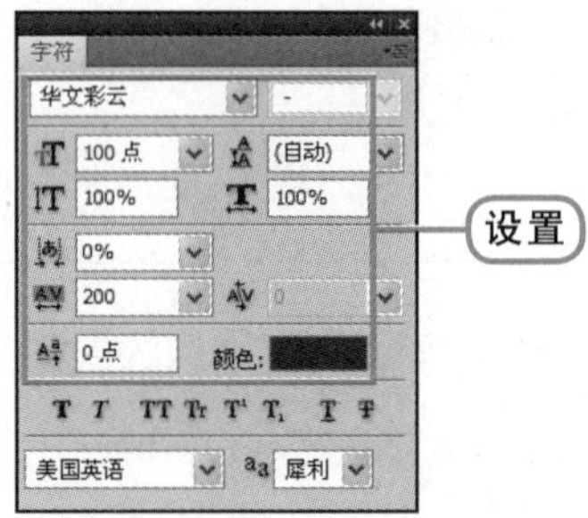

3 输入文字

使用文字工具在绘制的直线段上方和下方创建两行文字。

4 选中单个文字

使用文字工具在输入的文字“咖啡”中间单击，并向右拖曳，选中“啡”字。

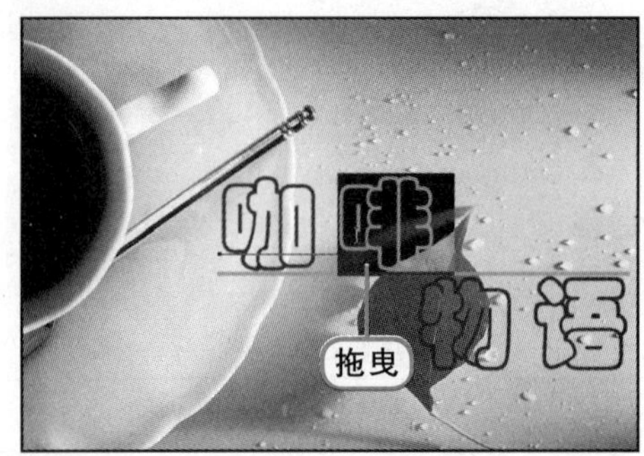

5 调整字体参数

在“字符”面板中更改“文字大小”选项的参数为70点，选择“移动工具”后，确认文字的大小更改，在图像上可看到选中的“啡”字变小的效果。

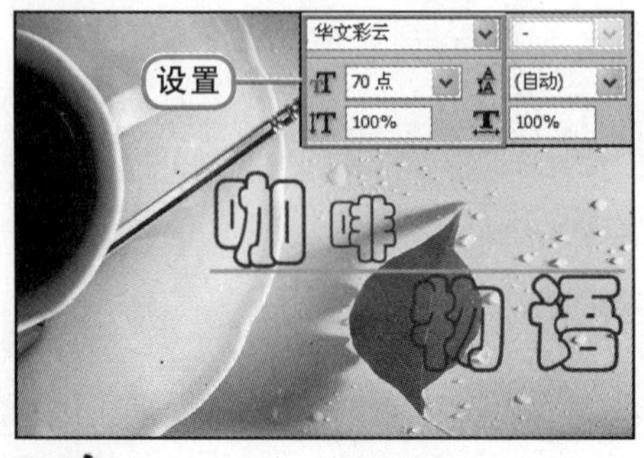

6 缩小文字

使用文字工具在绘制的文字中选中“物”字，更改文字大小为70点，缩小文字。

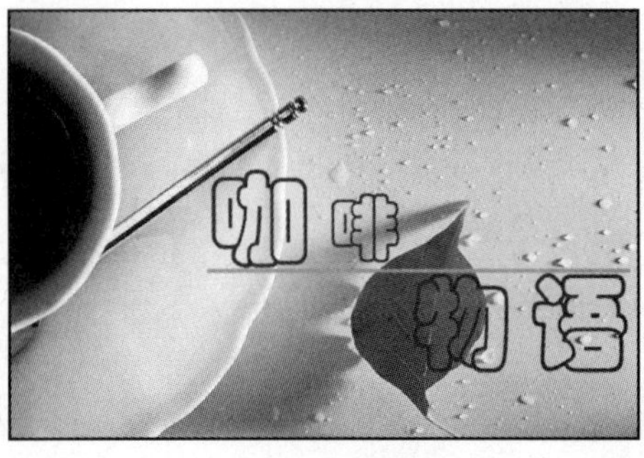

第8章

7 移动后的效果

使用"移动工具"在图像中移动文字的位置，调整后的效果如右图所示。

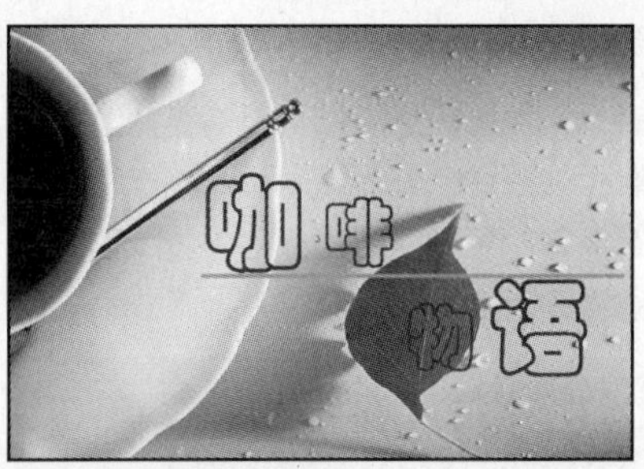

8.2.3 文字的缩放设置

输入文字后，可利用变换编辑框对文字的进行任意缩放变换，也可利用"字符"面板中的缩放设置选项来对文字进行水平与垂直方向的准确缩放，在"水平缩放"和"垂直缩放"两个选项中输入参数即可。

1 打开素材文件，绘制矩形选区

打开随书光盘\素材\第8章\07.jpg素材文件，并使用"矩形选框工具"在打开的图像中绘制一个与图像相同宽度的矩形选区。

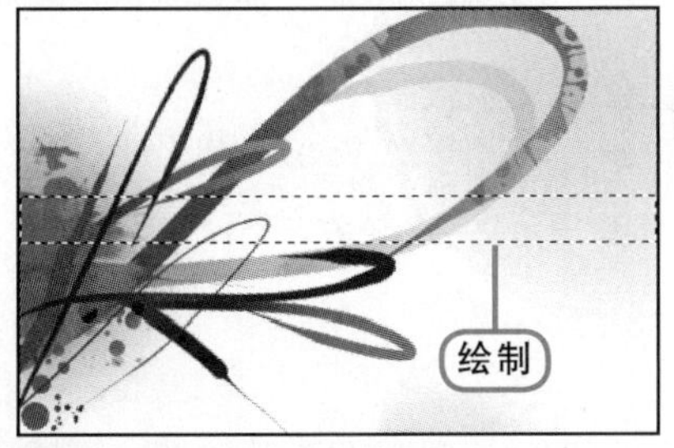

2 创建剪贴蒙版

在"图层"面板中新建一个"图层1"图层，为选区填充白色，并按Ctrl+D快捷键，取消选区。

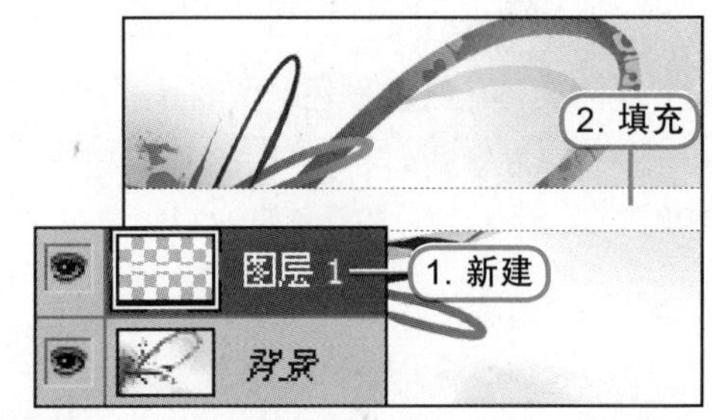

3 查看蒙版效果

设置前景色为蓝色R49、G1、B183，选择"横排文字工具"后，在其选项栏中设置字体、字体大小选项，在创建的白色矩形上单击后输入文字。

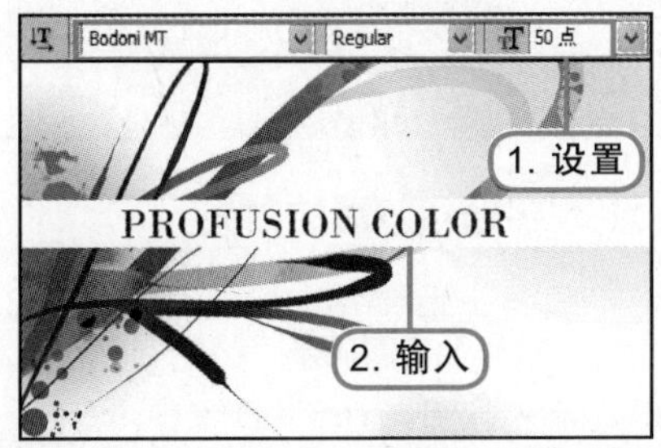

4 设置参数

在"字符"面板中设置"垂直缩放"选项参数为170%，"水平缩放"为180%。

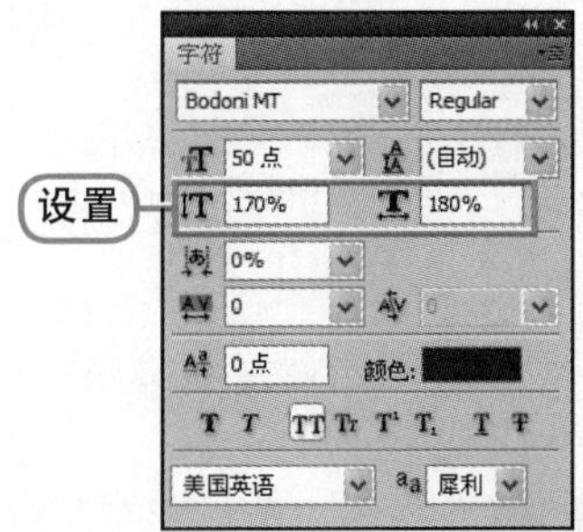

5 查看效果

在图像窗口中可看到通过对文字的缩放设置，将文字调整到与白色矩形相同长度的效果。

8.2.4 文字的颜色设置

对添加的文字对象，可以更改整体或其中某个字符的颜色。利用文字工具在文本中选择需要更改的字符，然后在工具选项栏或“字符”面板中单击颜色块，打开一个“选择文本颜色”对话框，在颜色库中选择适合的颜色，确认后即可更改文字颜色。

1 打开素材文件

执行“文件>打开”菜单命令，打开随书光盘\素材\第8章\08.jpg素材文件。

2 输入文本

选择“横排文字工具”后，在其选项栏设置文字属性，并设置字体颜色为深蓝色R21、G58、B79，在图像左侧输入文字。

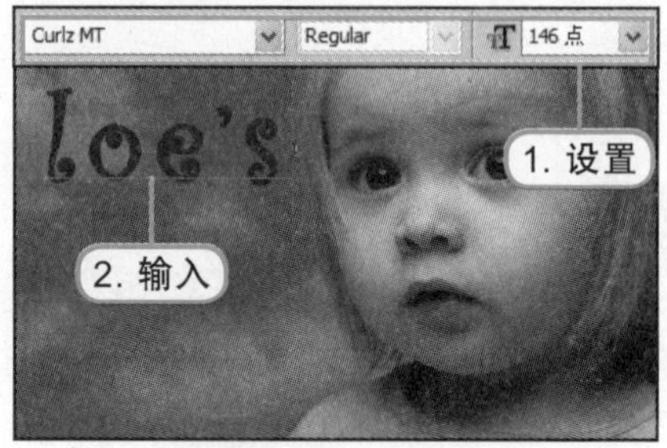

3 复制文本，更改颜色

在“图层”面板中复制一个文字图层，在“字符”面板中单击“颜色”选项后的颜色块，打开“选择文本颜色”拾色器，更改“颜色”为橙色R231、G151、B72，然后确认设置。

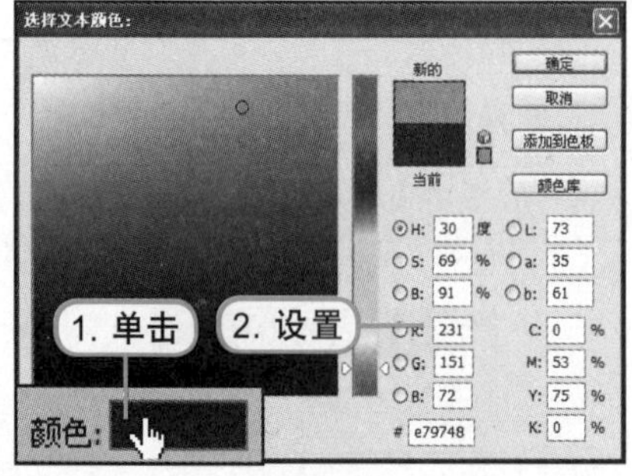

4 查看文字效果

在图像中可看到更改了颜色的文字效果，使用“移动工具”调整橙色文字的位置，制作出有立体感的文字效果。

5 选择单个字母

选择“横排文字工具”后，在字母e后面单击并向左拖曳，选中字母e，如下图所示。

6 更改字母颜色后的效果

在“字符”面板中更改字母的颜色为黄色R235、G221、B61，效果如下图所示。

第8章

7 继续更改字母颜色

继续使用文字工具选择e后面的标点符号和字母s，然后在“字符”面板中更改其颜色为青色R193、G224、B248。

8 输入文本

选择“横排文字工具”后，在“字符”面板中设置与步骤2中相同的深蓝色，然后输入两行文字，如下图所示。

9 复制文本，更改颜色

用前面步骤中相同的方法，复制文字图层，更改字母的颜色，并调整位置，设置出立体感的彩色文字效果。

8.3 “段落”面板的应用

难 度 ★★☆☆☆

“段落”面板可对使用文字工具在图像中输入的段落文字进行排版编辑，比如文字段落的不同对齐方式、首行缩进、行间距等属性的设置，“段落”面板结合“字符”面板使用，可更好地对文本进行设置和编辑。

8.3.1 创建段落文本

段落文本的创建可利用“横排文字工具”和“直排文字工具”在图像中进行创建，方法是在输入过程中单击并拖曳，创建一个文本库，然后在创建的文本框内输入文本，并利用Enter键进行换行，创建出段落文本。利用文字工具还可对文本框的大小进行调整，同时更改文本框内的文字排列。

1 拖曳创建文本框

打开随书光盘\素材\第8章\09.jpg素材文件，使用“横排文字工具”在图像左侧空白区域单击并按住鼠标拖曳，绘制出一个矩形区域。

2 设置文字属性

释放鼠标后，创建出一个文本框，在“字符”面板中设置文字属性，将“颜色”设置为深红色R125、G54、B10。

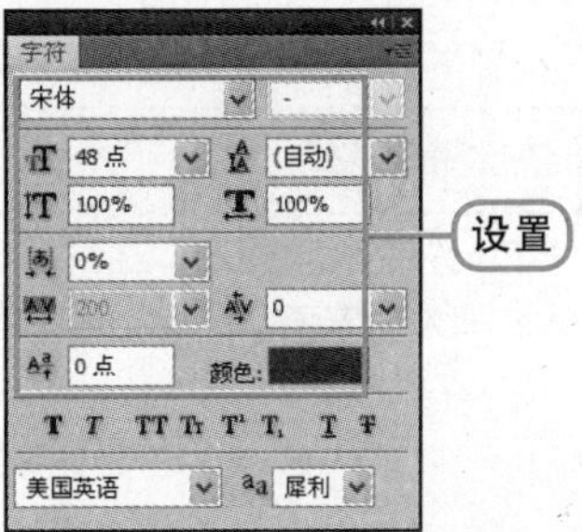

3 输入文字

设置文字属性后，使用"横排文字工具"在创建的文本框内输入一行文字，效果如下图所示。

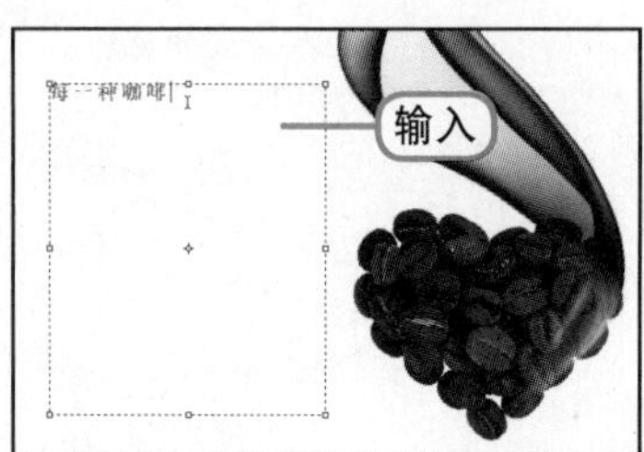

4 换行后继续输入文字

按下Enter键，在文本内为文字换行，然后继续输入一行文字。

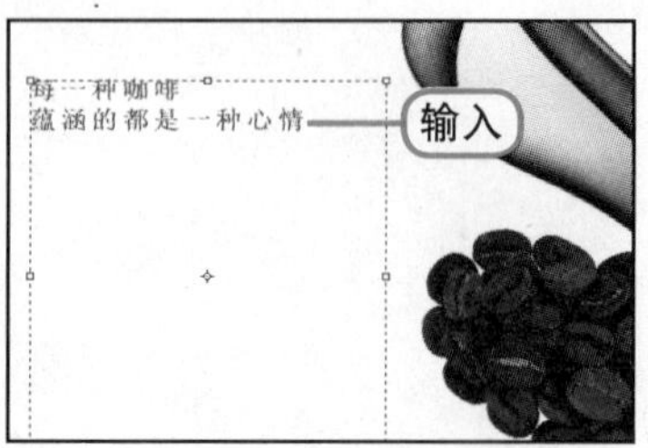

5 输入多行文字

使用同样的方法继续在文本框内输入多行文字，效果如下图所示。

6 调整文本框

将"横排文字工具"放置到文本框边上的小方格上，当鼠标光标变为双向箭头时，单击并拖曳，可调整文本框的高度和宽度。

7 设置行距

在"字符"面板中更改"设置行距"选项参数为72点。

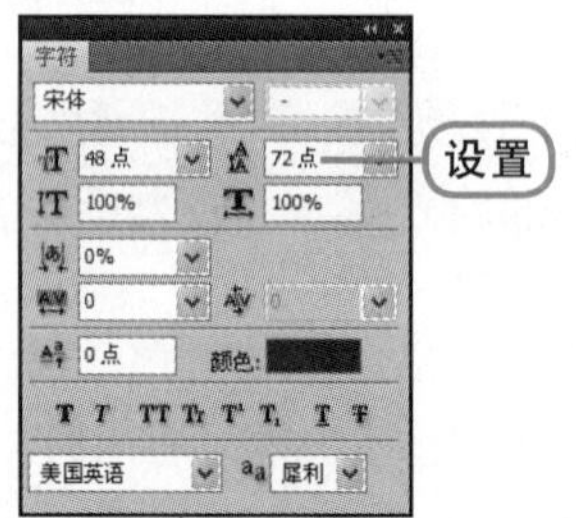

8 调整后的段落文本效果

在图像窗口中可看到段落文本调整了行距后的效果，如下图所示。

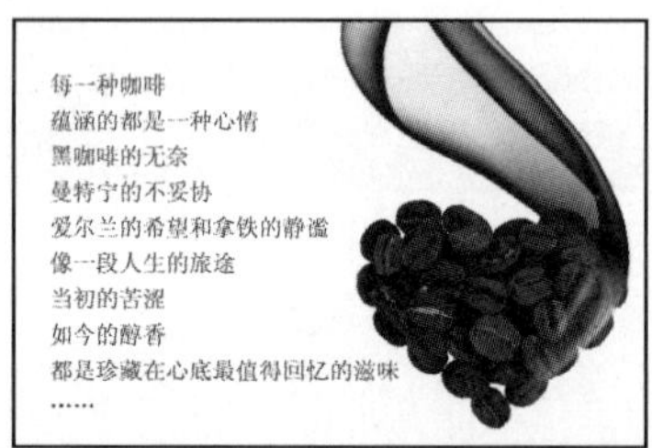

8.3.2 设置段落的对齐方式

对创建的段落文本，可在"段落"文本中利用文本对齐按钮，对整个文本设置左对齐、右对齐和居中对齐，也可对段落的最后一行左对齐、右对齐、居中对齐和全部对齐。选中段落文本后，在"段落"面板中单击对齐按钮即可。

1 右对齐文本

执行"窗口>段落"菜单命令，在打开的"段落"对话框中单击"右对齐文本"按钮，在图像中可看到段落文本的右对齐效果。

2 单击"居中对齐文本"按钮

继续在"段落"对话框中单击"居中对齐文本"按钮。

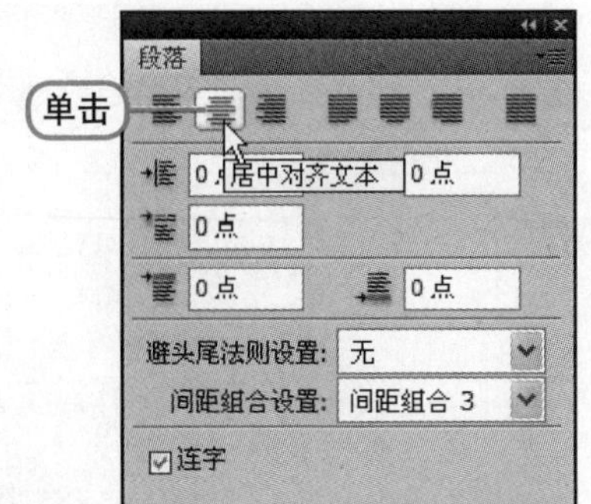

3 居中对齐效果

在图像窗口中可看到段落文本调整为居中对齐的效果，如下图所示。

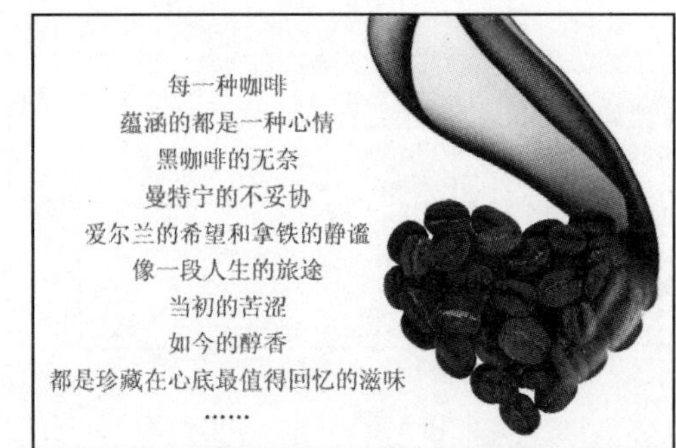

提示：段落的缩进设置

利用"段落"面板可对段落缩进样式进行设置，在"左缩进"和"右缩进"后的文本框中输入数字可以对段落文本进行单行或段落文本的缩进，利用"首行缩进"文本框还可对段落文本的首行进行单独的缩进设置。

难 度 ★★★★☆

8.4 文字变形

对创建的文字，不仅可以对其调整字体、大小、颜色等，也可对其进行变形设置，比如为文字设置变形样式、创建路径文字、将文字转换为路径形状等，调整出更丰富的文字效果。

8.4.1 设置不同的变形样式

对文字设置变形样式，需要执行"图层>文字>变形文字"菜单命令，利用打开的"变形文字"对话框来选择扇形、弧形、拱形、贝壳、花冠等12种变形样式。选择样式后，还可利用面板下方的选项来调整变形的程度。

1 打开素材文件

打开随书光盘\素材\第8章\10.jpg素材文件，在工具箱中选择"直排文字工具"按钮。

2 输入文字

在工具选项栏中设置文字的属性，设置文字颜色为绿色R85、G184、B11，输入文字。

3 设置图层样式

在“图层”面板中为文字图层创建一个“斜面和浮雕”图层样式，选项设置如下图所示。

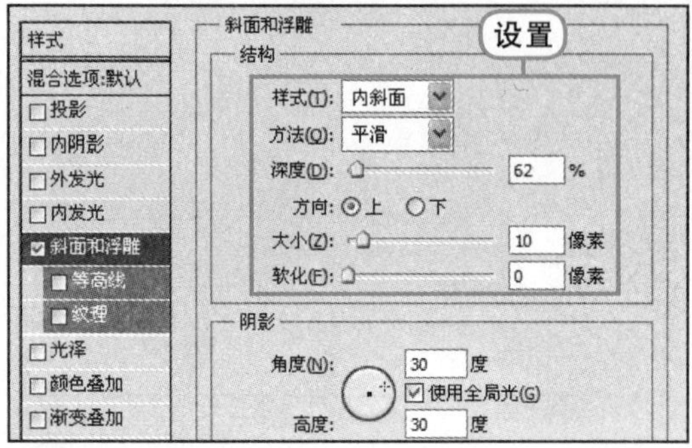

4 查看添加图层样式的效果

在图像窗口中可看到文字添加图层颜色后的效果，增强了立体感。

5 选择变形样式

对文字图层执行“图层>文字>文字变形”菜单命令，在打开的“变形文字”对话框中单击“样式”选项后的下三角按钮，选择“扇形”。

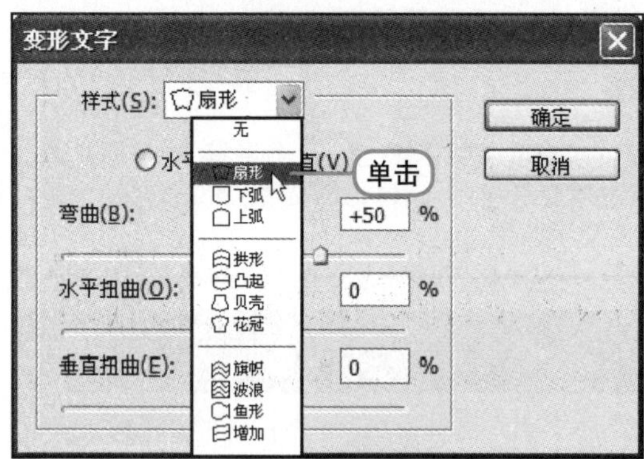

6 设置选项参数

选择“扇形”样式后，在下面选项中调整选项参数，然后确认设置。

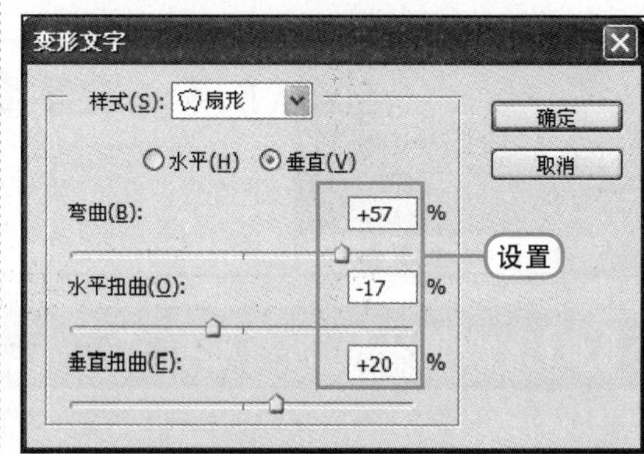

7 应用变形后的文字效果

确认设置后，在图层窗口中可看到文字应用变形后的效果。

8 输入文字

选择“横排文字工具”后，在其选项栏中设置文字属性选项，然后在图像中单击，输入一行文字，并设置与步骤3中相同的图层样式。

第8章

9 设置变形选项

对输入的横排文字执行"图层>文字>文字变形"菜单命令，在打开的"变形文字"对话框中选择"下弧"样式。

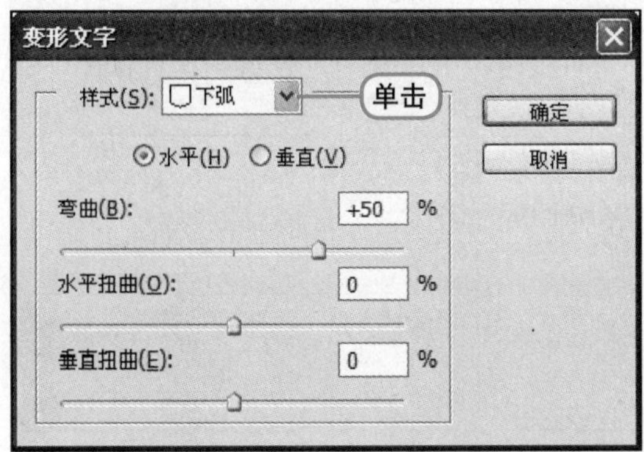

10 查看文字变形效果

确认设置后，在图层窗口中可看到文字应用变形后的效果。

8.4.2 在路径上添加文字

使用路径绘制工具绘制任意形状的路径后，选择文字工具将其移动到绘制的路径上后，单击即可将路径转换为文字路径，输入的文字即可按照路径的形态排列，制作出任意形态的路径文字。在路径上添加文字后，还可利用路径选择工具对路径进行更改，从而调整文字。

1 打开素材文件，绘制路径

打开随书光盘\素材\第8章\11.jpg素材文件，使用"钢笔工具"在图像上单击，绘制路径。

2 创建路径效果

继续使用"钢笔工具"沿书页绘制相同形状的路径，路径效果如下图所示。

3 设置文字属性后在路径上添加文字

选择"横排文字工具"后，在其选项栏中设置文字属性，调整文字颜色为绿色R171、G246、B11，然后使用工具在路径的起点上单击，将路径转换为文字路径。输入文字，可看到文字沿着路径排列。

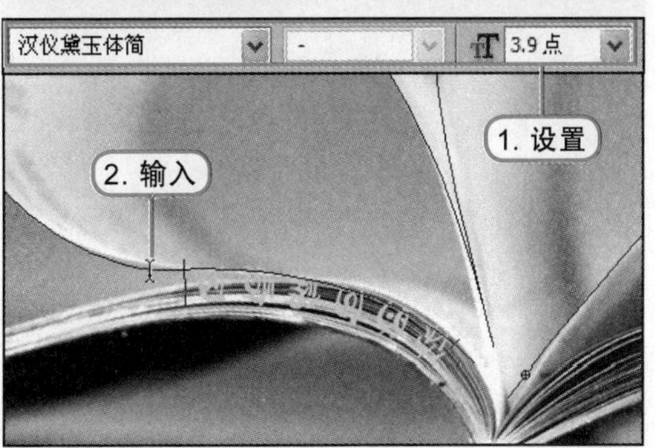

4 继续在路径上添加文字

继续在文字路径上输入文字，将文字路径全部以文字填充。

5 设置图层样式

在“图层”面板中为文字图层创建一个“投影”图层样式，在打开的“图层样式”对话框中对参数进行设置。

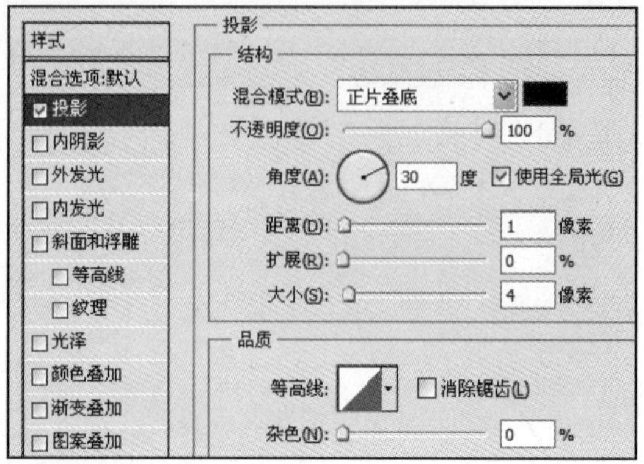

6 文本添加了投影效果

确认设置后，在图像窗口中可看到文字添加了黑色的投影效果。

7 拖曳更改文字方向

使用“路径选择工具”在文字路径末端单击，由路径的一侧拖曳至另一侧，可以将路径上的文字对象翻转到内侧。

8 更改文本方向后的效果

取消对文字图层的选择后，在图像窗口中可看到路径文字被调整后的效果。

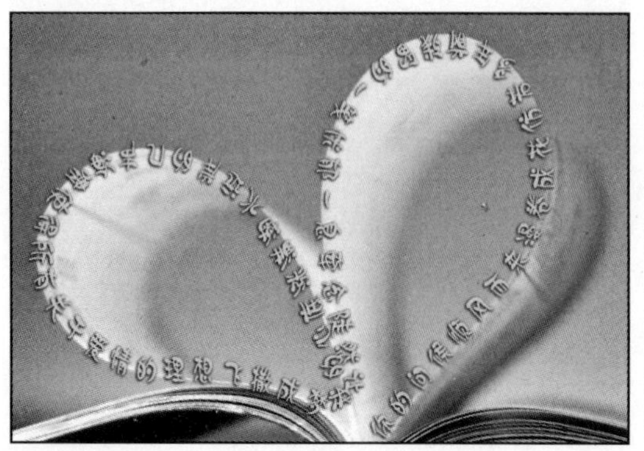

9 选择画笔并进行设置

选择“画笔工具”后，打开“画笔”面板，选中柔角画笔，并调整“大小”为32px，“间距”为89%。

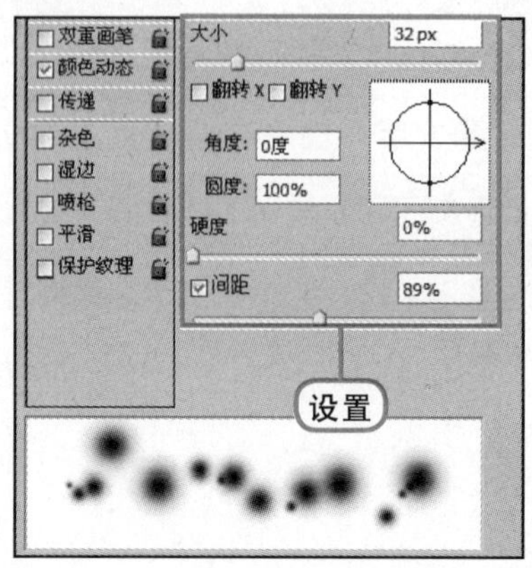

第8章

10 设置“颜色动态”选项

继续在对话框中勾选“形状动态”、“散布”和“颜色动态”选项，并调整“颜色动态”的选项参数。

11 创建新图层，设置描边路径

新建空白“图层1”图层，设置前景色为白色，背景色为蓝色R20、G29、B217，在“路径”面板中连续单击“用画笔描边路径”按钮。

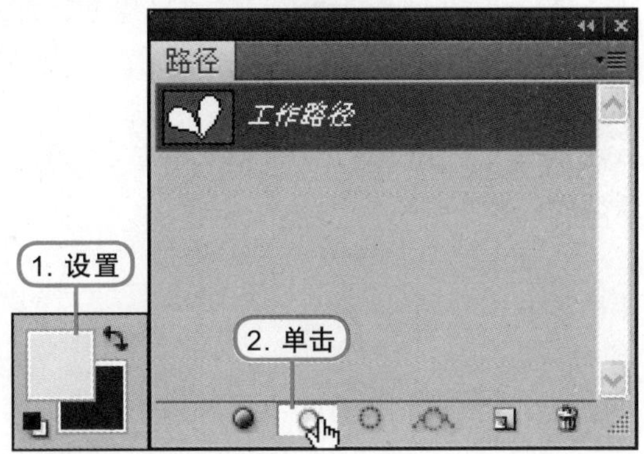

12 查看图像效果

将“图层1”移动到文字图层下方，在图像窗口中可看到为路径描边后的色彩变换和圆点效果。

13 选择画笔

再次选择“画笔工具”，在“画笔”面板中单击选择“柔角25”画笔。

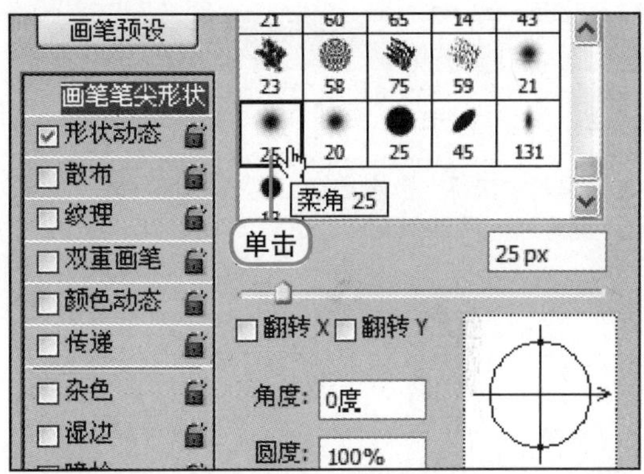

14 新建图层

在“图层”面板中，在“图层1”上方再新建一个空白图层“图层2”。

15 描边路径效果

设置前景色为红色R221、G133、B212，在“路径”面板上单击“用画笔描边路径”按钮，为路径描边，其效果如下图所示。

8.4.3 将文字转换为路径形状

将创建的文字图层的文字形状保存为路径形式，能够对文字的外形进行变换。将文字转换为路径形状的方法是执行“图层>文字>转换为形状”菜单命令，将文字图层转换为了形状图层，文字变为路径。对路径进行更改，文字的形态也发生变化。

1 打开素材文件

执行“文件>打开”菜单命令，打开随书光盘\素材\第8章\12.jpg素材文件。

2 设置文字属性

选择“横排文字工具”后，在“字符”面板中设置字体和字体大小，将“颜色”设置为蓝色R1、G210、B237。

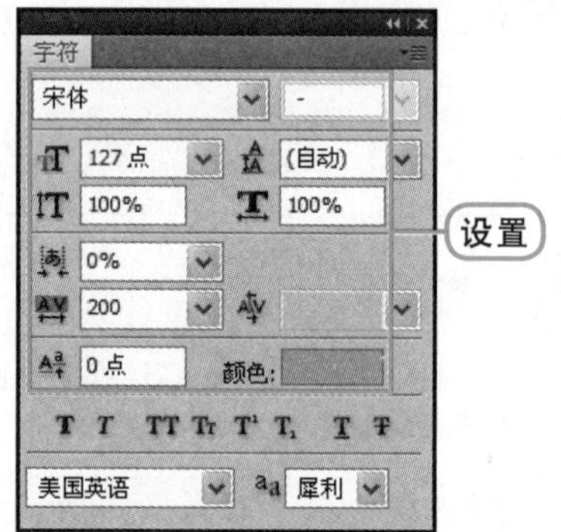

3 输入文字

在工具箱中选择“横排文字工具”，在图像左上角单击，确定起点后输入文字“爱”。

4 将文字图层转换为形状图层

对创建的文字图层执行“图层>文字>转换为形状”菜单命令，将文字图层转换为形状图层，文字以路径显示。

5 拖曳移动锚点

在“图层”面板中可看到文字图层被转换为形状图层，然后使用“直接选择工具”在文字路径右下角路径上单击拖曳锚点，更改路径的形态。

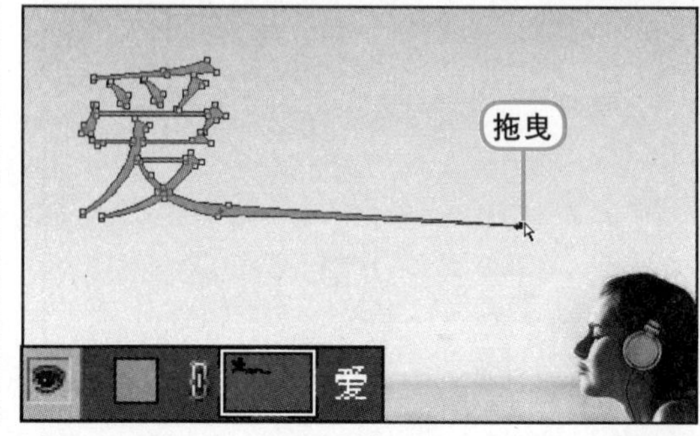

6 添加锚点并编辑形状

在工具箱中选择"添加锚点工具"，在路径上单击，添加锚点，并拖曳调整锚点，将路径调整为弯曲效果。

7 继续调整锚点

使用"直接选择工具"在路径上继续对锚点进行拖曳调整，更改文字的形态。

8 输入文字

在"字符"面板中更改字体大小为78点，使用"横排文字工具"在变形后的文字右侧单击，输入文字。

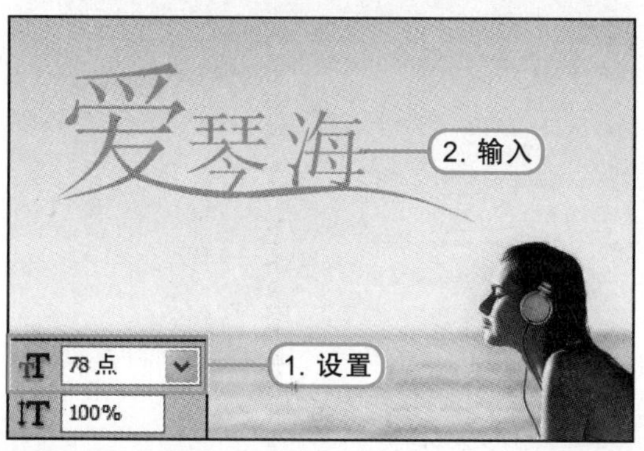

9 设置文字属性

再次打开"字符"面板，更改字体和字体大小选项。

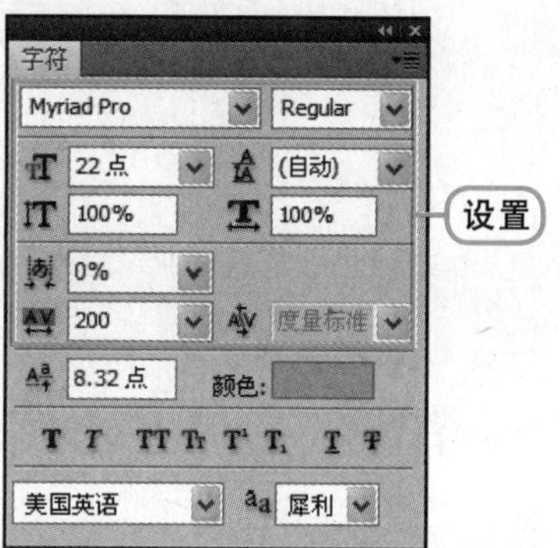

10 输入英文

使用"横排文字工具"在图像中单击，输入一行英文，效果如下图所示。

11 添加其他元素

最后根据创建的文字效果，在文字周围添加一些花纹，丰富文字，最终完成效果如下图所示。

难 度 ★★☆☆☆

8.5 文字图层的编辑

在创建文字后，Photoshop CS5就会自动创建出文字图层，方便文字的选择、显示等。在“图层”面板中，可对文字图层进行栅格化、设置图层样式、更改图层混合模式等操作。

8.5.1 将文字图层栅格化

文字图层与普通图像图层不同，有其特殊性。当需要对文字进行渐变颜色的填充、应用滤镜命令等时，就需要将文字图层栅格化，转换为普通的图像图层，才能进行其他的操作。栅格化文字图层的方法是在文字图层上单击鼠标右键，在打开的菜单中选择“栅格化文字”命令即可。

1 打开素材文件，创建副本图层

打开随书光盘\素材\第8章\13.jpg素材文件，在“图层”面板中复制“背景”图层，得到“背景副本”图层。

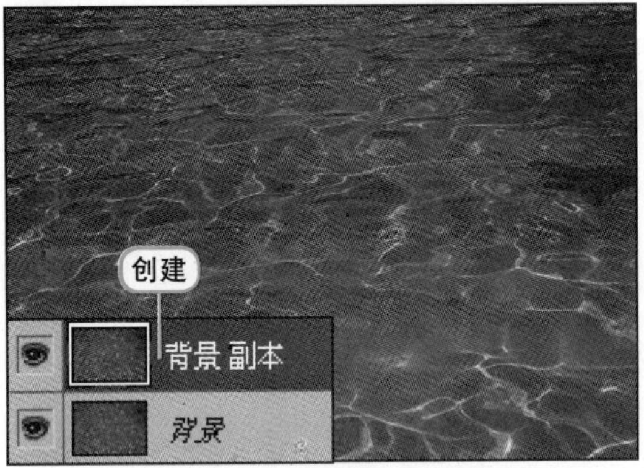

2 设置图层混合模式

设置“背景副本”图层的图层混合模式为“叠加”，图层混合后画面对比度增强。

3 设置“字符”选项

选中“横排文字工具”后，在“字符”面板中设置字体大小为200点，垂直缩放为130%，并单击“全部大写字母”补充按钮TT。

4 输入英文

使用“横排文字工具”在图像中单击，输入英文，如下图所示。

第8章

5 缩小字体，输入文字

选择“横排文字工具”，再次单击，确定一个文字起点，更改字体大小为120点，输入一行文字。

6 选择命令

在“图层”面板中单击选择一个文字图层，然后在该图层上右击，在打开的快捷菜单中选择“栅格化文字”选项。

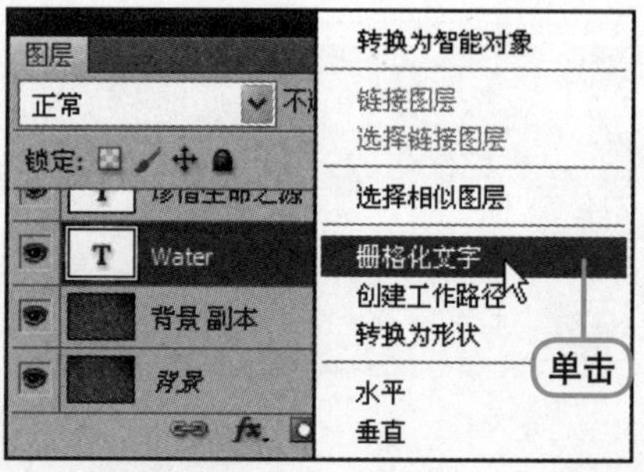

7 栅格化文字图层

用与上一步骤中同样的方法对将另一个文字图层栅格化，可看到文字图层被创建为普通的图像图层。

8 设置滤镜效果

对选择的文字图像执行“滤镜>扭曲>水波”菜单命令，在打开的对话框中设置选项。

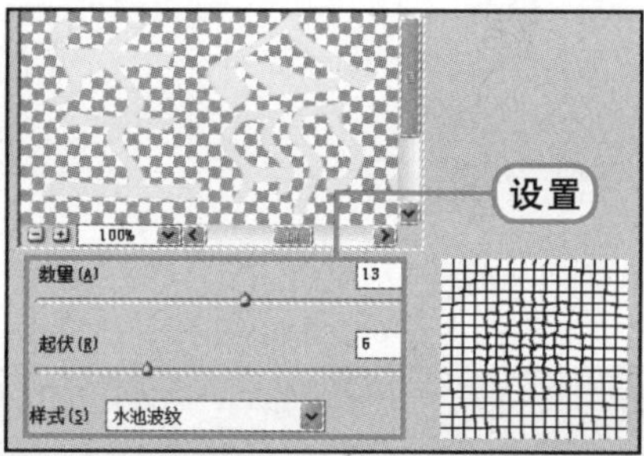

9 查看滤镜效果

确认设置后，在图像窗口中可看到文字图像应用滤镜后产生的扭曲效果。

10 应用水纹滤镜

选择另一个文字图像图层，对其应用与步骤8中相同设置的水波滤镜，其应用效果如下图所示。

11 进行透视变换

执行“编辑>变换>透视”菜单命令，使用变换编辑框对文字图像进行透视变换。

12 继续进行变换

确认变化后，选择另一个文字图像图层，同样执行透视变换命令，使用变换编辑框调整与上一个文字图像相同的透视角度。

13 设置图层混合模式，查看效果

在“图层”面板中同时选中两个文字图像图层，都更改图层混合模式为“叠加”，图层混合后可看到文字显示在水波图像下。其效果如下图所示。

8.5.2 为文字图层添加样式

创建文字后，在文字图层上可以直接添加图层样式。与普通图像图层的创建方法相同，选择文字图层后，单击“添加图层样式”按钮，在打开菜单中选择需要添加到图层的颜色的名称，打开“图层样式”对话框进行设置即可。一个文字图层可添加多个图层样式。

1 打开素材文件

打开随书光盘\素材\第8章\14.jpg素材文件。

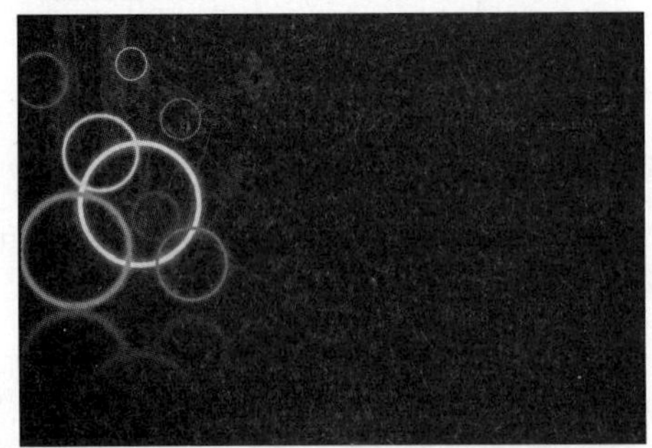

2 设置文字属性

打开“字符”面板后，设置字体、字体大小等选项，调整文字属性。

3 输入英文

设置文字颜色为白色后，在图像中使用“横排文字工具”，输入一行英文。

4 设置“外发光”图层样式

在“图层”面板中为文字图层添加“外发光”图层样式，在打开的“图层样式”对话框中设置选项参数。

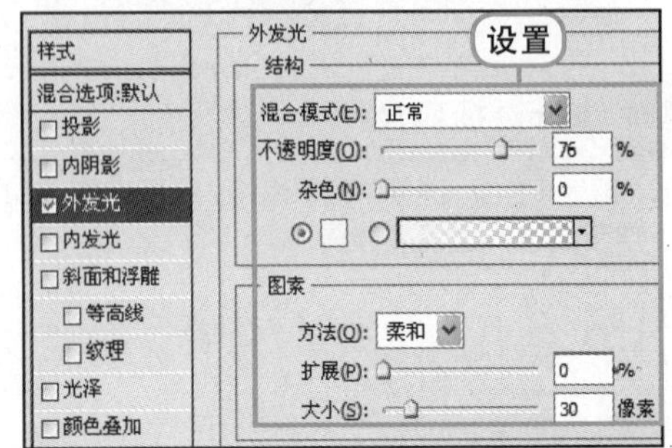

5 设置内发光图层样式

继续在对话框中单击"内发光"样式，在打开的"内发光"设置选项中更改选项参数。

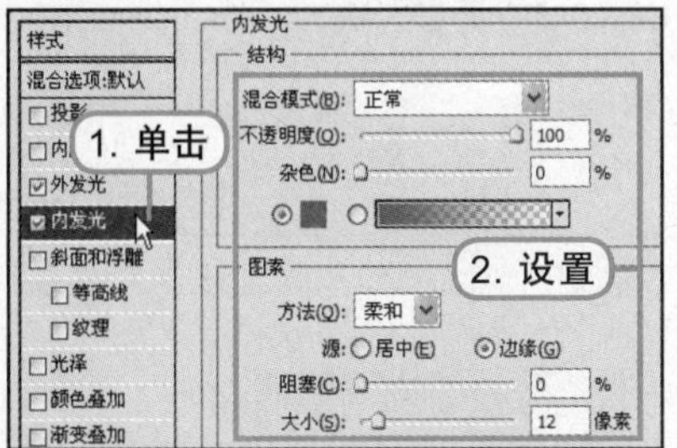

6 查看图层添加样式后的效果

确认图层样式设置后，在图像窗口中可看到文字添加发光样式后的效果。

7 设置图层混合模式

在"图层"面板中可查看到在文字图层上添加的图层样式的效果，设置文字图层的图层混合模式为"叠加"。

8 查看图层混合效果

设置后可看到图像中文字与背景叠加后产生的发光文字效果。

9 复制并变换图像

复制一个文字图层后，按Ctrl+T快捷键，对复制文字进行水平翻转变化，并向下移动文字，变化效果如下图所示。

10 添加图层蒙版

在"图层"面板中为复制的文字图层添加一个图层蒙版，然后使用"渐变工具"在图层蒙版上应用黑白渐变，利用蒙版为文字添加渐隐效果，制作出投影。

11 添加其他元素，完善图像

最后在图像中的光圈图像上选择，并复制光圈图像，移动到文字下方，为文字添加不同颜色的光圈，完成后的图像效果如右图所示。

新手提问 123

问题1 在“字符”面板中，怎样统一设置文字图层内容？

答 在创建文字后，如果需要对文字图层的内容进行统一设置，就需要在“图层”面板中选中文字图层，然后在“字符”面板中更改选项参数，整个文字图层内容即被更改。如下图所示，在“图层”面板中选中文字图层，然后在“字符”面板中进行设置，就可统一为文字图层进行更改。

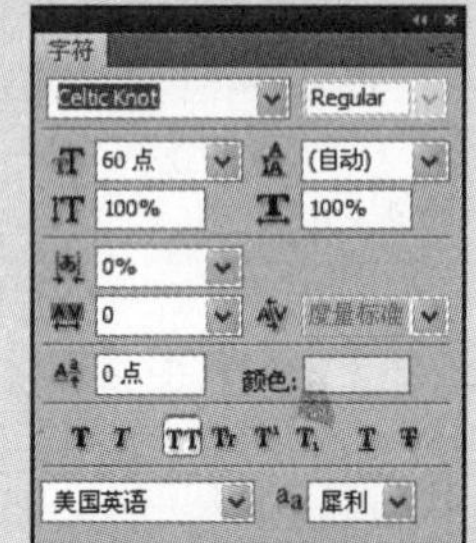

问题2 是不是可以设置任意大小的文字字号？

答 不可以，在设置字体大小选项中，输入数值对文字的大小进行设置时，根据创建的文件大小，文字大小的数值也有一定的限制，其范围是0.01点到1296.00点之间。若是超出范围，系统将弹出禁止对话框，将显示最相近的数值变化，如下图所示。

问题3 对文字进行变形应该掌握什么要点？

答 在使用“变形文字”命令对文字进行变形时,“变形文字”对话框中的“弯曲”、“水平扭曲”和“垂直扭曲”选项的百分比范围是 -100% ～ 100%。可以在选择不同的变形样式时调整文字的弯曲强度或水平、垂直方向的扭曲。当设置“弯曲”为 0% 时，文字不进行任何变换，但可以分别对文字的水平和垂直方向进行变换。如左下图所示，在“变形文字”对话框中设置“弯曲”为 0% 时，对其设置水平和垂直扭曲。设置后可看到扇形样式下的变形效果，如右下图所示。

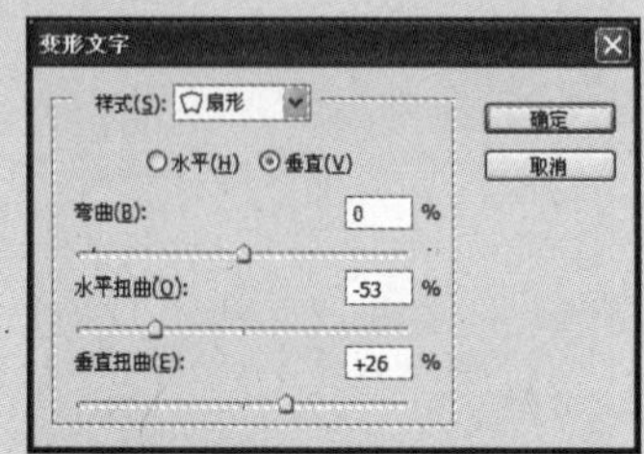

第8章

第9章

蒙版和通道是处理图像时非常重要的两个元素，利用蒙版和通道可在图像中创建出不同的色彩范围和图像选区，并在图像的合成特效操作中经常使用。对蒙版和通道的运用将从蒙版的创建和编辑、通道的基础知识和通道的计算和应用来做介绍。

蒙版与通道的运用

参见随书光盘

■ 第9章　蒙版与通道的运用

9.1.1　创建图层蒙版.swf
9.1.2　编辑图层蒙版.swf
9.1.4　创建剪贴蒙版.swf
9.1.5　蒙版的停用和启用.swf
9.1.6　删除蒙版.swf
9.3.3　复制通道.swf
9.3.4　创建Alpha通道.swf
9.3.5　通道的分离和合并.swf
9.3.6　利用通道更改图像色调.swf
9.4.1　使用"应用图像"命令.swf

难 度 ★★☆☆☆

9.1 蒙版的创建与编辑

蒙版的功能主要是对图像进行遮挡，可快速地设置并保留复杂图像选区。蒙版的创建可通过“图层”面板和“蒙版”面板来操作，可创建出图层蒙版、矢量蒙版、剪贴蒙版，不同蒙版的应用可产生不同的效果。

9.1.1 创建图层蒙版

图层蒙版是Photoshop CS5中最常用的蒙版。在某个图层上创建了图层蒙版后，蒙版中的黑色区域就隐藏为不显示区域，白色为显示区域，灰色为半透明区域。图层蒙版的创建可直接通过在“图层”面板中单击“添加图层蒙版”按钮来完成，具体操作步骤如下。

1 打开素材文件

同时打开随书光盘\素材\第9章\01.jpg、02.jpg两个素材文件。

2 复制图像

将人物图像复制到天空背景文件中，自动生成“图层1”图层。

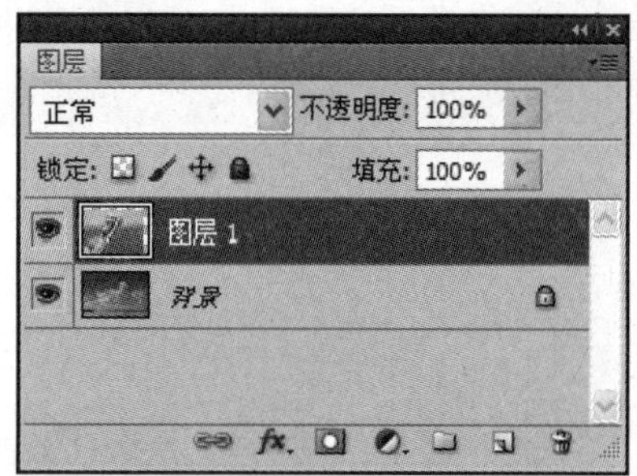

3 选择色彩范围，选中全部背景

对“图层1”中的图像执行“选择>色彩范围”菜单命令，在打开的“色彩范围”对话框中，设置“颜色容差”为48，使用“添加到取样”工具在人物背景上单击取样，将背景全部选中。

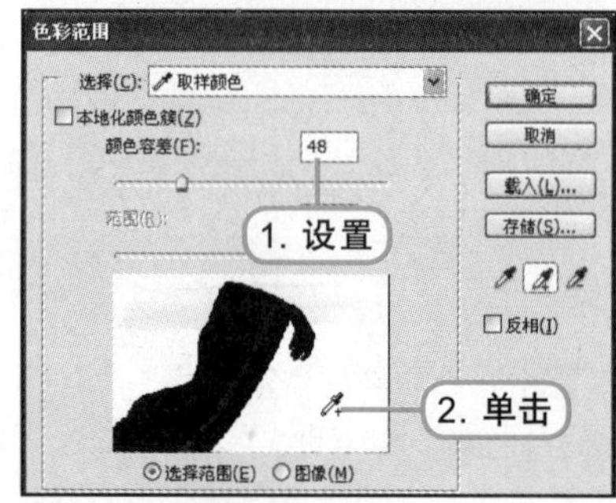

4 创建选区的效果

确认设置后，回到图像窗口中可看到人物的背景区域被创建到选区中。

5 反向选择选区

对选区执行“选择>反向”菜单命令，反向选择选 区。

第9章

6 创建图层蒙版

在“图层”面板中单击“添加图层蒙版”按钮，创建一个图层蒙版，可看到“图层1”中选区以外的图像被创建到蒙版中，以黑色填充，选区以外的区域以白色显示。

7 查看蒙版效果

在图像窗口中，可看到人物图像中的背景图像被蒙版隐藏了，达到更换背景图像的效果，让蓝天白云作为背景。

8 设置“色阶”选项参数

创建一个“色阶”调整图层，在打开的“调整”面板中对“色阶”选项进行设置，设置的参数依次为25、1.00、236。

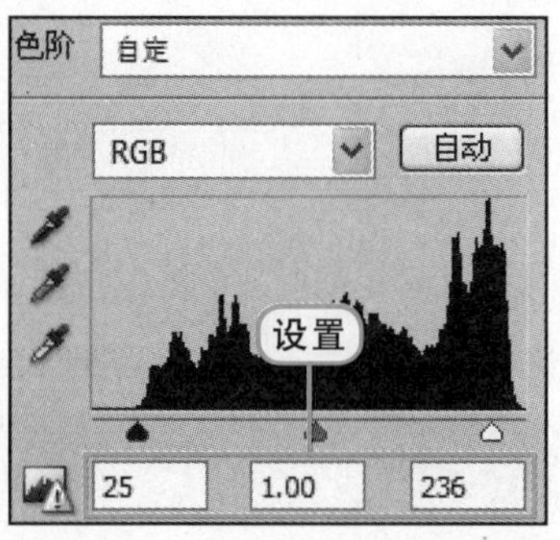

9 完成效果

在图像中可看到应用了“色阶”调整图层后的效果，图像的明暗对比增强。

9.1.2 编辑图层蒙版

在为图像创建一个图层蒙板后，可利用各种填色工具在蒙版中编辑，创建黑、白、灰区域来隐藏或显示该图层中的图像效果，最常使用的是用“画笔工具”在蒙版中进行涂抹编辑，达到图像的快速合成效果，具体操作步骤如下。

1 打开素材文件

执行“文件>打开”命令，打开随书光盘\素材\第9章\03.jpg、04.jpg两个素材文件。

2 复制图像，创建图层蒙版

将蓝天白云图像复制，得到“图层1”图层。单击“添加图层蒙版”按钮，为该图层创建一个图层蒙版。

3 使用“画笔工具”涂抹

选择“画笔工具”后，设置前景色为黑色，使用画笔在图像下方单击并涂抹，利用蒙版的遮盖功能，保留天空图像，显示出下面的图层内容。

4 编辑蒙版

在“画笔工具”选项栏中设置“不透明度”和“流量”都为50%，缩小画笔，在图像中对石柱边缘进行细致的涂抹。

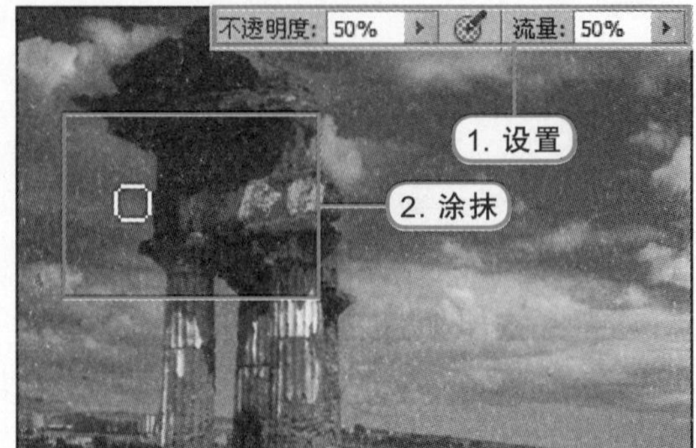

5 提高亮度/对比度

编辑蒙版后，就可看到图像中合成出了更有层次的景物照片。添加一个“亮度/对比度”调整图层，在打开的选项中设置“亮度”为9、“对比度”为80，增强图像的亮度和对比，让对比更强烈。

9.1.3 创建矢量蒙版

矢量蒙版是由钢笔工具或形状工具创建的，用户可对矢量蒙版中的图像进行任意的缩放而不会更改图像的清晰度。在Photoshop CS5中，可通过多种方法来创建矢量蒙版。可以在“图层”面板中创建，也可以在“蒙版”面板中创建，还可以直接使用“形状工具”创建“形状图层”，来创建矢量蒙版。

1. 在“图层”面板中创建矢量蒙版

选中需要创建矢量蒙版的图层后，在“图层”面板中按住Alt键，单击“添加图层蒙版”按钮，即可创建一个矢量蒙版。

2. 在“蒙版”面板中创建矢量蒙版

在“蒙版”面板中单击“添加矢量蒙版”按钮，即可为选中的图层创建一个矢量蒙版。

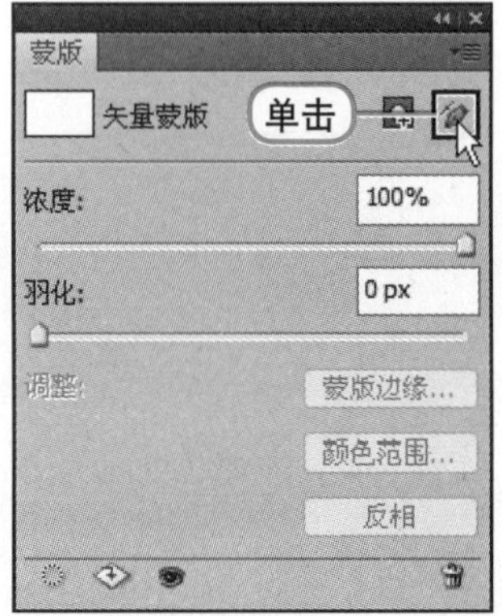

第9章

3. 使用形状工具创建矢量蒙版

1 创建形状

选择“自定形状工具”，选中一个形状后，在选项栏中单击“形状图层”按钮后，在图像中绘制几个形状。

2 查看矢量蒙版

此时在“图层”面板中可以看到创建的形状图层都自动生成带有矢量蒙版的图层。

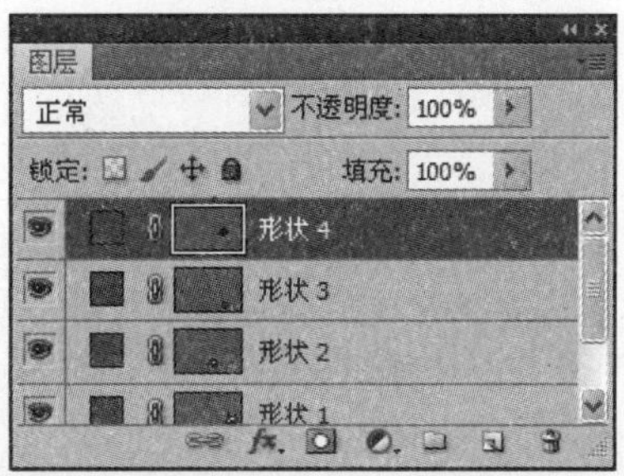

9.1.4 创建剪贴蒙版

剪贴蒙版也被称为剪贴组，是用处于下方的图层的形状来限制上方图层的显示状态。剪贴蒙版至少需要两个图层才能创建，位于最下面的一个图层叫基底图层，位于其上的图层叫剪贴层，基底图层只能有一个，剪贴层可有若干个。选择图层后，执行“图层>创建剪贴蒙版”菜单命令，即可完成创建。也可按住Alt键后，在两个图层中间单击，完成创建，具体操作步骤如下。

1 打开素材文件，解锁背景图层

打开随书光盘\素材\第7章\05.jpg素材文件，在“图层”面板中，按住Alt键的同时双击“背景”图层，解锁该图层，其名称自动更改为“图层0”。

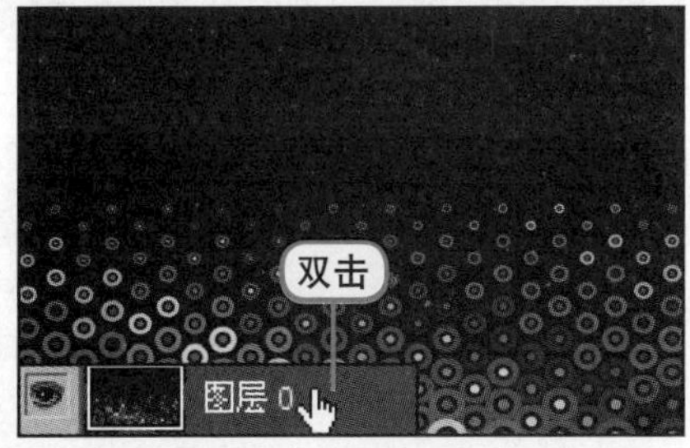

2 创建选区并删除图像

使用“魔棒工具”在黑色背景上单击创建选区。执行“选择>反向”菜单命令，将圆形图案创建为选区，按Delete键删除选区内的图像。

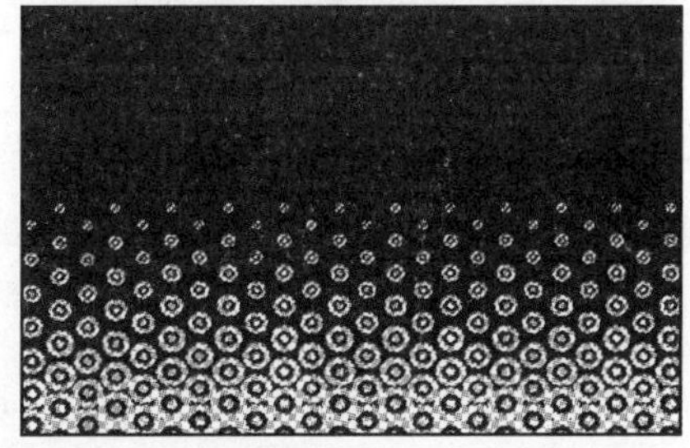

3 打开素材文件，全选图像

执行“文件>打开”命令，打开随书光盘\素材\第9章\06.jpg素材文件，按Ctrl+A快捷键全选图像，并进行复制。

4 创建剪贴蒙版

回到第一个素材文件中，粘贴复制的图像，得到“图层1”图层，按住Alt键的同时，在两个图层的中间位置单击，即可创建剪贴蒙版。

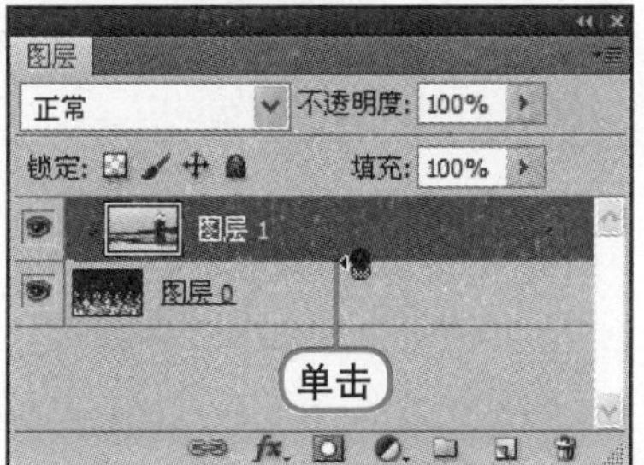

5 查看蒙版效果

在图像窗口中可看到图像创建剪贴蒙版后，剪贴层中的部分区域图像隐藏，显示出透明的圆圈效果。

6 新建图层并填充颜色

在“图层”面板中新建一个图层，并填充白色，然后将该图层移动到最下层中，可看到图像中的透明圆圈显示为白色的效果。

7 复制剪贴层

将剪贴蒙版“图层1”拖曳到“创建新图层”按钮上，可以复制一个剪贴层，更改其图层混合模式为“线性加深”。

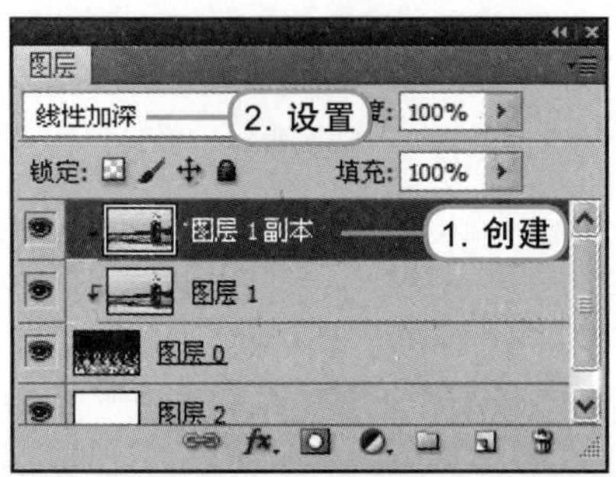

8 查看图层混合效果

在图像窗口中可看到复制一个剪贴层后，并不影响基底图层的剪贴效果，图像混合后的效果如下图所示。

第9章

9.1.5 蒙版的停用和启用

对于创建了蒙版后的图层，如果需要查看之前的图层中的原图像效果，可将蒙版暂时隐藏，回到未使用蒙版前的效果中。可通过两种方法来对蒙版进行停用和启用，一是在“蒙版”面板中单击“停用/启用蒙版”按钮即可，另一种是在“图层”面板中的蒙版缩览图上右击，在弹出的快捷菜单中选择“停用图层蒙版”命令，需要启用时再次右击，选择“启用图层蒙版”命令即可。

1. 在“蒙版”面板中停用蒙版

选中蒙版后，在“蒙版”面板中单击“停用/启用蒙版”按钮，蒙版被暂时隐藏，并在蒙版缩览图中出现一个红色的叉号，表示已被停用，再次单击该按钮即可启用蒙版。

2. 在“图层”面板中停用蒙版

在“图层”面板中的蒙版缩览图中右击，在弹出的快捷菜单中选择“停用图层蒙版”选项，即可停用该蒙版。需要重新启用时，直接在蒙版缩览图上单击，即可取消红叉，启用蒙版。

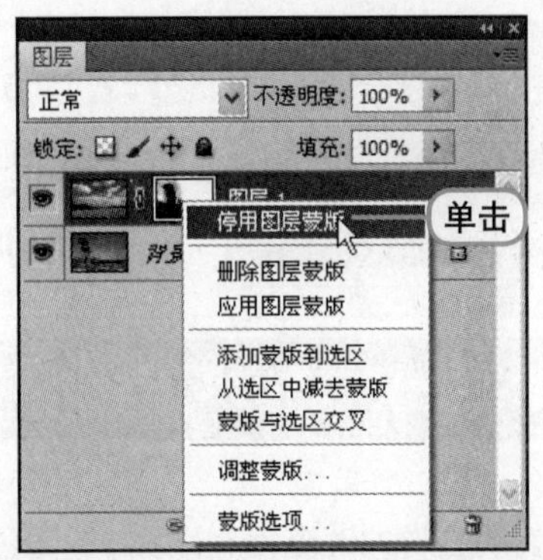

9.1.6 删除蒙版

如果不再需要某个图层中的蒙版时，就可以将蒙版删除。在选择需要删除的蒙版后，在“蒙版”面板中单击“删除蒙版”按钮，即可将蒙版删除，对原图像无影响。也可以在“图层”面板中将蒙版拖曳到“删除图层”按钮上进行删除，具体操作步骤如下。

1 拖曳蒙版缩览图

选中一个带图层蒙版的图层，在蒙版缩览图中单击，并按住鼠标将其拖曳到“删除图层”按钮上。

2 弹出询问对话框

释放鼠标后将弹出一个询问对话框，询问是否在移去之前将蒙版应用到图层。

3 删除蒙版效果

在询问对话框中单击“删除”按钮，即可将蒙版删除，不影响图层中的原图像。

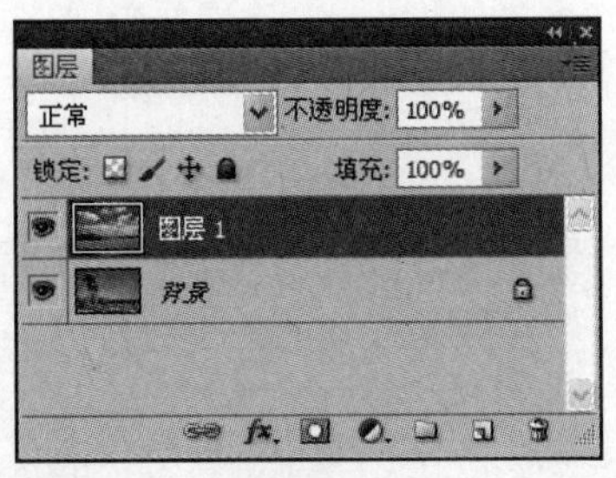

4 应用蒙版效果

在询问对话框中单击“应用”按钮，删除蒙版的同时将蒙版效果应用到图像中，将蒙版与图像合并，更改原图像效果。

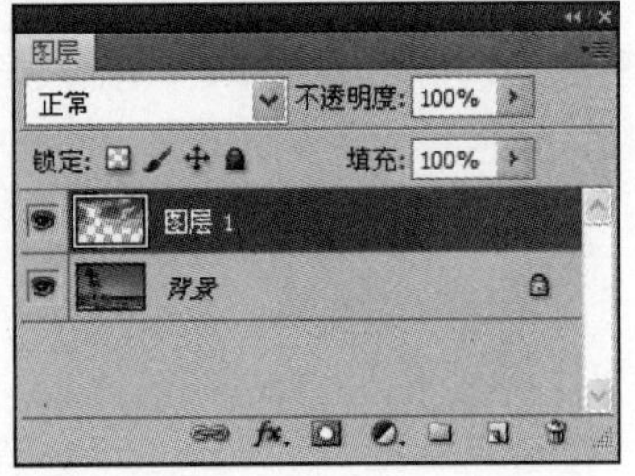

提示：应用蒙版

“应用图层蒙版”可将该图层中的图像按照蒙版效果进行隐藏和显示，原蒙版中的黑色区域中的图像被删除，灰色区域中的图像为半透明效果，白色区域图像才被显示，一旦应用蒙版，就不能再对显示区域进行更改了。

难 度 ★★★☆☆

9.2 通道的基础知识

通道在存储颜色信息和选择范围的功能上是非常强大的，主要利用"通道"面板来管理图像的通道，在面板中可查看到当前图像的通道信息，包括通道的数量和类型等。

9.2.1 认识"通道"面板

执行"窗口>通道"菜单命令，即可打开"通道"面板。打开任意一幅图像，即可在"通道"面板中查看到图像的通道信息。图像的颜色模式决定了通道的数量和模式，并提供了一系列常用于编辑通道的按钮，具体介绍如下。

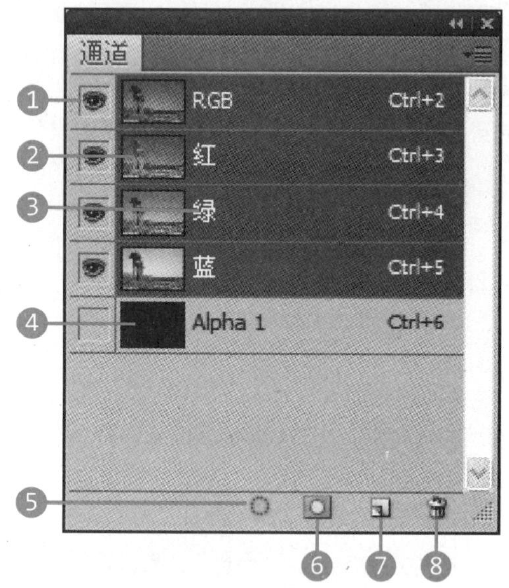

① "指示通道可见性"按钮：用于显示和隐藏该通道。

② 通道缩览图：显示通道中的图像的缩略图。

③ 通道名称：区分通道图像，默认的通道名称不可修改。

④ Alpha通道：从"通道"面板中创建的通道，可对Alpha通道名称进行修改。

⑤ 将通道作为选区载入：单击该按钮，将选中通道中的灰度图像设置为选区。

⑥ 将选区创建为通道：将创建的选区存储在通道中。

⑦ 创建新通道：单击新建Alpha通道。

⑧ 删除通道：删除当前选中通道。

9.2.2 通道的分类

作为图像的重要组成部分，通道与图像的颜色模式密不可分，图像的颜色模式不同，产生的通道数量和名称也不相同。通过各种操作后创建出的新通道都可在"通道"面板中直观看到，通道主要分为复合通道、颜色通道、Alpha通道、临时通道和专色通道。

1. 复合通道和颜色通道

复合通道只是同时预览并编辑所有颜色通道的一个快捷方式，通常是在选择或编辑了一个或多个颜色通道后，使用复合通道来返回到默认状态。对于不同颜色模式的图像，其通道的数量是不一样的。例如，右图为一幅RGB颜色模式的图像的通道信息，其中的RGB通道就为复合通道，红、绿、蓝为图像的3个颜色通道，在对图像进行编辑时，实际就是在编辑图像的颜色通道。

2. Alpha通道

Alpha通道的含义为“非常色”通道，在Photoshop CS5中制作出的各种特殊效果都离不开Alpha通道。用户可以保存选区范围，而不会影响图像的显示和印刷效果。可在“通道”中单击“创建新通道”按钮，新建空白的Alpha通道。也可在图像中创建选区后单击“将选区创建为通道”按钮，创建一个Alpha通道，如右图所示即为存储的花朵形状选区的Alpha通道效果。

3. 临时通道

临时通道在“通道”面板中是临时存在的，它是通过创建图层蒙版、创建调整图层或进入快速蒙版模式进行图像编辑时，在“通道”面板中自动生成的临时通道，当选择带有图层蒙版的图层或退出快速蒙版编辑模式时，临时蒙版将从“通道”面板中删除，具体操作步骤如下。

1 选择图层蒙版

在“图层”面板中选中一个带有图层蒙版的图层。

2 查看临时通道

在“通道”面板中可看到创建的“图层1蒙版”临时通道。

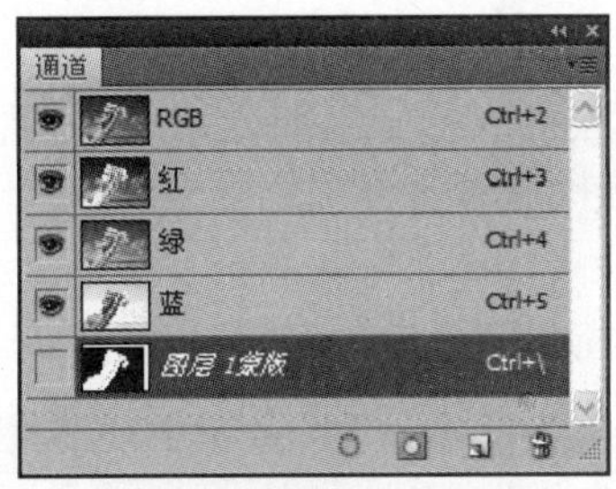

3 选择“背景”图层

在“图层”面板中选择未带有图层蒙版的“背景”图层。

4 未显示临时通道

在“通道”面板中可看到之前的临时通道未显示。

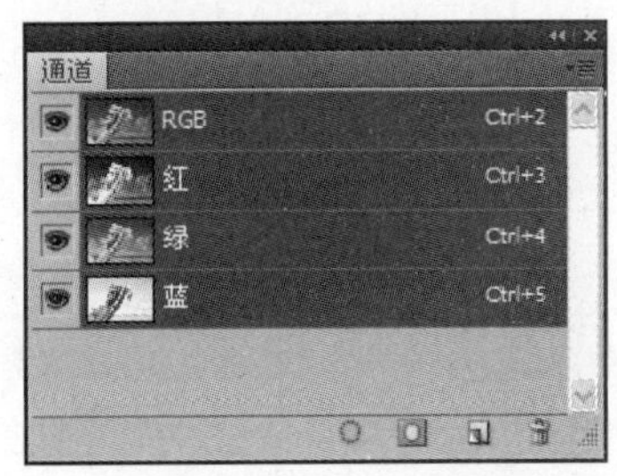

4. 专色通道

专色通道是一种特殊的通道，可以保存专色信息的通道，可作为一个专色版应用到图像和印刷中。每个专色通道以灰度图形存储相应专色信息，每一种专色都有本身的固定色相，它解决了印刷中颜色传递准确性的问题。在“通道”面板中，创建专色通道需要单击面板右上角的“扩展”按钮，在打开的菜单中选择“新建专色通道”命令，即可创建一个专色通道。

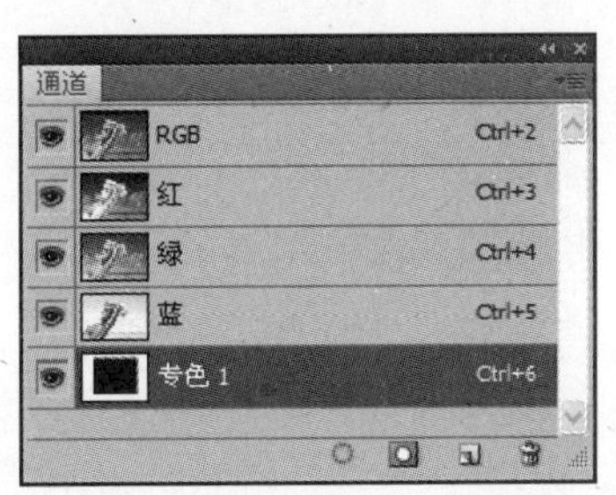

难 度 ★★☆☆☆

9.3 通道的操作

对通道的操作实际就是对图像的编辑操作，通道是记录图像信息的地方，图像色彩改变、选区的增减、渐变的产生都可在通道中体现出来。在通道中可进行存储选区、调整图像颜色、进行应用图像和计算命令等操作。

9.3.1 载入通道选区

在"通道"面板中，每个通道都是存储着图像的选区。选择一个通道后，单击"将通道作为选区载入"按钮，即可在当前图像上调用选择通道上的灰度值，并将其转化为选区，具体操作步骤如下。

1 打开素材文件

执行"文件>打开"菜单命令，打开随书光盘\素材\第9章\07.jpg素材文件。

2 选择通道并作为选区载入

在"通道"面板中，选择"绿"通道，然后单击面板下方的"将通道作为选区载入"按钮。

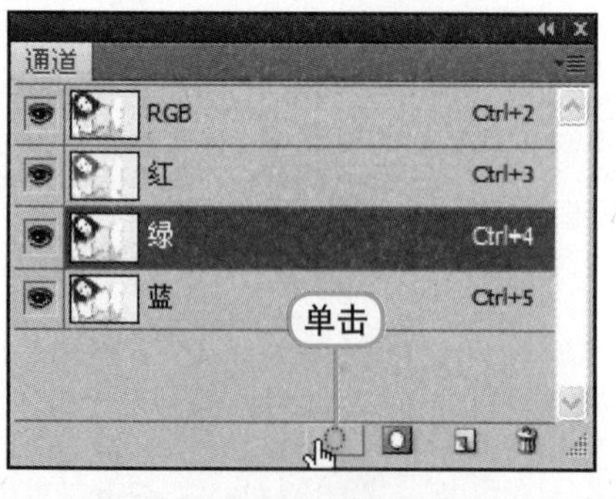

3 查看图像选区效果

在图像窗口中可看到"绿"通道中的灰度图像作为选区载入，选区效果如下图所示。也可在按住Ctrl键的同时，在"绿"通道上单击通道缩览图，载入该通道选区。

9.3.2 显示或隐藏通道

在"通道"面板中可通过"指示通道可见性"按钮来将通道隐藏或显示。在通道中单击一个颜色通道时，其他通道会暂时全部隐藏，被隐藏的通道中的信息也同时被隐藏，出现灰度图像或偏色图像效果，单击"指示通道可见性"按钮后才可再次显示，具体操作步骤如下。

1 打开素材文件

执行"文件>打开"菜单命令，打开随书光盘\素材\第9章\08.jpg素材文件。

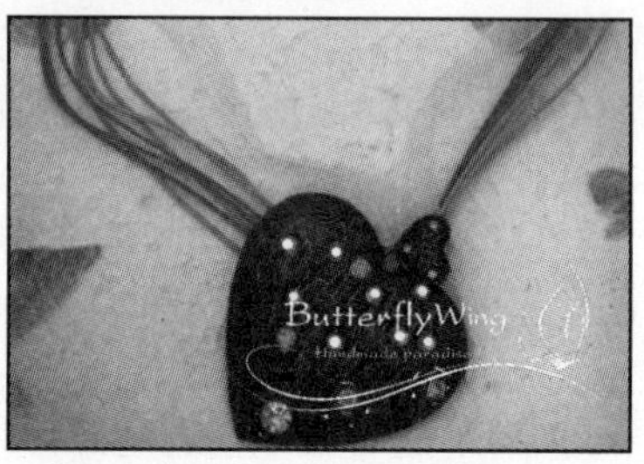

第9章

2 选择颜色通道

在"通道"面板中可看到该RGB颜色模式下的图层通道信息，单击其中的"绿"通道，可看到其他通道被隐藏。

3 查看通道灰度图像

在图像窗口中，可看到选中的"绿"通道中的灰度图像效果。

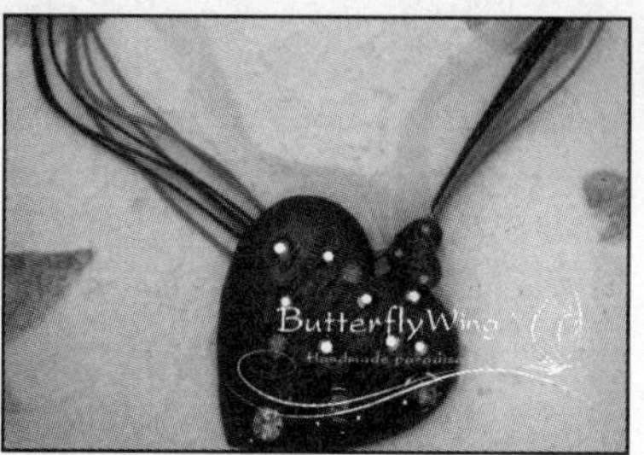

4 显示"红"通道

在"通道"面板中单击"红"通道前的"指示通道可见性"按钮，显示"红"通道。

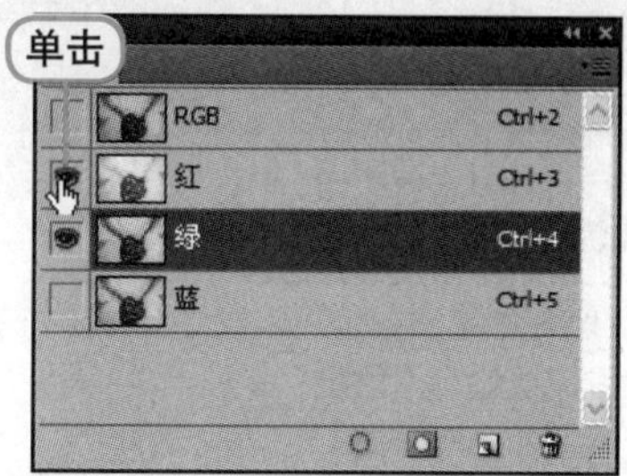

5 查看偏色图像效果

回到图像窗口中，可看到"红"通道和"绿"通道两个颜色通道所显示的偏色图像效果。

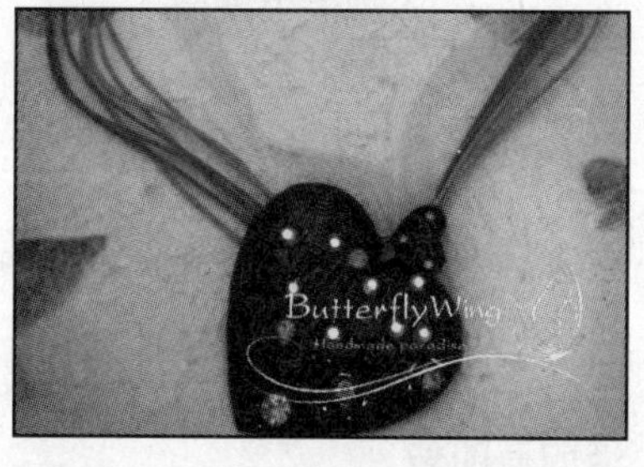

6 显示全部通道

在"通道"面板中，单击RGB通道后，即可将所有的通道取消隐藏，全部显示，图像返回到原图效果。

9.3.3 复制通道

利用通道抠取图像时，需要先复制一个颜色通道，对该通道进行编辑，创建出需要的图像选区。在"通道"面板中选中需要复制的通道，将其拖曳到"创建新通道"按钮上，即可完成通道的复制，得到一个通道副本。

1 打开素材文件

打开随书光盘\素材\第9章\09.jpg素材文件。

2 选择通道并复制

在“通道”面板中，单击“蓝”通道并拖曳到“创建新通道”按钮上，复制该通道。

3 查看复制通道的图像效果

在图像窗口中可查看到复制到“蓝 副本”通道中的灰度图像效果。

4 设置“色阶”参数

执行“图像>调整>色阶”菜单命令，在打开的“色阶”对话框中，设置“色阶”参数。

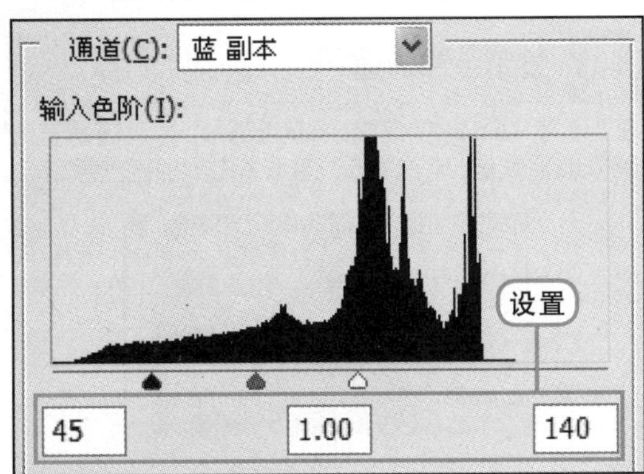

5 查看色阶效果并涂抹黑色

确认“色阶”设置后，在图像窗口中可看到灰度图像提高了明暗对比，图像黑白效果更明显。选择“画笔工具”，设置前景色为黑色后，在图像中人物上进行涂抹，绘制成黑色，如下图所示。

6 全部涂抹成黑色

继续使用“画笔工具”在图像的人物上进行绘制，将人物全部涂抹成黑色。

7 返回原图像

在“通道”面板中，将“蓝 副本”通道载入为选区后，单击RGB通道，显示原图像的通道，隐藏复制通道。

8 查看载入通道的选区效果

回到图像窗口中，可看到载入通道的选区效果，将通道中的白色区域创建为选区。

9 反向选择选区

对选区执行“选择>反向”菜单命令，反向选择选区，即将人物图像创建到选区中。按Ctrl+C快捷键，复制选区内图像。

10 粘贴图像

打开随书光盘\素材\第9章\10.jpg素材文件，然后按Ctrl+V快捷键，粘贴上一步骤中复制的选区图像，生成“图层1”图层，并将图像调整到适当位置。

11 设置图层混合模式

在“图层”面板中，复制一个“图层1”图层，得到“图层1副本”图层，更改复制图层的图层混合模式为“滤色”。图层混合后，人物图像的亮度增强，与背景自然融合。

9.3.4 创建Alpha通道

Alpha通道是保存选择区域的通道，可以重复使用。在“通道”面板中单击“创建新通道”按钮，新建的通道均为Alpha通道。Alpha通道通常是用在图像处理过程中，为了存储选区或创建选区而创建的，并可从中读取选择区域信息，具体操作步骤如下。

1 打开素材文件

打开随书光盘\素材\第9章\11.jpg素材文件。

2 创建新通道

在“通道”面板中，单击“创建新通道”按钮，新建一个Alpha1通道。

3 为通道填充渐变色

选择“渐变工具”后，选择白色到黑色的渐变，并选择渐变类型为“径向”。使用该工具在图像中间位置单击并拖曳，应用渐变。

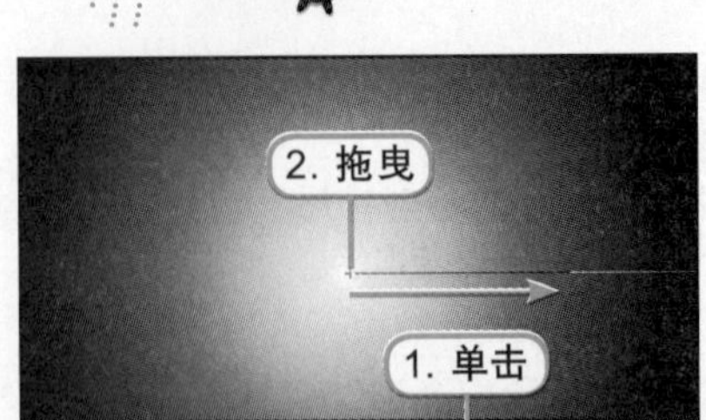

4 设置“彩色半调”滤镜

执行“滤镜>像素化>彩色半调”菜单命令，在打开的“彩色半调”对话框中设置选项参数，单击“确定”按钮。

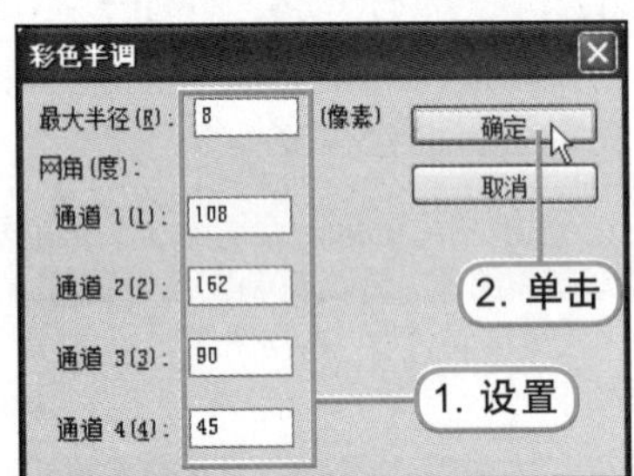

5 查看应用滤镜后的效果

确认设置后，在图像窗口中可看到通道图像应用“彩色半调”滤镜后产生的半调网格效果，即制作出大小渐变的网点效果，如下图所示。

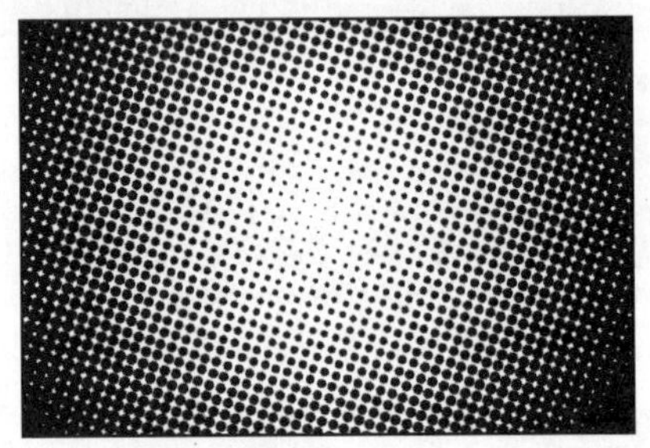

6 载入通道选区

在“通道”面板中单击RGB通道，显示图像原通道，按住Ctrl键的同时，单击Alpha1通道前的通道缩览图，载入通道选区。

7 查看选区效果

回到图像窗口中，可看到载入通道的选区效果，如下图所示。

8 设置“色相/饱和度”

对选区内的图像创建“色相/饱和度”调整图层，在打开的“调整”面板中，设置“饱和度”为+92。

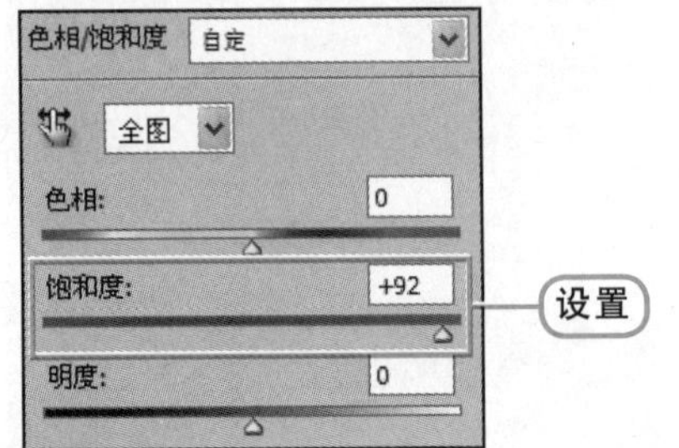

9 选区图像调高饱和度后的效果

设置调整图层后，在图像中可查看到选区内的图像饱和度提高，出现了色彩变化丰富的点状区域。

10 反向选择选区

在“通道”面板中再次载入Alpha1通道选区，并执行“选择>反向”菜单命令，反向选择选区。

11 设置色阶

对选区内的图像创建一个“色阶”调整图层，在打开的“色阶”选项中将暗度调整到87、高光调整到184，增强图像的明暗对比。

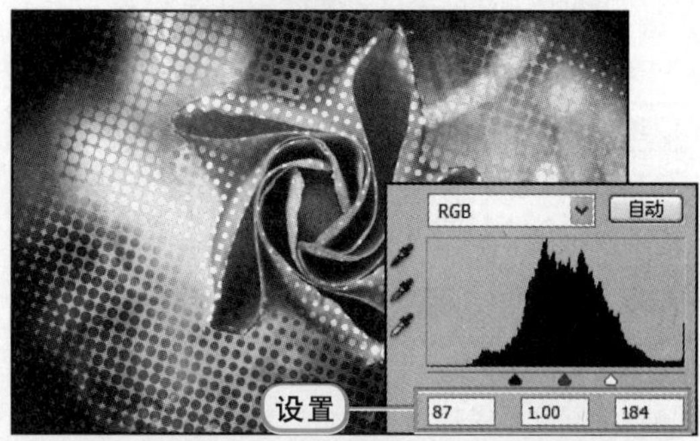

9.3.5 通道的分离和合并

利用“分离通道”命令可根据图像的颜色模式将原图像分离为多个灰度图像，图像的颜色模式不同，分离出的图像个数也不同。对于分离后的图像，利用“合并通道”命令，还可将分离的多个灰度图像重新组合成一个新的图像效果。

1 打开素材文件

执行“文件>打开”菜单命令，打开随书光盘\素材\第9章\12.jpg素材文件。

2 选择“分离通道”命令

在“通道”面板中，单击面板右上角的扩展按钮，在打开的菜单中选择“分离通道”命令。

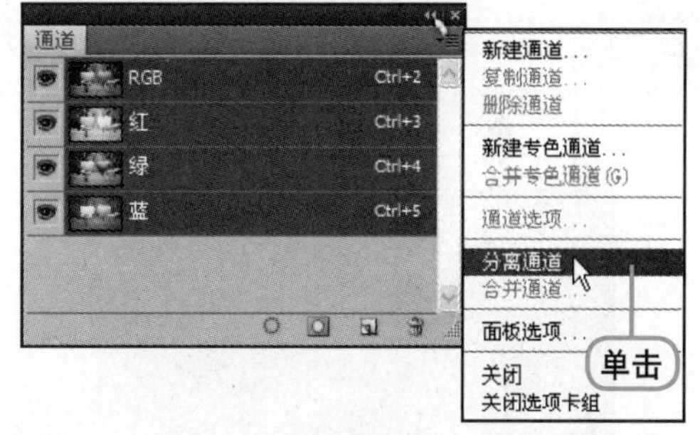

3 分离通道后的图像效果

执行命令后，在图像窗口中可看到图像被分离为以-R、-G、-B为后缀名显示的3个灰度图像。

4 选择合并通道选项

在其中一个灰度图像中打开“通道”面板，单击右上角的扩展按钮，在打开的菜单中选择“合并通道”命令。

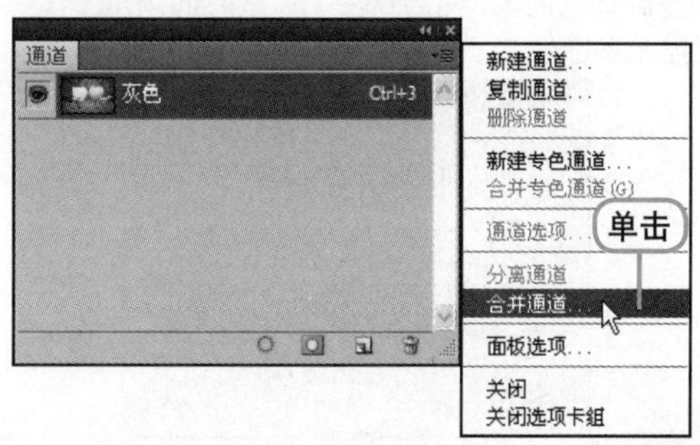

5 选择RGB颜色模式

在打开的“合并通道”对话框中，在“模式”下拉列表框中选择“RGB颜色”选项，然后单击“确定”按钮。

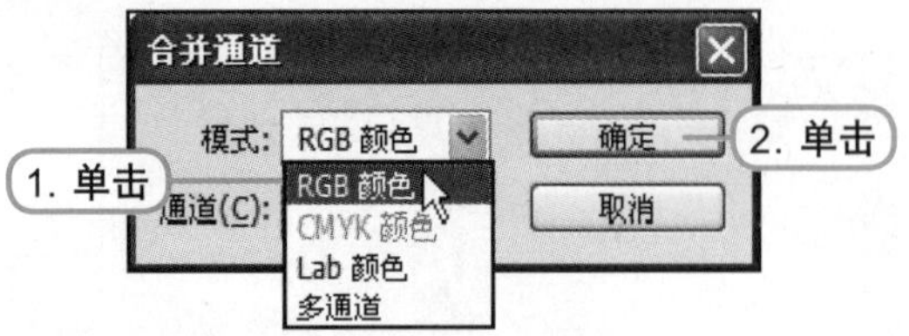

6 设置参数

在打开的“合并RGB通道”对话框中，对指定通道进行重新设置。

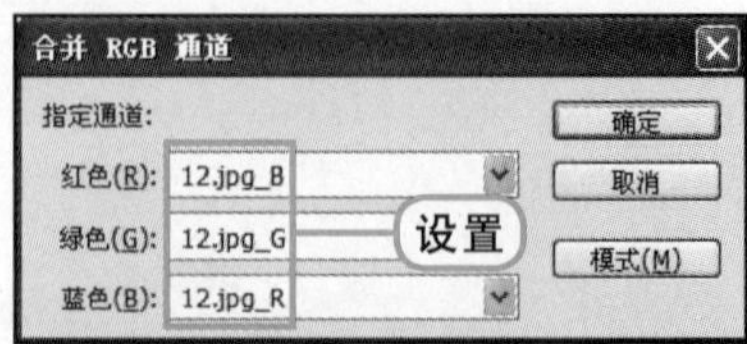

7 合并通道后的效果

确认“合并RGB通道”设置后，在图像窗口中即将分离的3个灰度图像被重新组合为一个新的RGB模式图像，并重新组合了颜色通道，调整了原图像的颜色效果，合并通道后图像的效果如右图所示。

9.3.6 利用通道更改图像色调

通道中显示了图像的所有颜色信息，对图像的颜色起管理作用，可通过对单个的颜色通道进行操作来改变图像的色调。在通道中可进行复制、粘贴的操作，也可直接应用调整命令、滤镜等，具体操作步骤如下。

1 打开文件

执行“文件>打开”菜单命令，打开随书光盘\素材\第9章\13.jpg素材文件。

2 显示全部通道

在“通道”面板中，选择“绿”通道，并在RGB通道前单击显示“指示通道可见性”按钮，将全部通道效果显示。

3 复制并粘贴通道图像

按Ctrl+A快捷键，将“绿”通道中的图像全部选中，并复制选区内容，然后单击“蓝”通道，在该通道中粘贴复制图像。

4 查看粘贴通道后的效果

回到图像窗口中，可看到通过通道的复制和粘贴，图像的色调已经更改。

第9章

5 设置"色阶"参数

选择"红"通道后，执行"图像>调整>色阶"菜单命令，在打开的"色阶"对话框中，设置色阶参数依次为46、1.00、252。

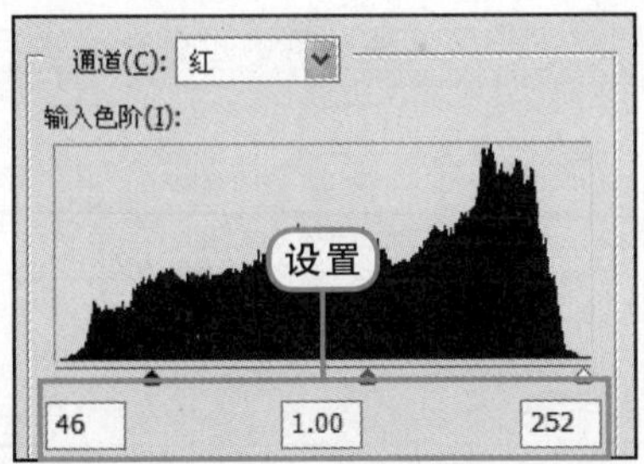

6 应用色阶效果

确认"色阶"设置后，在图像中可看到图像中的红色调降低，青色调增强。

7 单击通道

在"通道"面板中，单击RGB通道，将全部通道显示并选中，回到原图像中。

8 提高亮度/对比度

添加一个"亮度/对比度"调整图层，在打开的"调整"面板中设置亮度为29、对比度为41，增强图像的明暗对比。

9.4 通道的计算

难 度 ★★★☆☆

使用通道的计算功能，可将两个不同图像中的两个通道混合起来，或者把同一个图像中的两个通道混合起来，然后将所创建通道的新组合用通道计算功能添加到一个新的通道或文档中。通道的计算命令包括"图像"菜单下的"应用图像"和"计算"两个命令。

9.4.1 使用"应用图像"命令

"应用图像"命令将一个图像的图层和通道"源"与现用图像"目标"的图层和通道混合，可快速地调整图像色调。应用图像可在一个图像中进行混合，也可在两个图像中进行混合，执行"图像>应用图像"命令后，可以利用打开的"应用图像"对话框来选择通道进行混合设置，具体操作步骤如下。

1 打开素材文件，创建副本图层

打开随书光盘\素材\第9章\14.jpg素材文件，在"图层"面板中复制一个"背景"图层。

2 执行菜单命令

对复制图层中的图像执行"图像>应用图像"菜单命令，打开"应用图像"对话框。

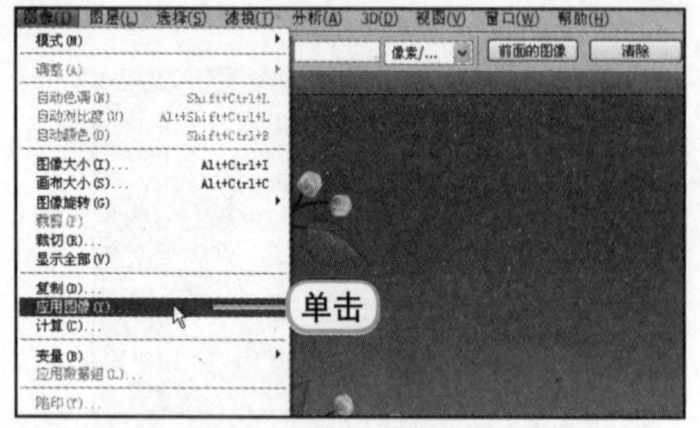

3 设置"应用图像"选项

在"应用图像"对话框中，设置"通道"为"红"，设置"混合"为"叠加"，然后单击"确定"按钮，关闭对话框。

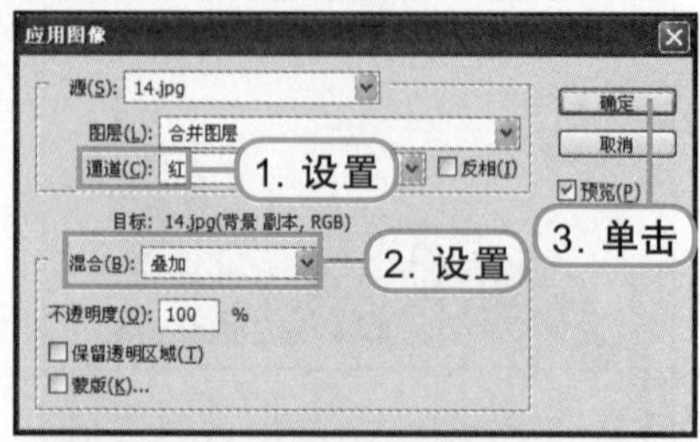

4 查看应用效果

通过对通道的混合，图像的颜色和对比度增加，其效果如右图所示。

9.4.2 使用"计算"命令

应用"计算"命令也可将一个或两个图像中的不同通道进行混合，与"应用图像"命令所不同的是应用"计算"命令混合出的图像是以黑、白、灰显示，并可利用结果选项的设置，选择计算的结果为一个新通道、文档或者是选区。

1 打开素材文件，执行菜单命令

执行"文件>打开"菜单命令，在"打开"对话框中同时选择随书光盘\素材\第9章\15.jpg、16.jpg两个素材文件，打开的素材图像效果如右图所示。对15.jpg文件中的图像执行"图像>计算"菜单命令，打开"计算"对话框。

2 设置计算选项

在打开的"计算"对话框中，设置"源2"为16.jpg，并选择两个源的通道，然后设置"混合"为"划分"。

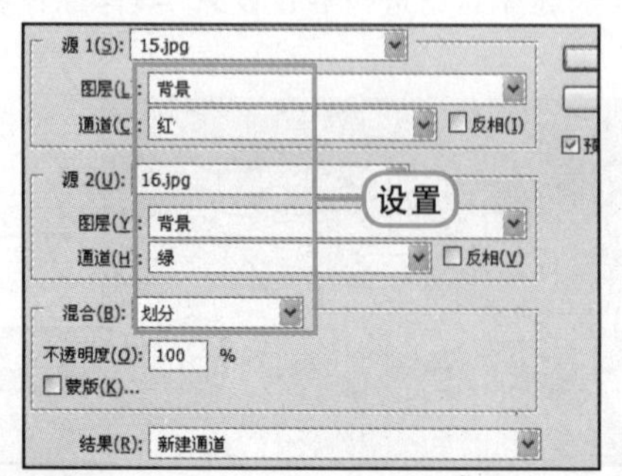

3 查看计算结果

确认设置后，打开"通道"面板，可看到计算后的结果新建到Alpha1通道中。

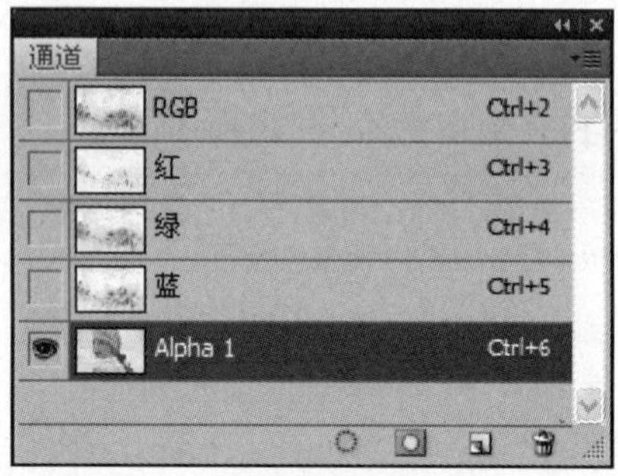

4 查看计算得到的灰度图像效果

在图像窗口中可看到计算混合得到的灰度图像效果，按Ctrl+A快捷键和Ctrl+C快捷键，全选图像并复制。

5 单击通道

在“通道”面板中单击RGB通道，将图像原通道全部显示，并隐藏Alpha1通道。

6 粘贴图像，设置图层混合模式

按下Ctrl+V快捷键，粘贴前面复制的图像，自动生成“图层1”图层，并设置其图层混合模式为“深色”。

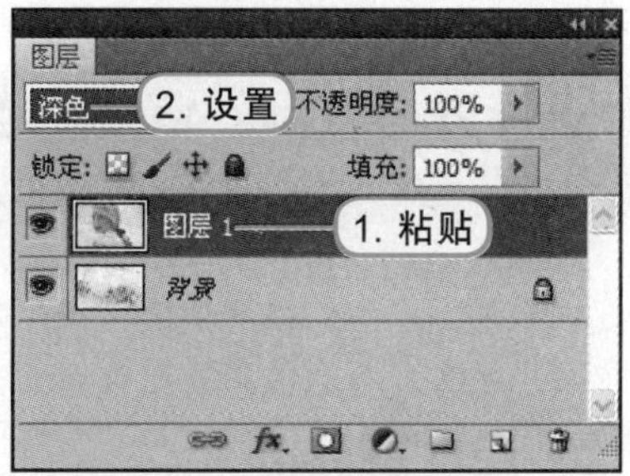

7 查看混合效果

在图像窗口中可看到图层混合后，在图中花朵和线性纹理上添加了颜色。

8 复制图像并设置混合模式

将16.jpg中的人物图像复制到15.jpg文件中，生成“图层2”图层，设置图层混合模式为“柔光”。

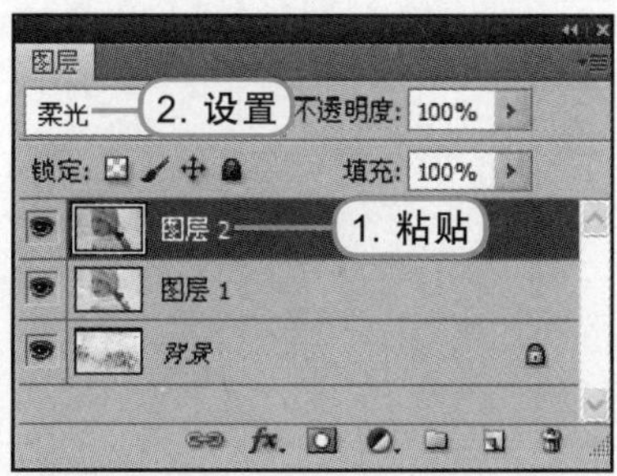

9 查看图层混合效果

对图层进行混合设置后，可看到图像中的人物被添加上了色彩。

10 设置“自然饱和度”，查看完成效果

创建一个“自然饱和度”调整图层，在打开的“调整”面板中设置“自然饱和度”为100，“饱和度”为31，完成设置后，图像色彩饱和度提高。

新手提问123

问题1 什么叫做图层蒙版？蒙版到底有什么用途？

答 图层蒙版就是对某一图层起遮盖效果而在实际中不显示的一个遮罩，用来控制图层的显示区域、不显示区域和半透明区域。蒙版的作用就是在图像控制图层中图像的显示效果，编辑的蒙版以黑、白、灰三色显示，黑色区域中的图像被完全隐藏、白色区域中的图像被完全显示、灰色区域则根据灰色的不同深度显示半透明的效果。如左下图所示为添加面板后出现的遮盖效果，右下图所示为显示蒙版信息的效果。

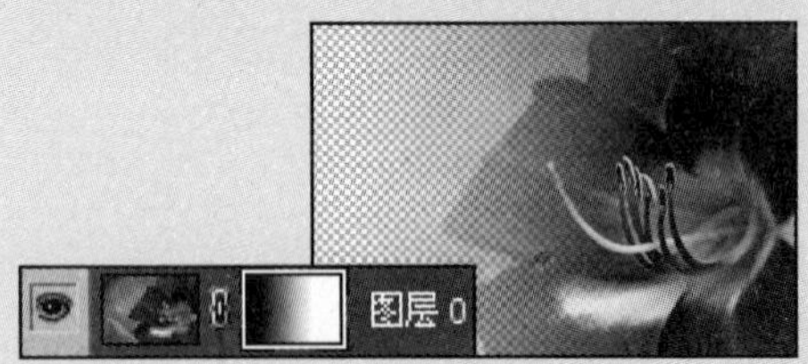

问题2 在利用通道抠图时，为什么要对通道进行复制？该选择哪个通道进行复制？

答 在使用“通道”抠取图像时，复制通道是非常重要的步骤，因为对需要抠取图像中的部分区域进行编辑时，会在通道中用到一个工具或调整命令等，直接在原颜色通道上编辑就会影响到原图像效果。复制通道后，只在副本通道中进行编辑，创建出需要的选择区域，不影响原图像。创建选区后，只需要将复制通道隐藏即可，还能够重复使用该通道选区。

在选择复制的颜色通道前，确定要抠取的区域，在“通道”面板中对各个颜色通道分别进行查看，选择一个黑白对比强烈、区分明显的通道进行复制。如在9.3.3小节复制通道的操作中，在打开的素材文件的“通道”面板中分别对各个颜色通道效果进行查看。下图所示分别为红、绿、蓝3个通道的灰度图像。可以看出“蓝”通道中的图像人物与背景之间的区分最明显，将飘舞的发丝全部清晰显示，因此选择“蓝”通道进行复制。

问题3 蒙版和通道之间有什么关系？

答 在蒙版和通道中，都只有黑、白、灰3种颜色来表示图像选择区域的信息。通道与蒙版相同，白色表示选择的区域，黑色表示遮盖区域，灰色则表示半透明或带羽化的区域。蒙版和通道有着直接的联系，比如在图像中创建图层蒙版和快速蒙版时，都会在“通道”面板中出现蒙版信息的临时通道，用于保存蒙版选区内容。

第10章

利用Photoshop CS5中的滤镜可对图像进行艺术化效果的处理，这些滤镜命令都位于“滤镜”菜单中，并且以分类的形式存放，使用时对选中的图层或选区内图像执行需要的滤镜命令，在打开的相应对话框中就可完成设置。各种滤镜可结合使用，创建出意想不到的艺术效果。

滤 镜

参见随书光盘

第10章　滤镜

10.1.2　创建效果图层.swf
10.1.3　删除效果图层.swf
10.2.1　“液化”滤镜.swf
10.2.2　“镜头校正”滤镜.swf
10.2.3　“消失点”滤镜.swf
10.3.1　“风格化”滤镜组.swf
10.3.2　“画笔描边”滤镜组.swf
10.3.3　“模糊”滤镜组.swf
10.3.4　“扭曲”滤镜组.swf
10.3.5　“锐化”滤镜组.swf
10.3.6　“素描”滤镜组.swf
10.3.7　“纹理”滤镜组.swf
10.3.8　“像素化”滤镜组.swf
10.3.9　“渲染”滤镜组.swf
10.3.10　“艺术效果”滤镜组.swf
10.3.11　“杂色”滤镜组.swf
10.3.12　“其他”滤镜组.swf

10.1 滤镜库的使用

难 度 ★★☆☆☆

利用"滤镜库"命令，可在打开的"滤镜库"对话框中选择滤镜，并能直观地观察到滤镜应用到图像中的效果，还可在对话框中对图像添加多个滤镜，同时应用到图像中。

10.1.1 了解滤镜库

"滤镜库"中包含了"风格化"、"画笔描边"、"扭曲"、"素描"、"纹理"和"艺术效果"6大类滤镜，在分类中选择一个滤镜后，在右侧就会提供相应的滤镜设置选项，同时在左侧的预览框中可查看到图像应用滤镜的效果，其详细介绍如下。

① 图像预览框：根据选择的滤镜和属性的设置，预览图像应用滤镜的效果，并可调整预览图像的大小显示比例。

② 滤镜的分类：单击缩略图即可选中滤镜，对图像进行设置。

③ 设置滤镜属性：选择滤镜后，提供相应的设置选项，调整滤镜效果。

④ 设置效果图层：可看到添加的滤镜名称，还可添加多个滤镜或删除滤镜。

10.1.2 创建效果图层

在滤镜库中选择一个滤镜设置后，软件会默认创建为以该滤镜命名的效果图层。如果需要创建多个效果图层时，即可单击"新建效果图层"按钮，添加一个效果图像，再进行滤镜的选择设置，将图像效果创建得更具艺术效果，具体操作步骤如下。

1 打开素材文件，创建副本图层

打开随书光盘\素材\第10章\01.jpg素材文件，在"图层"面板中复制"背景"图层，得到"背景副本"图层。

2 执行菜单命令，打开对话框

执行"滤镜>滤镜库"菜单命令，打开"滤镜库"对话框，效果如下图所示。

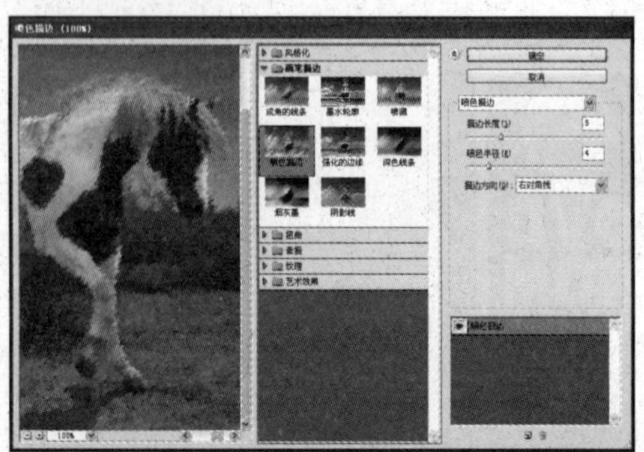

第10章

3 **选择滤镜**

单击选择"画笔描边"滤镜下的"喷色描边"滤镜，在右侧的选项中进行设置。

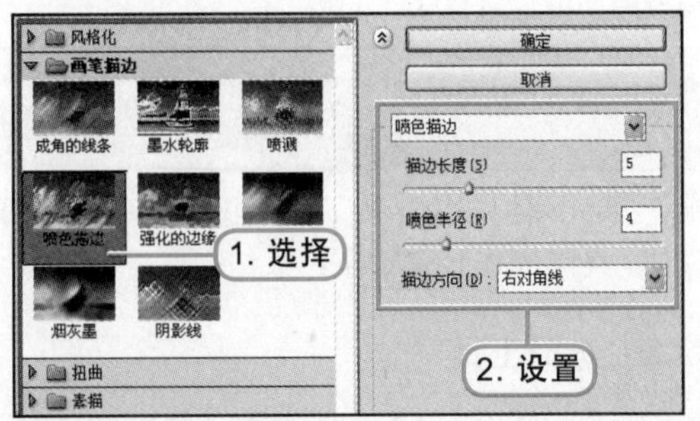

4 **添加效果图层并选择滤镜**

在对话框下方单击"新建效果图层"按钮，新建一个效果图层，并在"艺术效果"类型下选择"绘画涂抹"滤镜。

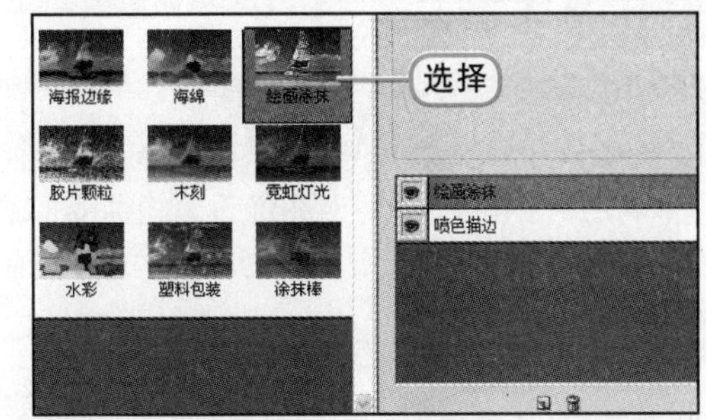

5 **设置滤镜选项**

继续在对话框中对显示的"绘画涂抹"滤镜属性进行设置。

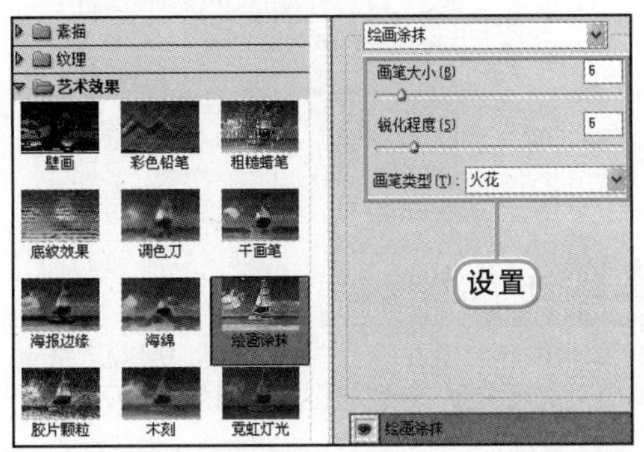

6 **查看应用滤镜后的效果**

确认设置后，关闭对话框，回到图像窗口，可看到图层应用滤镜后产生的特殊图像效果。

10.1.3 删除效果图层

对于添加了多个滤镜效果图层的，当用户不需要其中某个效果图层时，可将该效果图层删除，但最少要保留一个效果图层。在"滤镜库"对话框中的效果图层框中，选中需要删除的效果图层，单击下方的"删除效果图层"按钮🗑，就可将滤镜删除，具体操作步骤如下。

1 **选择要删除的效果图层**

在"滤镜库"对话框中单击，选中需要删除的效果图层。

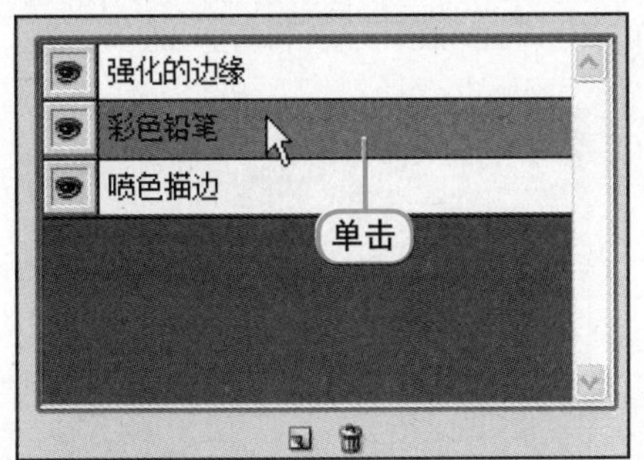

2 **单击按钮，删除效果图层**

单击"删除效果图层"按钮🗑，即可将选择的"彩色铅笔"效果图层删除。

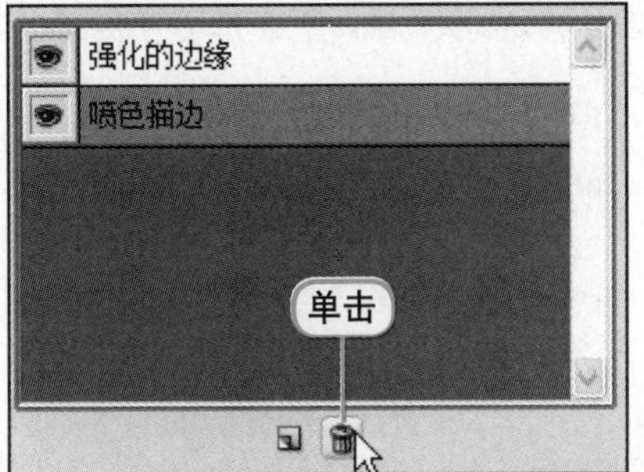

难 度 ★★★☆☆

10.2 独立滤镜的使用

在“滤镜”菜单中，滤镜被分为独立滤镜和分类滤镜的滤镜命令组，其中的独立滤镜包括液化、镜头校正和消失点滤镜。选择独立滤镜后，在打开的滤镜对话框中可以对图像进行设置。

10.2.1 “液化”滤镜

利用“液化”滤镜可对图像设置扭曲变形的效果，可用于推、拉、旋转、反射、折叠和膨胀图像的任意区域，显示修饰图像和创建艺术效果的强大功能，具体操作步骤如下。

1 打开素材文件，创建副本图层

打开随书光盘\素材\第10章\02.jpg素材文件，在“图层”面板中复制“背景”图层，得到“背景副本”图层。

2 选择工具

执行“滤镜>液化”菜单命令，在打开的“液化”对话框中选择“向前变形工具”，在右侧的“工具选项”中设置工具画笔属性。

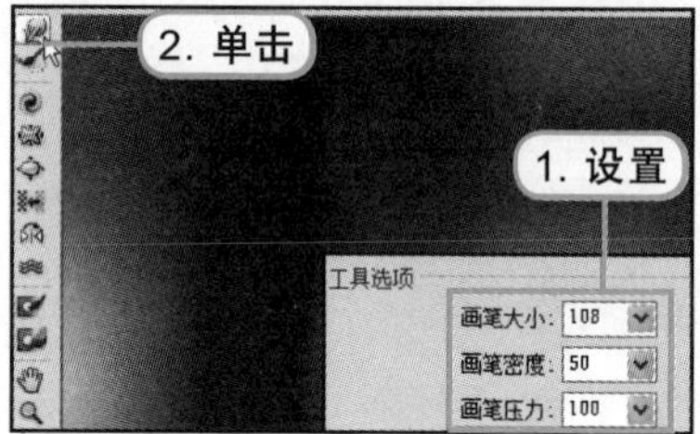

3 拖曳变形图像

使用设置后的“向前变形工具”在人物右边脸颊上单击并按住鼠标拖曳，画笔内的图像即向被拖曳方向产生变形，调整人物脸型。

4 进行脸型修复

继续使用“向前变形工具”在人物左边脸颊上拖曳，对脸颊进行变形，修复脸型的效果如下图所示。

5 膨胀图像

在对话框右侧的工具箱中选择“膨胀工具”，然后将鼠标移动到人物眼睛上单击，放大眼睛。

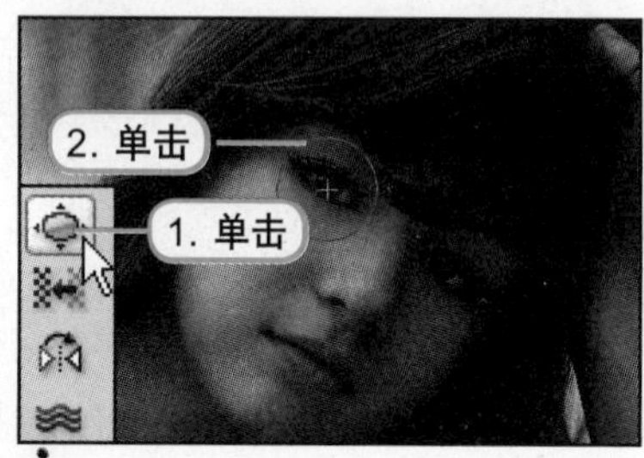

6 扭曲图像

选择“湍流工具”，使用该工具在人物头发上单击，可产生弯曲的效果，为人物调整出波浪式的头发。

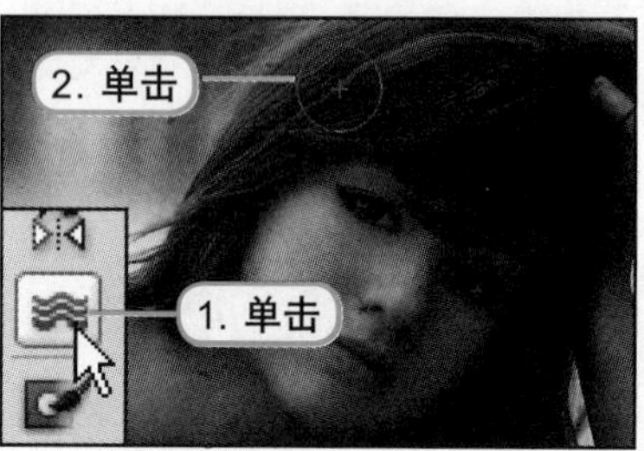

第10章

7 完成液化后的效果

编辑完成后，确认设置，回到图像窗口中，可查看到图像应用液化后的效果。

8 设置“色阶”参数

创建一个“色阶”调整图层，在打开的设置选项中，依次调整参数为26、1.63、215，为图像提高亮度。

10.2.2 “镜头校正”滤镜

利用“镜头校正”滤镜可以校正图像的拍摄角度，调整透视效果，边缘色差添加晕影等。对图像执行“滤镜>镜头校正”菜单命令后，在打开的“镜头校正”对话框中可使用“自动校正”或选择“自定”方式来进行设置。

1 打开素材文件，复制背景图层

打开随书光盘\素材\第10章\03.jpg素材文件，并复制背景图层。

2 执行菜单命令

执行“滤镜>镜头校正”菜单命令，打开“镜头校正”对话框，在对话框中选择“自定”方式。

3 设置选项参数

在打开的对话框中，选择“自定”方式，在打开的选项中设置“晕影”和“变换”选项参数。

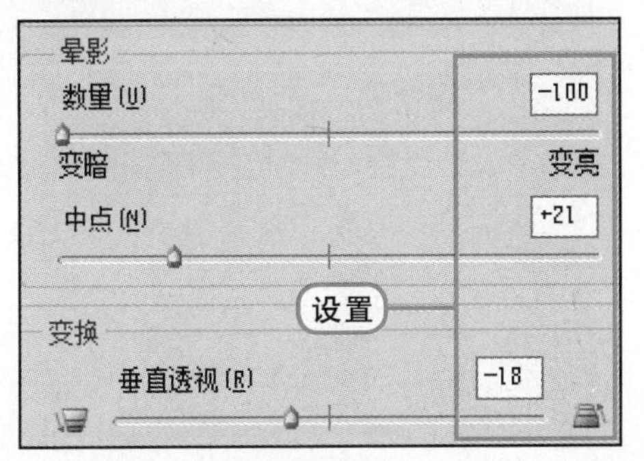

4 查看校正效果

确认设置后，回到图像窗口中，可看到图像调整了垂直方向的透视效果，并在边缘添加了黑色的晕影效果。

5 设置图层混合模式

在“图层”面板中，将“背景副本”图层拖曳到“创建新图层”按钮上，复制该图层，得到“背景副本2”图层。设置其图层混合模式为“叠加”，图层混合后，图像的对比度和亮度增强。

10.2.3 “消失点”滤镜

使用“消失点”滤镜命令可改变图像平面角度，进行透视校正编辑。在“消失点”对话框中，可从图像中指定平面，在这个平面中进行绘画、仿制、复制、粘贴以及变换等编辑操作，图像以创建的平面来自动调整透视角度，具体操作步骤如下。

1 打开素材文件

同时打开随书光盘\素材\第10章\04.jpg05.jpg两个素材文件。

2 全选图像

在05.jpg文件中，按Ctrl+A快捷键，全选图像，创建出选区，并按Ctrl+C快捷键，复制选区内容。

3 复制背景图层，执行菜单命令

切换到04.jpg文件中，复制一个背景图层，然后执行“滤镜>消失点”菜单命令，打开“消失点”对话框。

4 创建平面

在对话框中选择“创建平面工具”，在图像中的书面上沿页面边缘单击，创建一个四边的平面。

5 粘贴图像并拖曳

创建平面后，按Ctrl+V快捷键，粘贴前面复制的图像到对话框的编辑区域，然后使用鼠标将粘贴图像拖曳到创建的平面中，即看到图像自动调整到平面中，并更改了透视角度。

6 缩小变换

选择"变换工具"后，对图像进行缩小变换，调整到平面适合的大小，然后确认设置。

7 设置图层混合模式

在"图层"面板中更改背景副本图层的图层混合模式为"变暗"，图层混合后可看到在书页面上自然添加了图案效果。

10.3 其他滤镜

难 度 ★★★☆☆

在"滤镜"菜单的其他分类滤镜中，还有画笔描边、风格化、模糊、扭曲、锐化、像素化、艺术效果等13类滤镜组，每个滤镜组中都有相应的单个滤镜，可简单、快速地为图像创建出漂亮的艺术效果。

10.3.1 "风格化"滤镜组

风格化类滤镜能够在图像上应用质感或亮度，使图像中样式的参数变化，并能为图像模拟出风吹的效果。在"风格化"滤镜子菜单中包括查找边缘、等高线、风、浮雕效果等滤镜，应用这些滤镜的效果对比如下所示。

1. 原图像效果

打开随书光盘\素材\第10章\06.jpg素材文件，图像效果如下图所示。

2. "查找边缘"滤镜

选择"查找边缘"滤镜后，可查找到图像边缘，用深色线条效果表现，图像边线部分的颜色变化较大时以较粗线条显示。

3. "等高线"滤镜

执行"等高线"滤镜可将图像设置为线性图像，拉长图像边线部分，找到的颜色边缘用彩色线条表示，其他部分以白色表现。

4. "风"滤镜

执行"风"滤镜可以在图像上设置风吹过的效果，在"风"对话框中可选择风吹的方法和左右方向。

5. “浮雕效果”滤镜

执行“浮雕效果”滤镜命令可在图像上应用明暗，表现浮雕效果，图像的边线部分显示颜色，表现出立体感。

6. “扩散”滤镜

执行“扩散”滤镜命令可将图像的像素扩散显示，设置图像绘图溶解的艺术效果。

7. “拼贴”滤镜

执行“拼贴”滤镜命令可将图像分割成有规则的分块，从而形成拼图状的瓷砖效果，出现的空隙区域默认以背景颜色填充。

8. “曝光过度”滤镜

执行“曝光过度”滤镜命令可将图像中的正片和负片混合，把底片曝光并翻转图像的高光部分的效果。

9. “凸出”滤镜

执行“凸出”滤镜命令可让图像产生一个三维的立体效果，使图像按一定像素大小挤压出许多的矩形或金字塔形状的表面。

10. “照亮边缘”滤镜

执行“照亮边缘”滤镜命令可在图像的边缘轮廓上模拟出类似霓虹灯的发光效果。

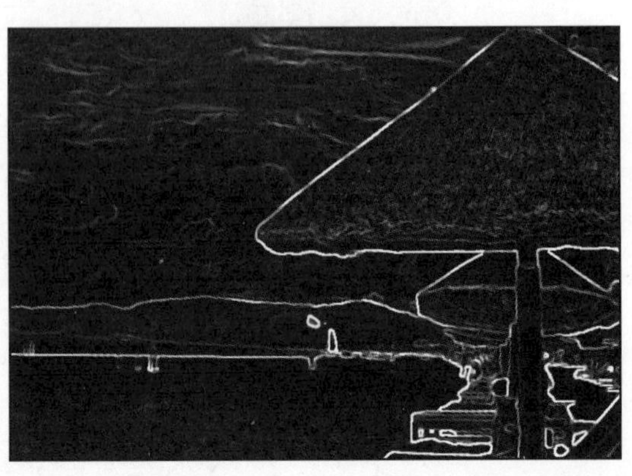

10.3.2 “画笔描边”滤镜组

利用“画笔描边”滤镜的下的8种滤镜命令，可通过模拟不同画笔或幽默笔刷来勾勒图像，产生多种绘画效果。这些滤镜可以在RGB模式和灰度模式的图像中应用，在CMYK颜色模式中不能应用，应用这些滤镜的效果对比如下。

1. 原图像效果

打开随书光盘\素材\第10章\07.jpg素材文件，图像效果如下图所示。

2. “成角的线条”滤镜

执行“成角的线条”滤镜命令，可根据一定方向的画笔表现油画效果，可制作出如油墨画笔在对角线上绘制的感觉。

3. “墨水轮廓”滤镜

执行“墨水轮廓”滤镜命令可在图像的轮廓上制作出钢笔勾画的效果，执行该命令，在“滤镜库”对话框中打开该滤镜的设置选项，可调整形成的墨水轮廓的长度和深度。

4. “喷溅”滤镜

执行“喷溅”滤镜命令使图像产生用喷枪在图像的边线上进行喷涂颗粒飞溅的效果。

5. “喷色描边”滤镜

执行“喷色描边”滤镜命令可产生更均匀的喷涂效果，还可以选择喷射的方向，产生倾斜的飞溅效果。

6. “强化的边缘”滤镜

执行“强化的边缘”滤镜命令可强调图像的边线，在边线部分绘制，形成颜色对比强烈的边缘效果。

7. “深色线条”滤镜

执行“深色线条”滤镜命令可利用图像的阴影设置不同的画笔长度，产生一种很强烈的黑色阴影效果，阴影用短线条表示，高光用长线条表示。

8. “烟灰墨”滤镜

执行“烟灰墨”滤镜命令可为图像设置木炭画或者墨水被宣纸吸收后晕染开的效果。

9. “阴影线”滤镜

执行“阴影线”滤镜命令可使图像产生用交叉网线描绘或雕刻的效果，产生一种网状的阴影，可利用选项设置线条长短和清晰度。

10.3.3 “模糊”滤镜组

“模糊”滤镜组中的各种滤镜命令可对图像进行柔和处理，将图像像素的边线设置为模糊状态，在图像上表现出速度感或晃动的感觉，也可以利用模糊命令将部分图像模糊突出显示部分图像。“模糊”滤镜中包括11种不同的滤镜命令，能产生不同的模糊效果，下面对其进行详细介绍。

1. 原图像效果

打开随书光盘\素材\第10章\08.jpg素材文件，图像的效果如下图所示。

2. “表面模糊”滤镜

执行“表面模糊”滤镜命令可将图像表面设置出模糊效果，利用“表面模糊”对话框对模糊的程度进行设置。

3. “动感模糊”滤镜

执行“动感模糊”滤镜命令可模拟拍摄运动物体时按一定角度模糊的效果，增强图像的运动感。

4. “方框模糊”滤镜

执行“方框模糊”滤镜命令可使模糊的区域以小方块的形式进行模糊。

5. “高斯模糊”滤镜

执行“高斯模糊”滤镜命令可使图像设置出难以辨认的雾化效果，可利用打开的“高斯模糊”对话框，通过“半径”选项来调节像素色值，控制模糊效果。参数越大，图像越模糊。

6. “进一步模糊”滤镜

执行“进一步模糊”滤镜命令可对图像进行强烈的柔化处理，如下图所示为多次应用“模糊”滤镜的效果，其模糊强度更大。

7. “径向模糊”滤镜

“径向模糊”滤镜命令可模拟摄影时旋转相机或聚焦、变焦的效果，从而将图像以基准点为中心旋转或放大。

8. “镜头模糊”滤镜

执行“镜头模糊”滤镜命令可表现类似使用相机镜头的模糊效果，可设置不同的焦点位置。

9. “平均”滤镜

执行“平均”滤镜命令可根据图像中颜色最多的颜色进行模糊处理，使模糊后的图像呈现单一的颜色，如下图所示。

11. “形状模糊”滤镜

执行“形状模糊”滤镜命令可以选择一种形状模糊图像，在“形状模糊”对话框中可选择Photoshop CS5提供的所有预设自定形状。

10. “特殊模糊”滤镜

执行“特殊模糊”滤镜命令可设置不同的色彩范围为图像添加模糊效果，同时保持图像边缘的清晰效果。

10.3.4 “扭曲”滤镜组

通过“扭曲”滤镜组中的滤镜可移动、扩展或缩小构成图像的像素，将原图像变为各种形态，如玻璃、水纹、球面化等。“扭曲”滤镜组中提供了12种不同的扭曲滤镜，应用这些滤镜的效果对比如下。

1. 原图像效果

打开随书光盘\素材\第10章\09.jpg素材文件，原图像效果如下图所示。

3. “波纹”滤镜

执行“波纹”滤镜命令同样可使图像产生波纹起伏的效果，与“波浪”滤镜所不同的是，“波纹”滤镜产生的效果较柔和。

2. “波浪”滤镜

执行“波浪”滤镜命令可在图像中产生强烈波纹起伏的波浪效果。

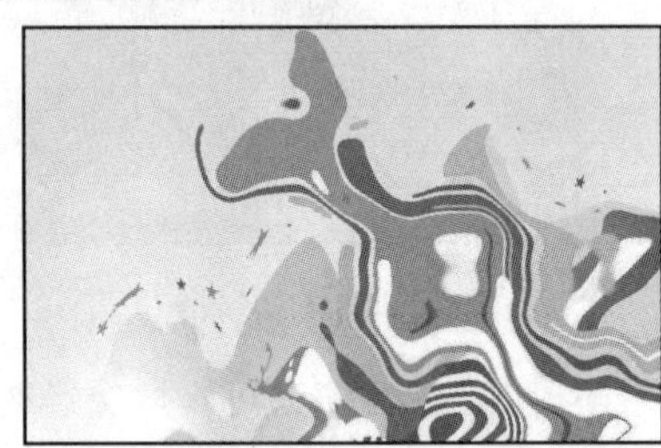

4. “玻璃”滤镜

执行“玻璃”滤镜命令可使图像表面产生一种透过具有质感的玻璃看到的效果，还可选择4种不同的玻璃纹理效果。

5. “海洋波纹”滤镜

执行“海洋波纹”滤镜命令可使图像产生一层海洋波纹的效果，像透过水面看图像一样。利用设置选项可控制图像产生波纹的大小和强度，参数越大，海浪效果越显著。

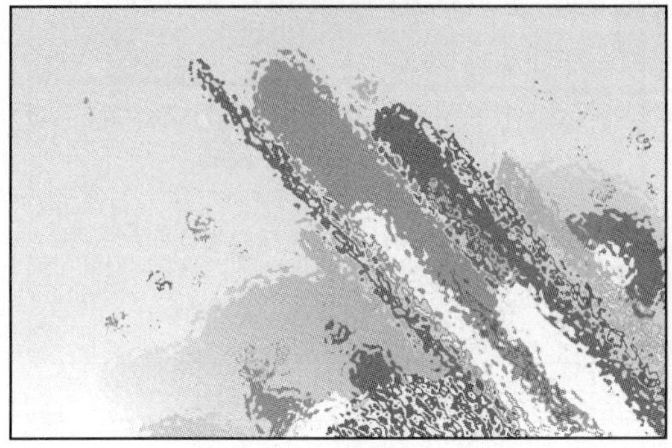

6. “极坐标”滤镜

执行“极坐标”滤镜命令可以使图像产生由四周向中间折回或者由中间向四周扩散的图像效果，从而使图像变形。

7. “挤压”滤镜

执行“挤压”滤镜命令可使图形的中心为基准，把图像挤压变形，按凹透镜或凸透镜的形式扭曲图像，从而产生收缩效果。

8. “扩散亮光”滤镜

执行“扩散亮光”滤镜命令可在图像中加入白色的光点，形成光芒四射的效果，并利用选项设置控制图像产生的白色光点数量和发光强度。

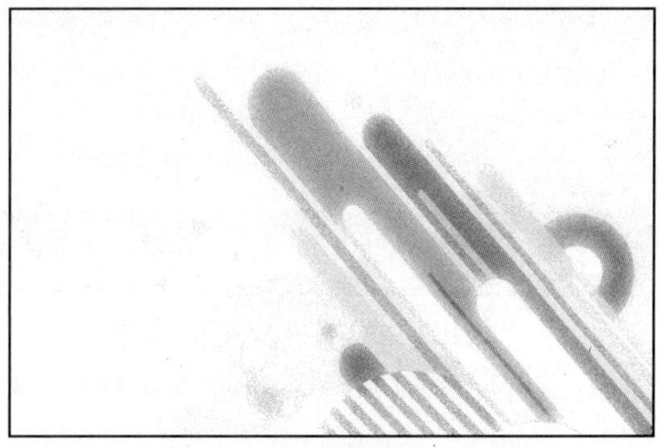

9. “切变”滤镜

执行“切变”滤镜命令可根据变形曲线产生弯曲的效果，在该滤镜设置选项中的曲线上添加调整弯曲形态。

10. “球面化”滤镜

执行“球面化”滤镜命令可通过立体球形的镜头形态扭曲图像，形成一种立体化效果，还可以在垂直、水平方向中进行变形。

11. “水波”滤镜

执行“水波”滤镜命令可设置图像如同水面出现同心圆似的水波涟漪的效果。

12. “旋转扭曲”滤镜

执行“旋转扭曲”滤镜命令可使图像产生旋转的效果，图像中心旋转比边缘旋转的强度大。

13. “置换”滤镜

执行“置换”滤镜命令可用另一幅psd格式图像中的颜色和形状改变当前图像的形态。

10.3.5 “锐化”滤镜组

使用“锐化”滤镜组中的滤镜可通过增加相邻像素的对比度，使模糊的图像的轮廓变得更加清晰、提高像素之间的颜色对比度。“锐化”滤镜中包括5种锐化命令，应用这些滤镜的效果对比如下。

1. 原图像效果

打开随书光盘\素材\第10章\10.jpg素材文件，原图像效果如下图所示。

2. “USM锐化”滤镜

执行“USM锐化”滤镜命令可以调整图像的对比度，对图像具有明显反差的边缘进行锐化处理。

3. “进一步锐化”滤镜

执行“进一步锐化”滤镜命令可进一步提高图像的颜色对比，使画面更清晰。

4. “锐化”滤镜

执行“锐化”滤镜命令，应用在模糊的图像上，可将图像变得鲜艳、清晰。

5. “锐化边缘”滤镜

执行“锐化边缘”滤镜命令可强调图像的边缘部分，勾勒图像的边缘，使其更突出。

6. “智能锐化”滤镜

执行“智能锐化”滤镜命令不仅能够更精确地设置阴影和高光的锐化效果，还可以在锐化图像的同时移去图像中多种模糊效果。

10.3.6 “素描”滤镜组

使用“素描”滤镜可以通过钢笔、木炭等绘画工具设置图像的草图效果，也可以调整画笔的粗细或对前景、背景色进行设置，得到丰富的模拟素描的绘画效果。“素描”滤镜中提供了14种不同的滤镜命令，应用这些滤镜的效果对比如下。

1. 原图像效果

打开随书光盘\素材\第10章\11.jpg素材文件，原图像效果如下图所示。

2. “半调图案”滤镜

执行“半调图案”滤镜命令可将图像制作成中间色网点的打印效果，以前景色、背景色控制颜色。

3. “便条纸”滤镜

执行“便条纸”滤镜命令可在图像上表现浮雕和仿木纹效果，前景色用于表现阴影部分，背景色用于表现图像的高光部分，这里以默认的黑白前景、背景颜色设置完成的图像效果如下图所示。

4. “粉笔和炭笔”滤镜

执行“粉笔和炭笔”滤镜命令可将图像制作出使用粉笔或木炭绘制出的绘画效果。

5. “铬黄”滤镜

执行“铬黄”滤镜命令可在图像上表现出金属合金的感觉，使图像中的高光部分向外凸，而阴影部分向内凹。

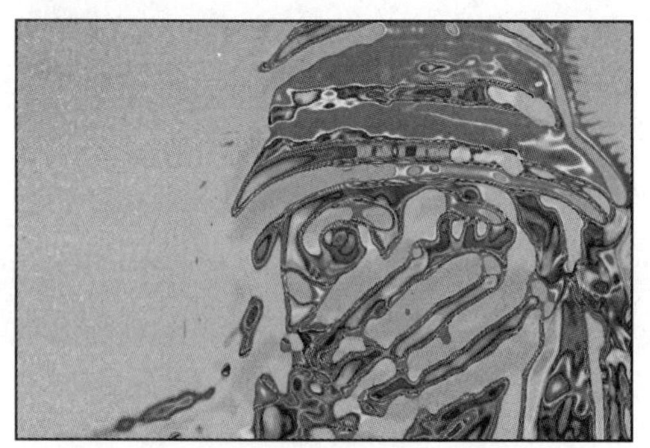

6. “绘画笔”滤镜

执行“绘画笔”滤镜命令可表现细钢笔草图的效果，以前景色表现图像的高光部分，背景色表现图像的阴影部分。

7. “基底凸现”滤镜

执行“基底凸现”滤镜命令可在图像上设置雕刻效果，以清晰的立体图案表现出雕刻成壁画的效果。

8. “石膏效果”滤镜

执行“石膏效果”滤镜命令可将图像表现为石膏画像效果，以前景色表现边缘轮廓。

9. “水彩画纸”滤镜

执行“水彩画纸”滤镜命令可设置图像如墨水在画纸上晕染开的效果。

10. “撕边”滤镜

执行“撕边”滤镜命令可在图像上的边线部分表现出纸张撕裂的效果。

11. “炭笔”滤镜

执行“炭笔”滤镜命令可将图像表现为用木炭绘制的效果，以背景色设置为纸的效果，前景色设置为木炭颜色。

12. “炭精笔”滤镜

执行“炭精笔”滤镜命令可利用前景色和背景色将图像表现出蜡笔质感的绘画效果。

13. “图章”滤镜

执行“图章”滤镜命令可将图像表现为橡胶图章的效果，设置出强对比度的单色图像效果。

14. “网状”滤镜

执行“网状”滤镜命令可在图像上表现出网点效果，前景色用于表现颜色，背景色用于表现网点颜色，可设置网点的密度和大小。

15. “影印”滤镜

执行“影印”滤镜命令可将图像表现为使用复印机复印后的效果，可设置图像细节部分的细腻程度和阴影部分的范围。

10.3.7 “纹理”滤镜组

“纹理”滤镜组中包含了龟裂缝、马赛克拼贴、颗粒和染色玻璃等6种滤镜命令，可对图像添加不同质感，设置出裂纹、马赛克、颗粒等不同的纹理效果。应用这些滤镜的效果对比如下图所示。

1. 原图像效果

打开随书光盘\素材\第10章\12.jpg素材文件，原图像效果如下图所示。

2. “龟裂缝”滤镜

执行“龟裂纹”滤镜命令可设置壁画质感的带有龟裂材质的图像效果。

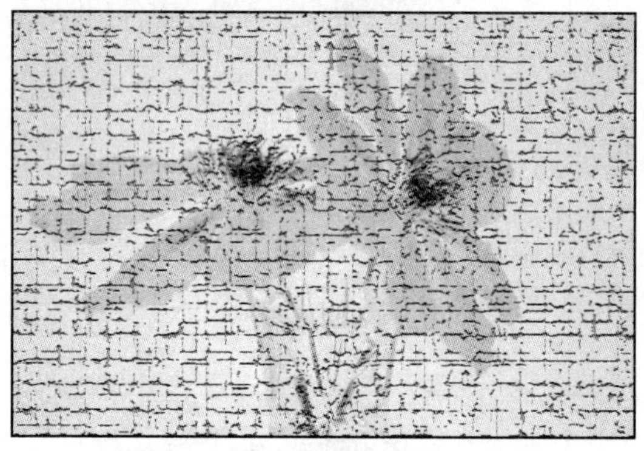

3. “颗粒”滤镜

执行“颗粒”滤镜命令可在图像上添加上杂点效果，利用选项可选择提供的10种形态各异的杂点效果。

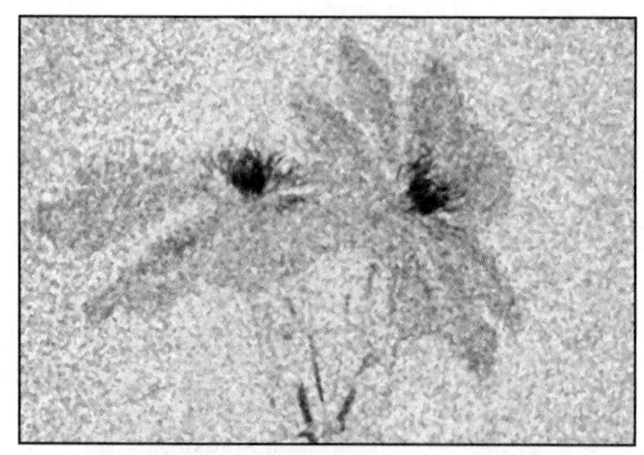

4. “马赛克拼贴”滤镜

执行“马赛克拼贴”滤镜命令可将图像表现为马赛克形态的瓷砖效果。

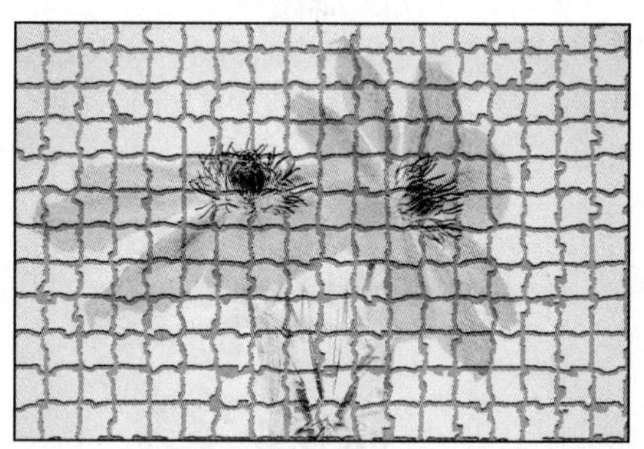

5. “纹理化”滤镜

执行“纹理化”滤镜命令可在图像上添加不同的纹理质感，在提供的设置选项中提供了“砖型”、“粗麻布”、“画布”和“砂岩”4种类型的纹理，并可为参数的纹理设置光照的角度，调整纹理产生的方向。

6. “拼缀图”滤镜

执行“拼缀图”滤镜命令可将图像表现为众多规则排列的矩形方格的纹理效果。

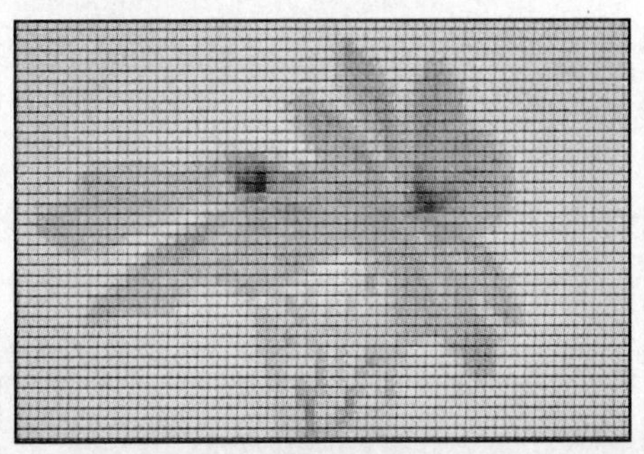

7. “染色玻璃”滤镜

执行“染色玻璃”滤镜命令可在图像上表现出镶嵌了彩色玻璃的效果。

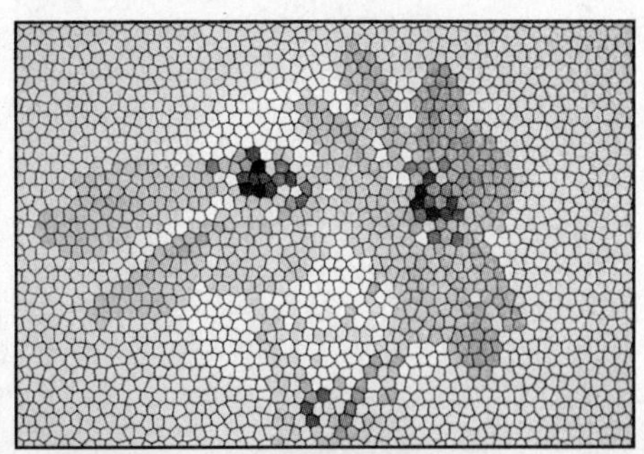

10.3.8 “像素化”滤镜组

利用“像素化”滤镜组可将图像中的像素进行变形重新构成，使图像看起来像是由众多的小像素块组成，一般用于在图像上显示网点或者表现铜版画效果。该滤镜组中提供了7种不同的滤镜命令，应用这些滤镜的效果对比如下。

1. 原图像效果

打开随书光盘\素材\第10章\13.jpg素材文件，原图像效果如下图所示。

2. “彩块化”滤镜

执行“彩块化”滤镜命令可将图像的颜色简单化，可取消图像边缘锯齿部分，表现柔和的图像。

3. “彩色半调”滤镜

执行“彩色半调”滤镜命令可设置图像的网点效果，表现放大显示彩色印刷品时的效果。

4. “点状化”滤镜

执行“点状化”滤镜命令可在去掉图像边线的状态下，以单元格为基准，表现具有绘画感觉的图像。

5. “晶格化”滤镜

执行“晶格化”滤镜命令可将图像像素设置为多边形形态的格子拼贴效果。

6. “马赛克”滤镜

执行“马赛克”滤镜命令可将图像表现为马赛克一样的矩形形态。

7. “碎片”滤镜

执行“碎片”滤镜可制作出拍照时相机晃动后的图像效果。

8. “铜版雕刻”滤镜

执行“铜版雕刻”滤镜可将图像模仿铜版画的效果，设置强烈饱和度和画笔效果。

10.3.9 “渲染”滤镜组

“渲染”滤镜组中的命令包括“分成云彩”、“光照效果”、“镜头光影”等5种滤镜效果，主要用于使图像产生不同程度的三维造型效果、光线照射效果或给图像添加特殊的光线，应用这些滤镜的效果对比如下。

1. 原图像效果

打开随书光盘\素材\第10章\14.jpg素材文件，原图像效果如下图所示。

2. “分层云彩”滤镜

执行“分层云彩”滤镜命令可在图像中对原有像素进行差异运算，表现出云彩效果。

3. “光照效果”滤镜

执行“光照效果”滤镜命令可在图像上产生不同光源、光类型以及不同光特性形成的光照效果。

4. “镜头光晕”滤镜

执行“镜头光晕”滤镜命令可模仿相机逆光拍摄时生成的镜头眩光效果。

5. “纤维”滤镜

执行“纤维”滤镜命令是以前景色和背景颜色在图像中表现纤维材质。

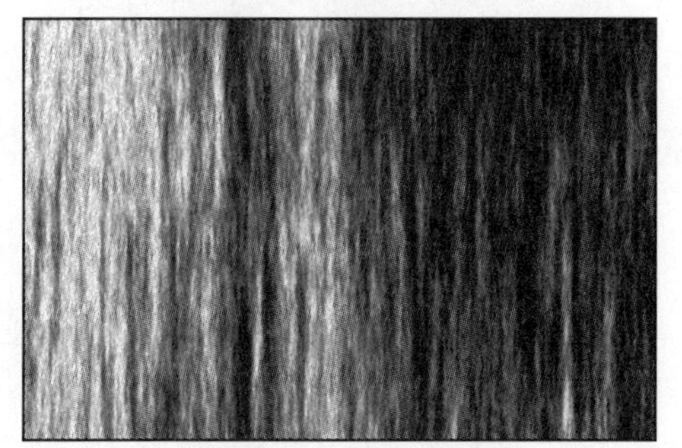

6. “云彩”滤镜

执行“云彩”滤镜命令也是利用前景色和背景色制作出云彩形态的图像。

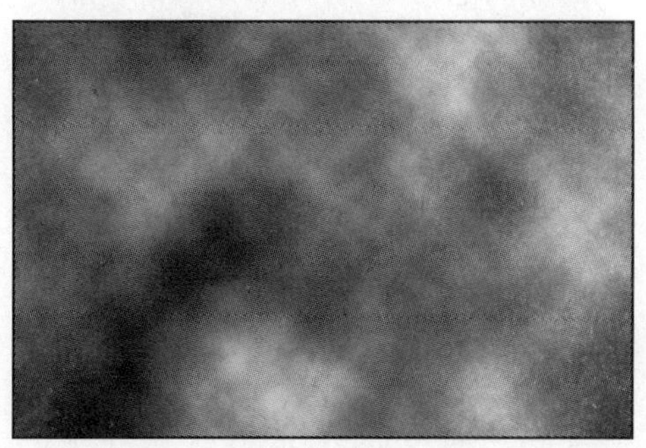

10.3.10 “艺术效果”滤镜组

利用“艺术效果”类滤镜组可为图像添加具有艺术特色的绘画效果，模拟出壁画、水彩、彩色铅笔、蜡笔、干画笔等15种不同的艺术效果，应用这些滤镜的效果对比如下。

1. 原图像效果

打开随书光盘\素材\第10章\15.jpg素材文件，原图像效果如下图所示。

2. “壁画”滤镜

执行“壁画”滤镜命令可将图像设置出中世纪仿旧的壁画效果，图像轮廓以浓重的墨色表现。

3. “彩色铅笔”滤镜

执行“彩色铅笔”滤镜命令可制作出彩色铅笔绘制的图像效果，以前景色为纸质颜色，原图上的颜色为基准，确定彩色铅笔的颜色。

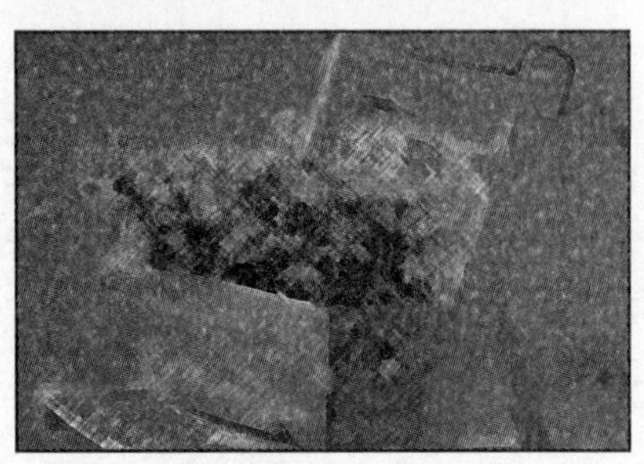

4. “粗糙蜡笔”滤镜

执行“粗糙蜡笔”滤镜可制作出蜡笔绘制的图像效果，并可利用设置选项中的纹理添加上不同的纹理纸质效果。

5. “底纹效果”滤镜

执行“底纹效果”滤镜命令可在带纹理的背景上绘制图像，然后将最终图像绘制到该图像上，产生带质感纹理的绘画效果。

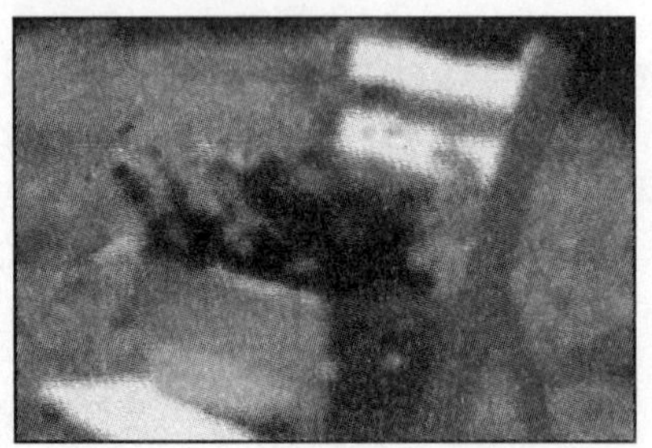

6. “调色刀”滤镜

执行“调色刀”滤镜命令将图像制作出如同使用油画刀绘制的效果，表现出墨水洇开的绘画感觉。

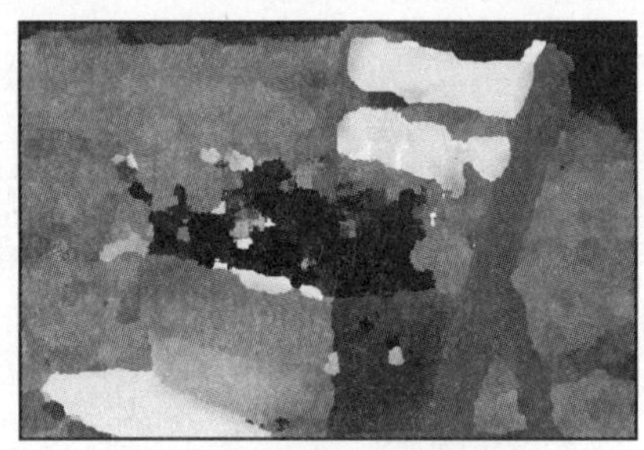

7. “干画笔”滤镜

执行“干画笔”滤镜命令可设置出具有画笔涂抹的绘画效果，在设置选项中可调整绘制的粗糙程度和细节表现，同时还提供有纹理设置。

8. “海报边缘”滤镜

执行“海报边缘”滤镜命令可在图像的阴影部分上设置黑色轮廓，表现海报的感觉，突出图像轮廓的显示。

9. “海绵”滤镜

执行“海绵”滤镜命令可模拟用湿海绵轻抚画面后的水迹效果，在图像上添加斑驳的纹理，通过设置可控制纹理的大小和强度。

10. “绘画涂抹”滤镜

执行“绘画涂抹”滤镜命令可将图像效果模拟出6种不同类型画笔绘画涂抹的图像效果。

11. “胶片颗粒”滤镜

执行“胶片颗粒”滤镜命令可在图像上添加分散的杂点效果，表现出胶片或老照片的效果。

12. “木刻”滤镜

执行“木刻”滤镜命令可将图像处理的效果看起来像修剪的彩纸图，产生剪纸、木刻的效果，清楚地显示图像的颜色变化。

13. “霓虹灯光”滤镜

执行“霓虹灯光”滤镜命令可在图像上产生相当彩色氖光灯照射画面后的霓虹效果，制作出以前景色显示图像高光的霓虹灯效果图像。

14. “水彩”滤镜

执行“水彩”滤镜命令可用较深的颜色表现图像变线部分，其他图像以色块表现水彩画的效果。

15. “塑料包装”滤镜

执行“塑料包装”滤镜命令可产生在图像上蒙上一层塑料薄膜的质感强烈的效果。

16. “涂抹棒”滤镜

执行“涂抹棒”滤镜命令可利用画笔表现出涂抹画的效果，常在制作颜色较暗的图像时使用。

10.3.11 “杂色”滤镜组

使用“杂色”滤镜可以在图像上添加杂点，也可删除图像因为扫描或其他因素产生的杂点。在对图像进行打印输出时，常会用到这组滤镜，应用该组滤镜的效果对比如下。

1. 原图像效果

打开随书光盘\素材\第10章\16.jpg素材文件，原图像效果如下图所示。

2. “减少杂色”滤镜

利用“减少杂色”滤镜可以淡化或者删除图像中的杂色，并可调整各个通道细致的减少杂色。

3. “蒙尘与划痕”滤镜

利用“蒙尘与划痕”滤镜可找出图像中的尘土、瑕疵，使其融入到周围像素中，变得更柔和。

4. “去斑”滤镜

执行“去斑”滤镜命令可用于查找图像中颜色对比强烈的范围，去掉图像杂色，让画面更清晰。

5. “添加杂色”滤镜

利用“添加杂色”滤镜可在图像上生成杂点，表现出陈旧的感觉，利用设置选项，可调整杂点的数量和颜色。

6. “中间值”滤镜

利用“中间值”滤镜可删除图像中的杂点，通过平均值应用周围颜色，去掉杂色。设置的半径越大，边缘越柔和。

10.3.12 "其他"滤镜组

"其他"滤镜组主要用于改变构成图像的像素排列，在该滤镜组中包括"高反差保留"、"位移"、"最大值"、"最小值"以及"自定"这5个滤镜命令，应用该组滤镜的效果对比如下。

1. 原图像效果

打开随书光盘\素材\第10章\17.jpg素材文件，原图像效果如下图所示。

2. "高反差保留"滤镜

利用"高反差保留"滤镜可调整图像的亮度，降低阴影部分的饱和度。

3. "位移"滤镜

利用"位移"滤镜可将图像以水平或垂直方向产生位移效果，利用选项中的水平和垂直选项来调整位移的像素多少，还可调整位移区域的填充。

4. "自定"滤镜

利用"自定"滤镜可通过数学运算在图像上产生变化，可在25个区域上应用多种自定效果。

5. "最大值"滤镜

执行"最大值"滤镜命令可用高光颜色的像素代替图像的边线部分。

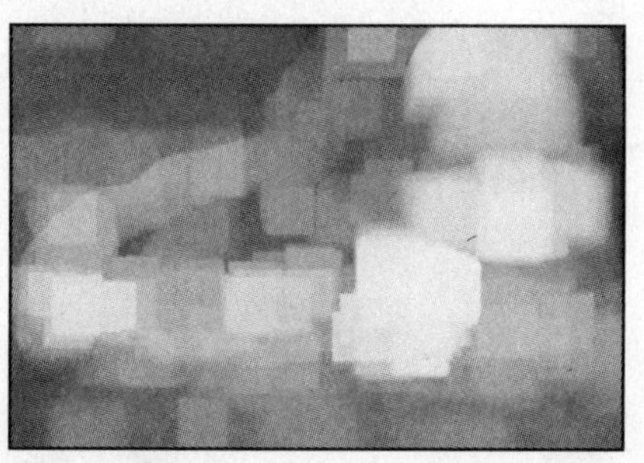

6. "最小值"滤镜

执行"最小值"滤镜命令可用阴影颜色的像素代替图像的边线部分，其产生效果与"最大值"滤镜相反，在设置选项中输入的数值越大，阴影区域越多，图像越暗。

新手提问 123

问题1 如何控制“液化”图像中的应用区域？

答 在使用“液化”对话框对图像进行液化变形中，使用工具对图像单击或拖曳时常会影响到周围的像素，这时可应用冻结蒙版，将不需要变形的区域用蒙版保护。选择“冻结蒙版工具”在变形区域边缘上涂抹，就会出现红色变透明蒙版，如左下图所示。使用其他的液化工具进行变形处理时，蒙版区域内图像不受到影响，如中下图所示，不需要蒙版时，利用“解冻蒙版工具”在蒙版上涂抹就可去除蒙版，如右下图所示。

问题2 “消失点”滤镜的透视原理是什么？

答 使用“消失点”滤镜进行操作时会自动应用透视，将图像按照透视的比例和角度自定计算，自动适应图像的修改。在进行透视修改时，需要根据创建的平面形态来进行透视计算，如下图所示，左右两幅图展示了不同平面形态下的图像不同透视效果。

问题3 如何调整“光照效果”中的光照方向？

答 在使用“光照效果”滤镜时，可以选择光照的类型、光照强度等，在调整光照方向时就需要在“光照效果”对话框左侧的预览框中使用鼠标调整光照的方向。如左下图所示为“光照效果”对话框中默认的光照效果预览。使用鼠标在圆形边缘带有直线的点上单击并拖曳，可调整光照的方向，如中下图所示，使用鼠标在圆形两侧拖曳点，可放大或缩小光照的范围，如右下图所示。

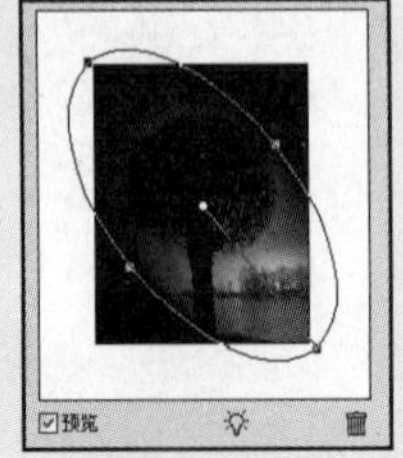

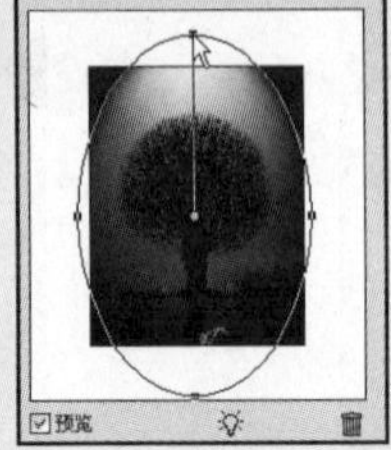

第11章

在Photoshop CS5中，如果需要同时对大量图像进行相同的操作处理时，一张一张地处理是非常浪费时间和精力的，这就可利用Photoshop CS5中的动作和批处理功能，只需设定一个工作过程就可对多个图像自动进行相同的操作。动作的应用是通过“动作”面板来完成，文件的批量处理是利用“批处理”命令进行设置。

动作和文件的批处理

参见随书光盘

■ 第11章　动作和文件的批处理

11.1.2　预设动作.swf
11.1.3　创建新组和动作.swf
11.1.4　记录动作.swf
11.1.5　编辑动作.swf
11.2.1　使用“批处理”命令.swf
11.2.2　创建快捷批处理.swf
11.2.3　合并到HDR Pro.swf
11.2.4　使用Photomerge命令.swf
11.3.1　图像处理器.swf
11.3.2　图层复合导出为新文件.swf
11.3.3　将图层导出到文件.swf

难 度 ★★☆☆☆

11.1 动作的基础知识

在Photoshop CS5中的“动作”面板中列明了软件预设的多个动作，单击选中一个动作后可将其应用到图像中，也可利用面板进行创建新动作、记录动作、编辑动作等操作。

11.1.1 认识“动作”面板

执行“窗口>动作”菜单命令，即可打开“动作”面板，在面板中显示了Photoshop CS5中预设的“默认动作”，利用面板下方的按钮就可将选中的动作在图像中进行播放应用、删除选中动作、新建动作等，下面就来详细介绍“动作”面板。

❶ 切换项目开/关：设置动作或动作中的命令是否被跳过，勾选的情况下表示此命令运用正常，取消勾选表示该命令被跳过。

❷ 切换对话开/关：设置动作在运用的过程中是否带参数对话框的命令，显示该图标就表示运用时所有的命令均带有对话框。

❸ 组：组名称，单击组左侧的下三角按钮，即可展开或收拢该组中的动作。

❹ 默认动作组：显示了Photoshop CS5中默认的动作组中的所有动作。

❺ 快速按钮区：单击此区域内的按钮，可以停止播放/记录、开始记录、播放选定的动作、创建新组、创建新动作、删除。

11.1.2 预设动作

在Photoshop CS5的“动作”面板中提供了多种预设的动作命令，使用这些命令可快速制作各种不同的图像特效、文字特效、纹理特效等。除了“默认动作”组中的动作外，在面板的快捷菜单中可添加画框、图像效果、流星等其他动作。用户可以从选择的文件中播放动作或预设动作的某个特定的命令，自动将动作效果应用到图像中，具体操作步骤如下。

第11章

1 打开素材文件

执行“文件>打开”命令，打开随书光盘\素材\第11章\01.jpg素材文件。

2 添加动作组

打开“动作”面板，单击面板右上角的扩展按钮，在打开的快捷菜单中单击选择“画框”选项。

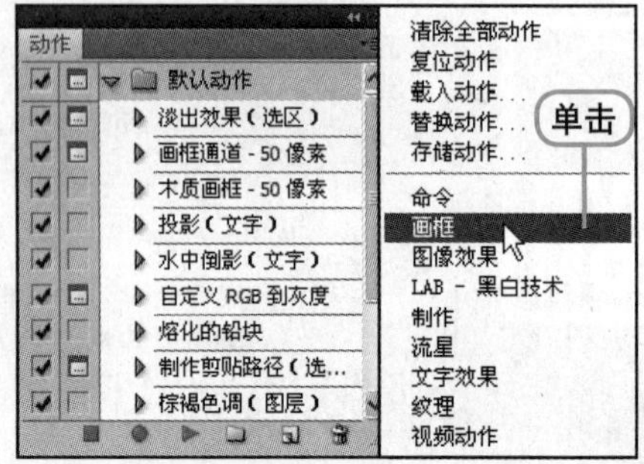

3 选择动作并播放

在“动作”面板中可看到添加的“画框”动作组，单击选择“波形画框”动作名称后，在面板下方单击“播放选定动作”按钮▶。

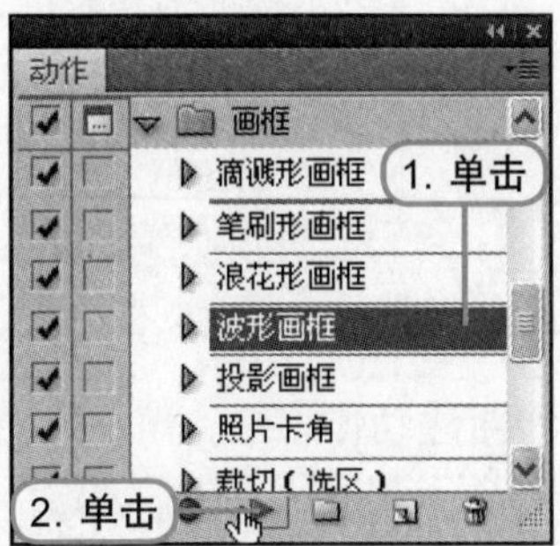

4 查看播放动作后的画框效果

单击按钮后，就可看到图像窗口中自动播放“波形画框”的一系列操作过程，播放完成后就在图像边缘添加了波形的画框效果。

5 选中动作并播放

继续在“动作”面板中单击选择“照片卡角”动作，然后同样单击“播放选定动作”按钮▶。

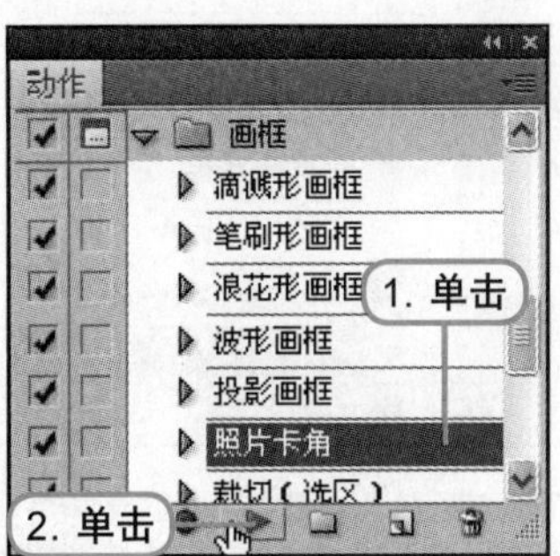

6 查看应用动作效果

在图像窗口中可看到图像继续播放选择的画框创建步骤，播放完成后可看到图像创建的画框效果。

11.1.3 创建新组和动作

在Photoshop CS5中，所有的动作均被存放于动作组中。在未创建动作组的情况下，创建动作时该动作就当自动保存到系统自带的“默认动作”组中。在“动作”面板中单击下方的“创建新组”按钮和“创建新动作”按钮，即可在面板中创建新的动作组和动作，具体操作步骤如下。

1 单击按钮

打开“动作”面板，在面板下方单击“创建新组”按钮。

2 设置新建组名称

在打开的“新建组”对话框中，在文本框内输新建组的名称，单击“确定”即可。

3 单击按钮，打开对话框

确认“新建组”后，在“动作”面板中可看到新建的“组1”组，然后单击“创建新动作”按钮，打开“新建动作”对话框。

4 “新建动作”选项设置

在“新建动作”对话框中，利用“名称”选项设置动作的名称，选择“组”为新建的“组1”，然后单击“记录”按钮。

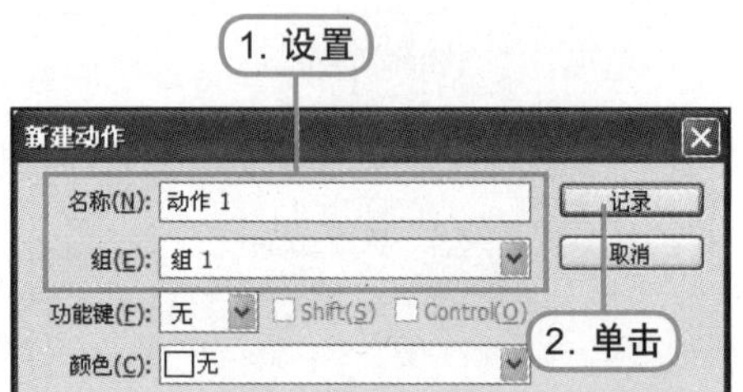

5 查看新建动作

在“动作”面板中可看到在“组1”下新建了“动作1”，并自动启用“开始记录”按钮，即可在“动作1”中记录下操作步骤，存储为一个新的动作。

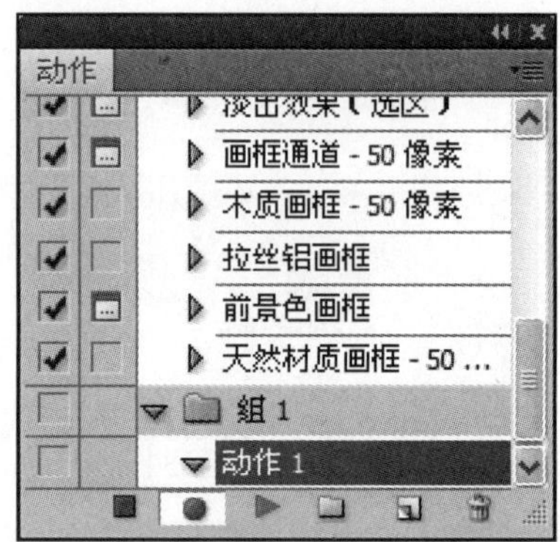

11.1.4 记录动作

在Photoshop CS5中，利用“动作”面板可记录下对图像的操作步骤，存储为一个新的动作，可重复地为多个图像应用相同的操作步骤。当利用“新建动作”对话框设置新建动作的名称、组等选项后，单击“记录”按钮，面板中的“开始记录”按钮变为红色，开始启用，随后对图像的操作就会一步一步记录到动作中。操作完后单击“停止播放/记录”按钮，完成动作的记录，具体操作步骤如下。

1 打开素材文件

执行“文件>打开”命令，打开随书光盘\素材\第11章\02.jpg素材文件。

2 设置“新建动作”选项

在“动作”面板中单击“创建新动作”按钮，打开“新建动作”对话框，设置动作名称为“绘画效果”，然后单击“记录”按钮。

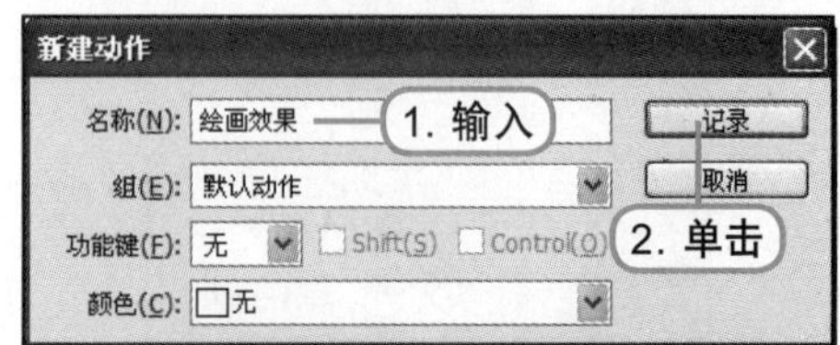

3 查看新建动作

在"动作"面板中可看到已在"默认动作"组下新建了一个名称为"绘画效果"动作，"开始记录"按钮被启用。

4 创建副本图层

在"图层"面板中复制一个"背景"图层，得到"背景副本"图层。

5 设置"干画笔"滤镜参数

对复制图层中图像执行"滤镜>艺术效果>干画笔"菜单命令，在打开的对话框中对"干画笔"选项参数进行设置，如下图所示，然后单击"确定"按钮，关闭对话框。

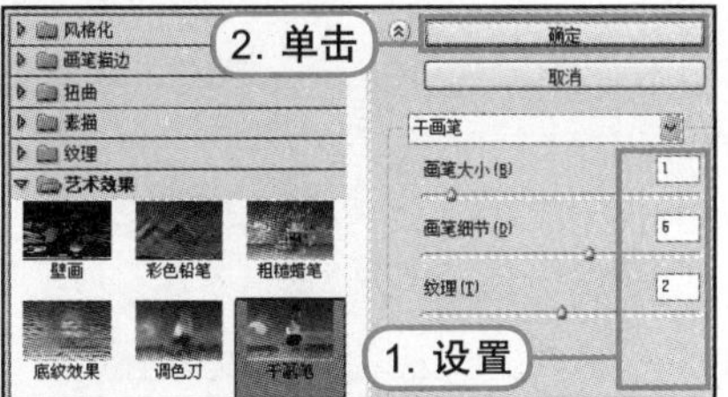

6 查看应用"干画笔"滤镜的效果

确认"干画笔"滤镜设置后，在图像窗口中可看到图像应用滤镜后添加了画笔纹理的效果。

7 设置"绘画涂抹"滤镜

继续对图像执行"滤镜>艺术效果>绘画涂抹"菜单命令，在打开的对话框中对"绘画涂抹"选项进行设置，如下图所示。

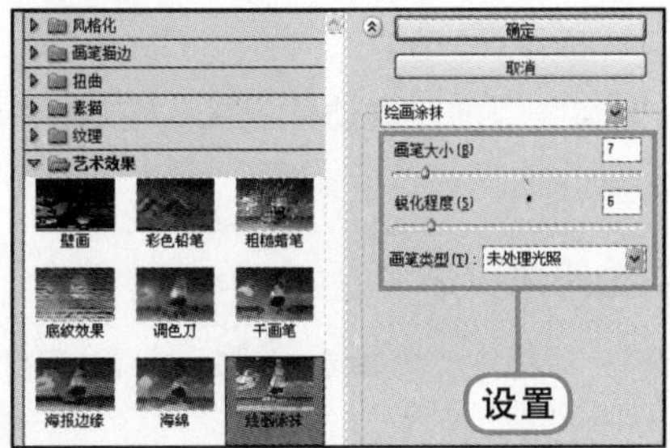

8 图像应用绘画涂抹后的效果

确认了滤镜设置后，在图像窗口中可看到图像应用"绘画涂抹"后的效果，如下图所示。

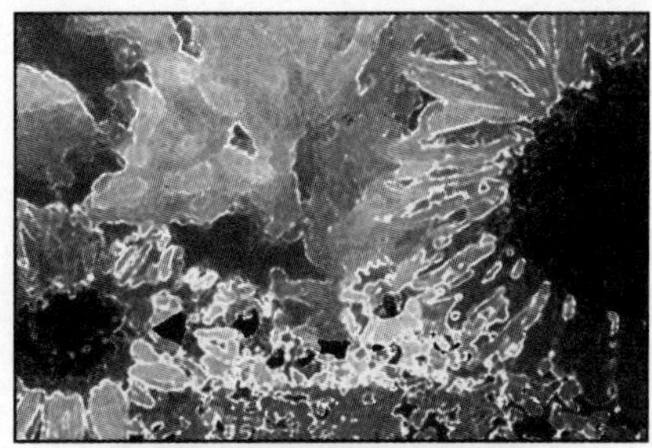

9 停止记录

在"动作"面板中单击"停止播放/记录"按钮，停止记录，可看到在"绘画效果"动作下将前面的所有操作步骤记录了下来。

10 打开素材文件

再次执行“文件>打开”命令，打开随书光盘\素材\第11章\03.jpg素材文件。

11 播放动作

在“动作”面板中选中新建的“绘画效果”动作后，单击“播放动作”按钮。

12 查看应用动作后的效果

在图像中可看到自动播放选中的动作，完成播放后，可看到图像应用动作的效果。

13 查看历史记录

在“历史记录”面板中可看记录的播放动作的所有操作步骤，如下图所示。

11.1.5 编辑动作

使用“动作”面板不仅可以在图像上应用各种动作，快速为图像设置各种效果，而且可以对动作进行编辑，如在动作中添加步骤、设置动作的播放速度、复制动作等，具体操作步骤如下。

1. 在预设动作中添加新的步骤

在“动作”面板中选择预设的动作后，可在该动作的记录中添加新的动作记录。方法是在动作记录下选择一个记录，然后单击“开始记录”按钮，即可添加新的操作步骤记录。

第11章

1 打开素材文件

执行“文件>打开”命令，打开随书光盘\素材\第11章\04.jpg素材文件。

2 选择菜单命令

在“动作”面板右上角单击“扩展”按钮，在打开菜单中选择“纹理”选项。

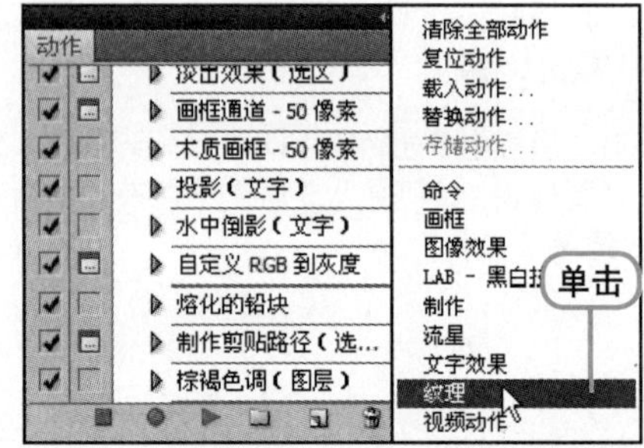

3 选择动作并播放

在"动作"面板中可看到添加了"纹理"动作组，在展开的动作组中单击选中"砖墙"动作后，单击下方的"播放选定动作"按钮，在图像窗口中开始播放动作。

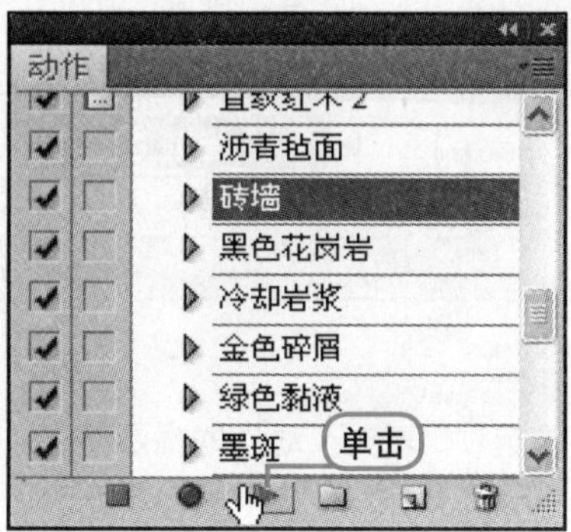

4 应用动作后的图像效果

播放完成后，在图像窗口中就可看到自动创建的砖墙纹理效果。

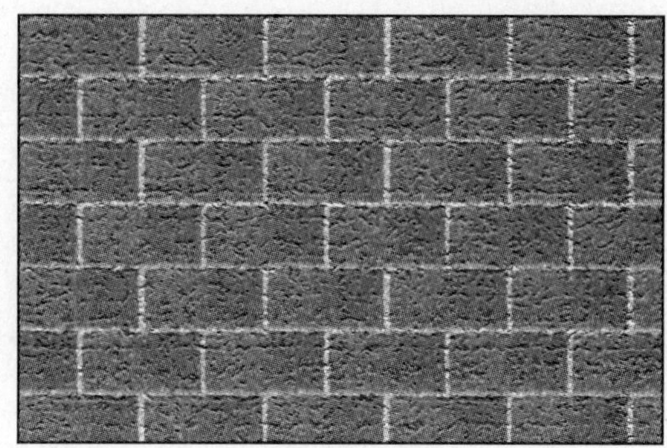

5 开始记录

在"砖墙"动作前单击右三角按钮，展开该动作下的所有记录，在最后的"添加杂色"动作上单击，然后单击"开始记录"按钮。

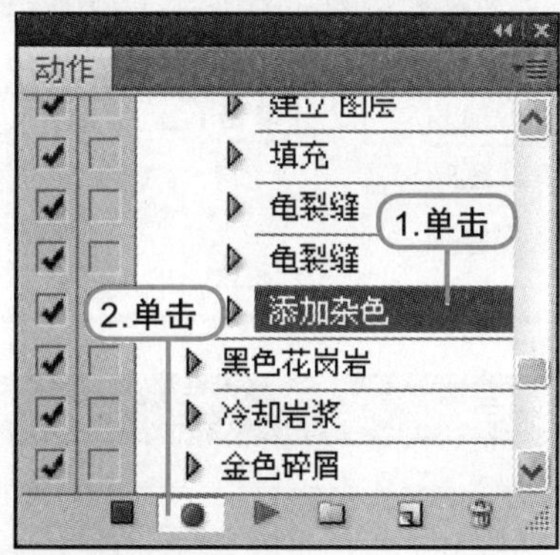

6 复制图层并调整图层顺序

在"图层"面板中复制"背景"图层，得到"背景副本"图层，然后按Ctrl+]快捷键，将复制图层移动到最上层。

7 设置图层混合模式

继续在"图层"面板中设置"背景副本"图层的图层混合模式为"叠加"。

8 查看图层混合效果

设置图层混合模式后，在图像窗口中可看到在砖墙上叠加了图案的效果。

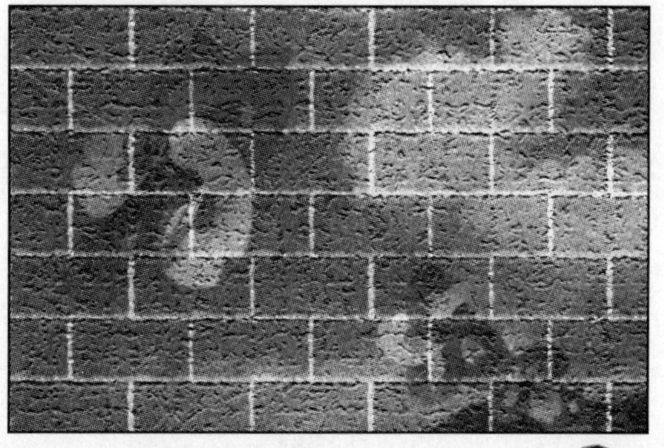

9 停止播放

在“动作”面板中单击“停止播放/记录”按钮，停止记录，可看到在“添加杂色”记录下添加了前面3个步骤的操作记录。

2. 设置播放速度

在对图像进行播放动作前，可利用面板菜单中的“回放选项”来更改动作的播放速度，在“回放选项”对话框中的“性能”选项下可选择“加速”、“逐步”或“暂停”选项来调整播放的速度。

1 选择命令

在“动作”面板中单击右上角的扩展按钮，在打开的菜单中选中“回放选项”命令。

2 查看对话框

在打开的“回放选项”中可看到默认的“性能”为“加速”，即默认快速地播放选中动作。

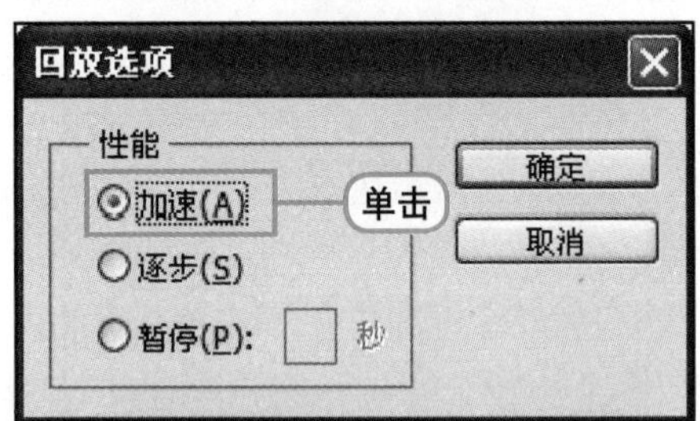

3 设置暂停

单击选择“暂停”选项，后面的文本框也被启用，可设置在播放动作时每个操作之间暂停的时间，以秒为单位，如右图所示。如果选择“逐步”单选按钮，在播放动作的同时在“动作”面板中可看到逐步的播放的动作记录。

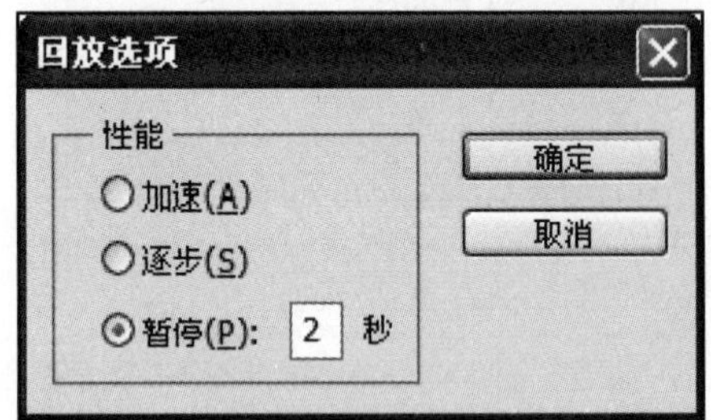

3. 复制动作

在“动作”面板中可通过拖曳选中动作到“创建新动作”按钮上，对动作进行复制，得到一个动作副本。也可在面板菜单中选择“复制”命令，对选中的动作进行复制。

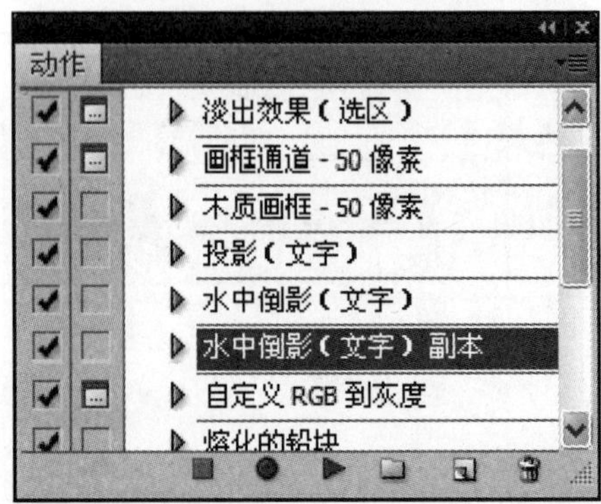

4. 删除动作

在创建动作后，如果不需要其中的某个操作记录时，可选中其中记录后将其拖曳到"删除"按钮上，即可将选中的动作或某个操作记录删除。同样也可在面板菜单中选择"删除"命令，对动作进行删除。

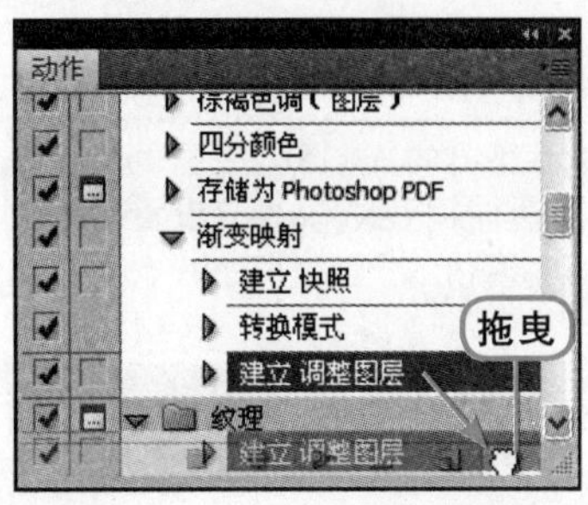

11.2 自动化处理图像

难 度 ★★☆☆☆

利用Photoshop CS5中的自动处理图像功能，可同时对多个图像进行批量处理，并可创建快捷批处理，以及利用Photomerge命令自动拼接多个图像，组合为一个新图像画面。

11.2.1 使用"批处理"命令

利用"批处理"命令可对一个文件夹中的文件运行Photoshop CS5中的动作。执行"文件>自动>批处理"菜单命令，在打开的"批处理"对话框中选择播放的速度、选择批处理源文件，设置批处理后的目标文件等，快速地为多个文件应用同样的操作，具体操作步骤如下。

1 打开素材文件

打开随书光盘\素材\第11章\05 文件夹的所有文件，文件夹中所有的图像以六联在图像窗口排列，其效果如下图所示。

2 选择动作

执行"文件>自动>批处理"菜单命令，在打开的"批处理"对话框中的"播放"选项下，选择"组"为"默认动作"，并在"动作"选项下拉列表中选择"棕褐色调（图层）"动作。

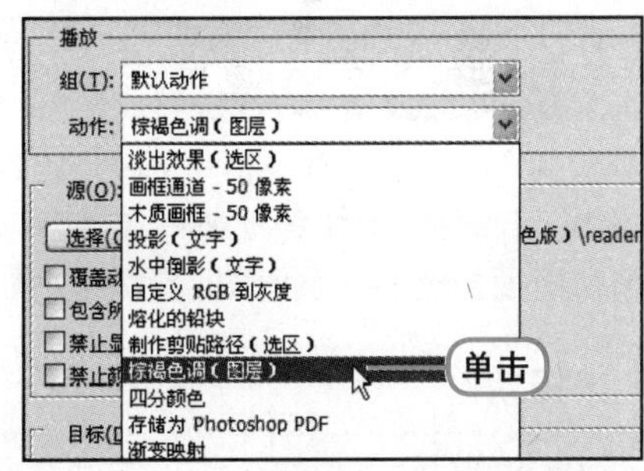

3 设置"源"文件

选择动作后，单击"源"选项后方的下三角按钮，在打开的下拉列表中选择"打开的文件"选项。

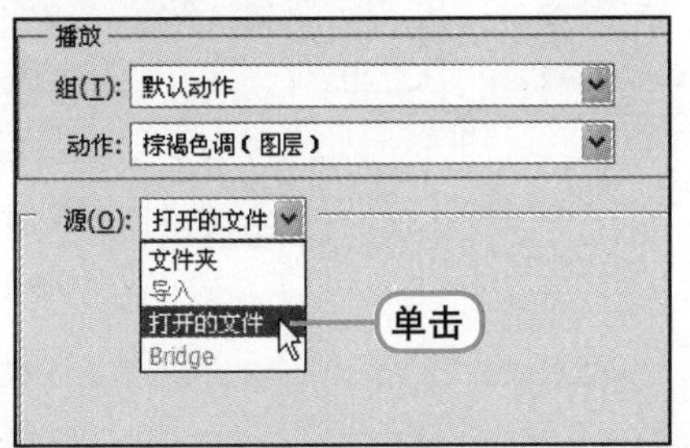

4 设置"目标"选项

在"目标"选项后单击下三角按钮，在打开的下拉列表中选中"文件夹"选项，可看到下面的灰色选项被启用。

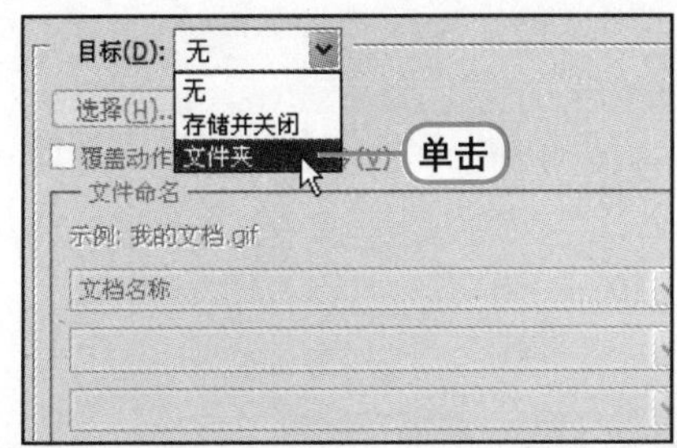

5 选择目标文件夹

单击“目标”下方的“选择”按钮，可打开一个“浏览文件夹”对话框，将目标文件夹设置在光盘文件夹的源文件\第11章\批处理文件夹中，然后单击“确定”按钮。

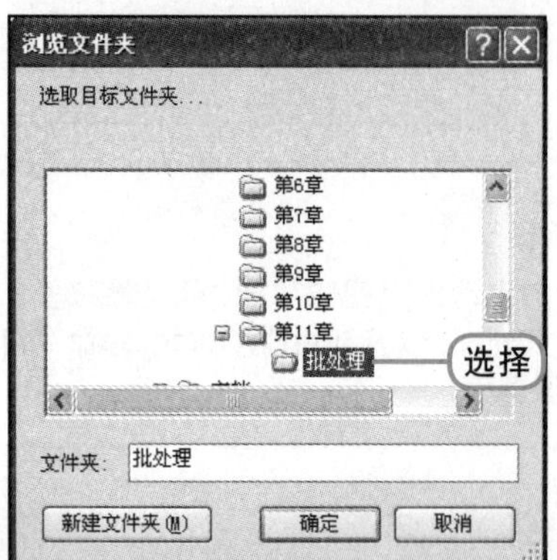

6 批处理图像后的效果

设置完成后，单击“批处理”对话框中的“确定”按钮，即可看到在Photoshop CS5中为打开的多个图像依次应用动作，打开的多个文件处理后的效果如下图所示。

7 查看目标文件夹

在计算机中打开设置的“目标”文件夹，可看到“批处理”文件夹下保存了批处理后的使用文件，并以PDF格式存储了棕褐色调的文件，如右图所示。

11.2.2 创建快捷批处理

创建的“快捷批处理”是一个应用程序，将选择的动作拖曳到快捷批处理图标上的一个或多个图像中，可将创建的快捷批处理存储到计算机的任意位置上，让图像处理更加快捷、方便。利用“创建快捷批处理”对话框来设置快捷批处理，具体操作步骤如下。

1 选择动作

打开Photoshop CS5软件，执行“文件>自动>创建快捷批处理”菜单命令，打开“创建快捷批处理”对话框，在对话框中单击“动作”选项后的下拉按钮，在下拉列表中选择“渐变映射”选项。

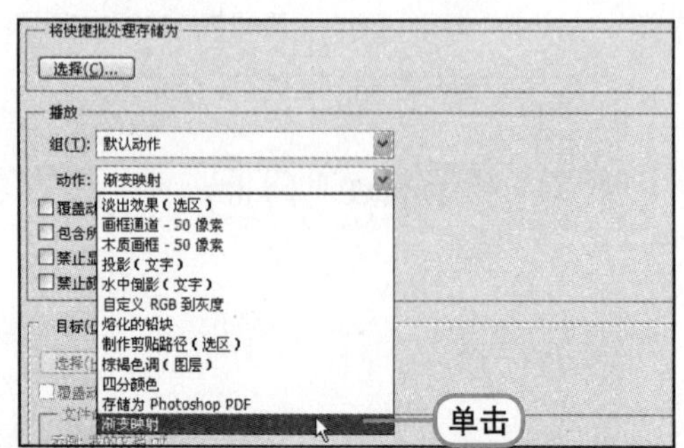

2 单击“选择”按钮

选择动作后，在“目标”选项下拉列表下选择“文件夹”，然后单击“选择”按钮。

3 设置存储位置

在打开的"浏览文件夹"对话框中，选择用于存储快捷批处理输出的文件夹位置。

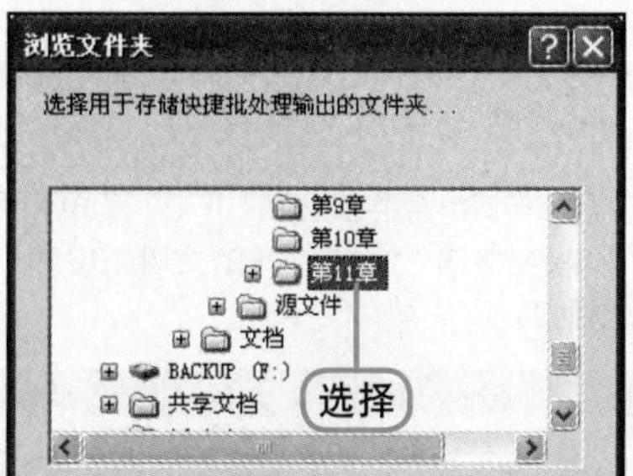

4 存储快捷批处理

设置目标文件夹后，单击"选择"按钮，打开一个"存储"对话框，用于设置创建批处理应用程序的存储位置。

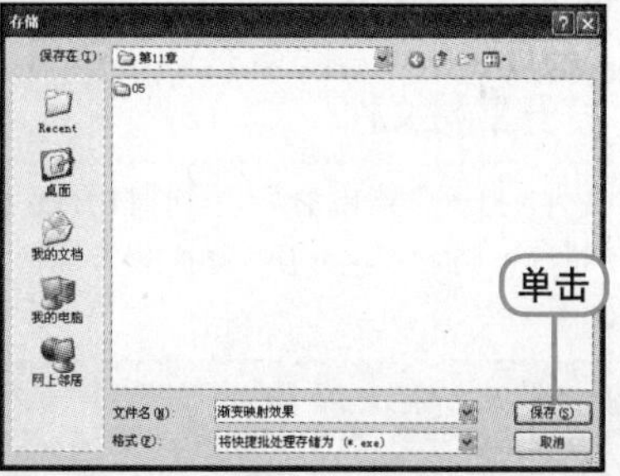

5 查看创建的图标

完成设置后，打开存储了快捷批处理的文件夹，即可查看到名为"渐变映射效果"的快捷批处理图标。

6 拖曳文件至图标

在文件夹中单击选择06.jpg文件，并拖曳到创建批处理图标上。

7 查看应用动作后的效果

释放鼠标后，可看到在Photoshop CS5中打开了随书光盘\素材\第11章\06.jpg素材文件并自动应用设置的动作，应用效果如下图所示。

8 查看快捷批处理后的存储效果

在文件夹中将图像拖曳至快捷批处理图标上后，Photoshop CS5自动为图像添加动作，并将添加动作后的图像保存为拖曳图像的副本。

提示：移动快捷批处理

对创建的快捷批处理应用程序，可对其进行复制，将其粘贴到计算机的其他位置，也可删除快捷批处理。将多个图像文件拖曳至快捷批处理图标上，即可自动对多个图像添加动作。

11.2.3 合并到HDR Pro

利用Photoshop CS5中的"合并到HDR Pro"命令，可从一组不同曝光中选择两个或两个以上的文件，用以合并和创建高动态范围图像。利用"合并到HDR Pro"对话框来选择需要合并的文件，即可自动或手动调节HDR效果，其具体操作步骤如下。

1 打开素材文件

执行"文件>打开"菜单命令，同时打开随书光盘\素材\第11章\07.jpg、08.jpg、09.jpg3个素材文件。

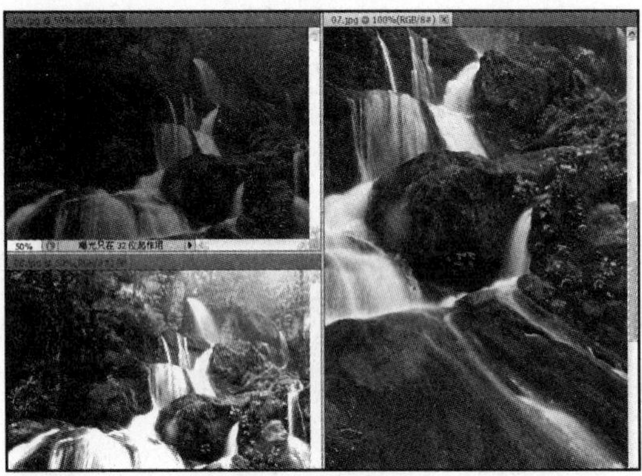

2 在对话框中添加文件

执行"文件>自动>合并到HDR Pro"菜单命令，在打开的对话框中单击"添加打开的文件"按钮，将打开文件添加到对话框中。

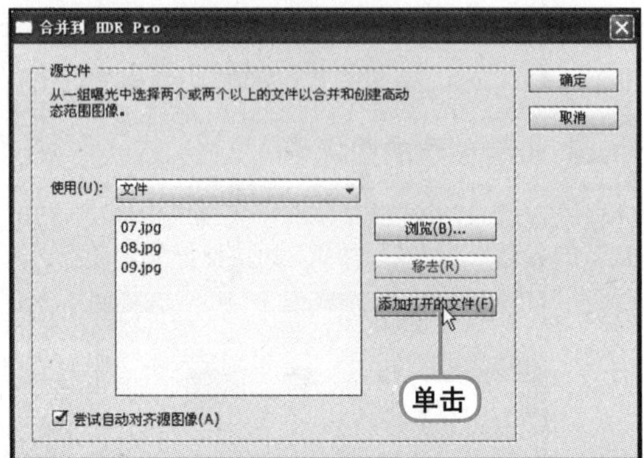

3 手动设置曝光值

确定选择文件后，打开"手动设置曝光值"对话框，在对话框中可对"曝光时间"进行设置，然后单击"确定"按钮，对话框如下图所示。

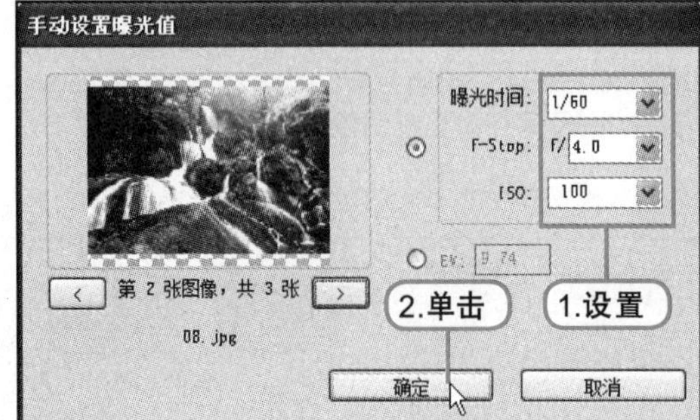

4 选择预设选项

在打开的"合并到HDR Pro"对话框中提供了一系列的设置选项，在预设选项下拉列表中选择"单色艺术效果"。

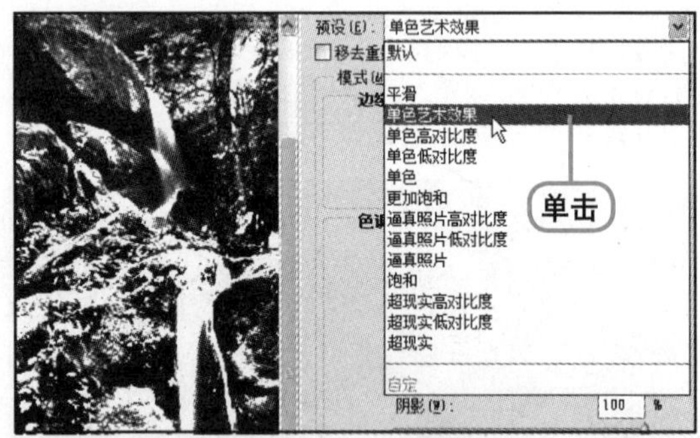

5 查看合并到DHR Pro的效果

确认设置后，在图像窗口中可看到合并的图像自动创建到一个新的文档窗口中，高动态范围图像效果如右图所示。

11.2.4 使用Photomerge命令

使用Photomerge命令可将多种照片进行不同形式的拼接，制作出具有整体效果的全景照片。在Photomerge对话框中的“源文件”下添加多个文件，选择自动、透视、圆柱、球面、拼贴等多种版面方式，对选择的文件进行拼合，具体操作步骤如下。

1 打开素材文件

执行“文件>打开”菜单命令，同时打开随书光盘\素材\第11章\10.jpg、11.jpg、12.jpg3个素材文件。

2 添加文件

执行“文件>自动> Photomerge”菜单命令，在打开的对话框中单击“添加打开的文件”按钮，将打开文件添加到对话框中，勾选“透视”选项。

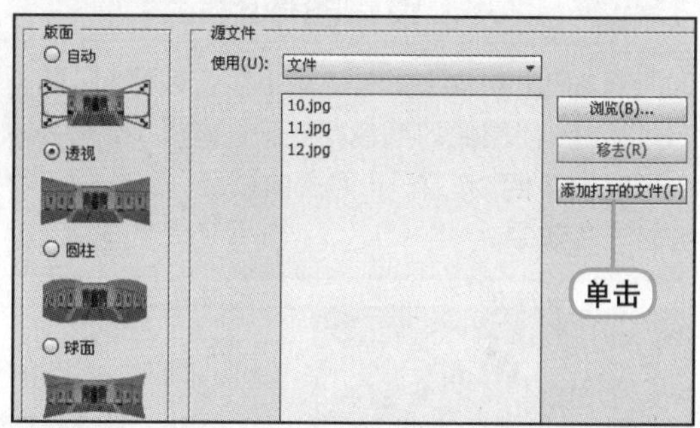

3 拼接图像后的效果

在Photoshop CS5中，软件将自动对选择的素材照片在一个新的文档窗口中进行透视样式的拼合，拼合的出全景风景图像效果如下图所示，拼合照片的边缘部分使用透明图像表示。

4 查看图层信息

在“图层”面板中可查看到拼合图像的图层效果，根据图像之间的相同区域添加图层蒙版来遮盖和显示图像区域。

5 裁剪图像

在工具箱中选择“裁剪工具”，在画面中创建裁剪区域，将边缘透明区域创建在裁剪区域以外，并按下Enter快捷键确定裁剪。

6 提高亮度和对比度

裁剪图像后，在“图层”面板中为图像创建一个“亮度/对比度”调整图层，在打开的设置选项中设置“亮度”为13、“对比度”为24，如右图所示，提高图像整体亮度和对比度。

提示：设置图像的混合

在Photomerge对话框中拼合图像时，勾选“混合图像”复选框，对拼接的照片边缘创建最佳的接缝，使图像的颜色相匹配。选择“晕影去除”复选框可以去除图像边缘较暗的晕影并执行曝光度的补偿。选择“几何扭曲校正”复选框，可用于校正枕形、鱼眼、桶形在拼接全景图像时产生的失真效果。

难 度 ★★★☆☆

11.3 脚本

执行“脚本”菜单命令能够实现另一种自动图像处理，对图像进行拼合、复合图层的导出等图像的自动化设置，用户可以不用自己编写脚本，而是应用Photoshop CS5提供的脚本进行操作。

11.3.1 图像处理器

执行“图像处理器”命令可以转换和处理多个文件，将一组文件中的不同文件以特定的格式、大小或执行同样操作后保存。与“批处理”命令不同的是，不必先创建动作，就可利用“图像处理器”来处理文件，执行“文件>脚本>图像处理器”菜单命令，利用打开的“图像处理器”对话框来选择需要处理的文件、选择文件存储的格式等，具体操作步骤如下。

1 单击“选择文件夹”按钮

运行Photoshop CS5后，执行“文件>脚本>图像处理器”菜单命令，打开“图像处理器”对话框，单击“选择要处理的图像”选项下的“选择文件夹”按钮。

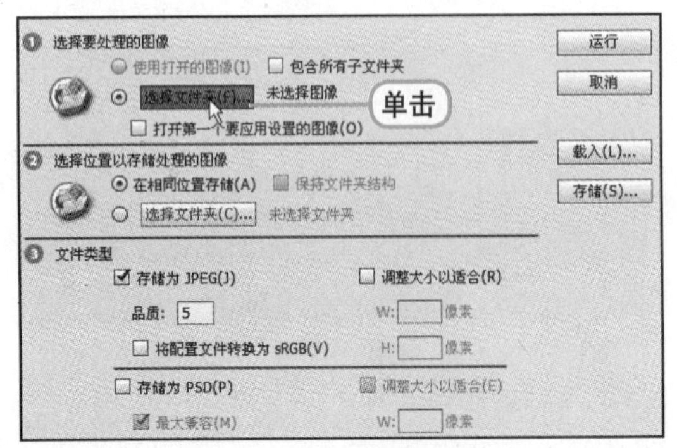

2 选择文件夹

在打开的“选择文件夹”对话框中，选择随书光盘\素材\第11章\05文件夹，如下图所示，然后单击“确定”按钮。

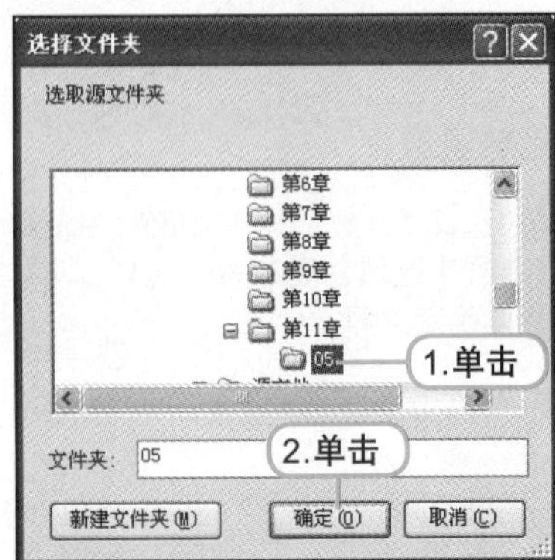

第11章

3 选择文件类型

回到“图像处理器”对话框中的“文件类型”下取消对“存储为JPEG”的勾选，在“存储为TIFF”选项前单击复选框。

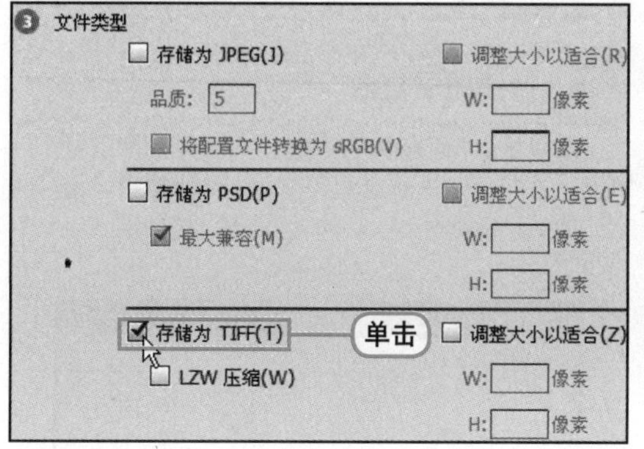

4 查看处理文件

确认设置后，Photoshop CS5中就自动对选择文件夹中的图像进行处理，更改文件格式为TIFF，并存储到计算机中指定的位置下，自动新建一个名称为TIFF的文件夹，如下图所示。

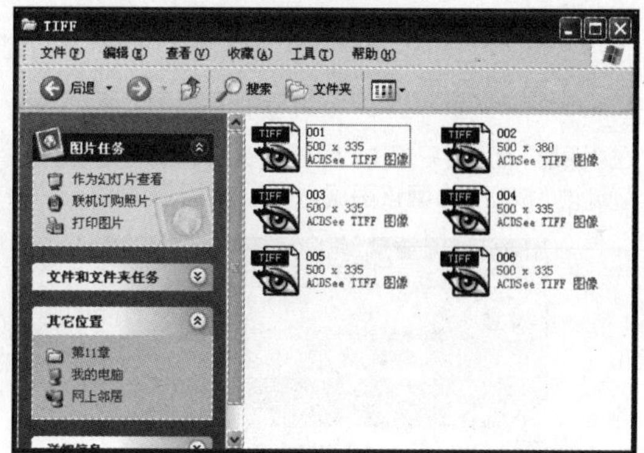

提示：运行动作

“图像处理器”对话框中分为4个设置区域，在“首选项”选项下勾选“运行动作”复选框后，即可启用后面的设置选项，选择动作组和动作。在“版权信息”文本框下还可对文件的版权信息进行设置。

11.3.2 图层复合导出为新文件

在Photoshop CS5中，对于设置了图层复合的图像文件，可将每一个复合的图层创建为一个新的文件，并可设置多种文件格式。创建图层复合是利用“图层复合”面板在Photoshop CS5中创建多个图层复合，然后执行“文件>脚本>图层复合导出到文件”菜单命令，即可将创建的多个图层复合导出为新文件，具体操作步骤如下。

1 打开素材文件

执行“文件>打开”菜单命令，打开随书光盘\素材\第11章\13.psd素材文件，打开文件的效果如下图所示。

2 单击按钮

执行“窗口>图层复合”菜单命令，打开“图层复合”面板，并在面板中单击“创建新的图层复合”按钮。

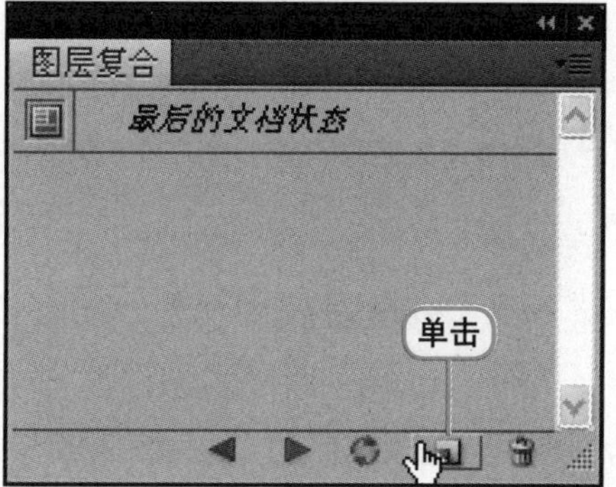

3 设置选项

在打开的"新建图层复合"对话框中，名称被自动设置为"图层复合1"，在"注释"文本框中输入"合成效果"字样，然后确认设置。

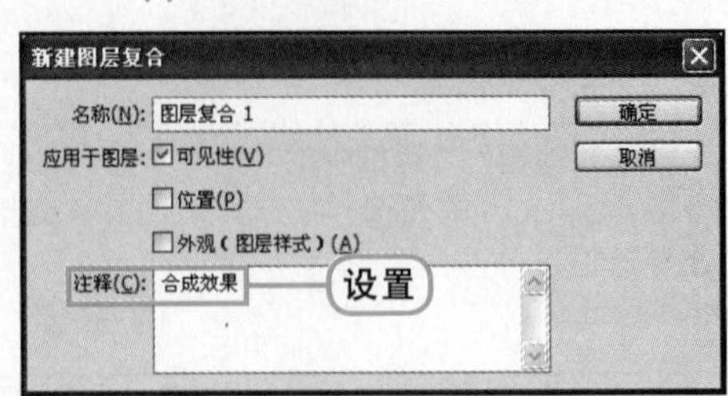

4 隐藏图层

在"图层"面板中，单击"图层1"图层前的"指示图层可见性"按钮，隐藏该图层。

5 新建图层复合

在"图层复合"面板中再次单击"创建新的图层复合"按钮，在打开的"新建图层复合"对话框中设置"注释"为"蓝色背景"。

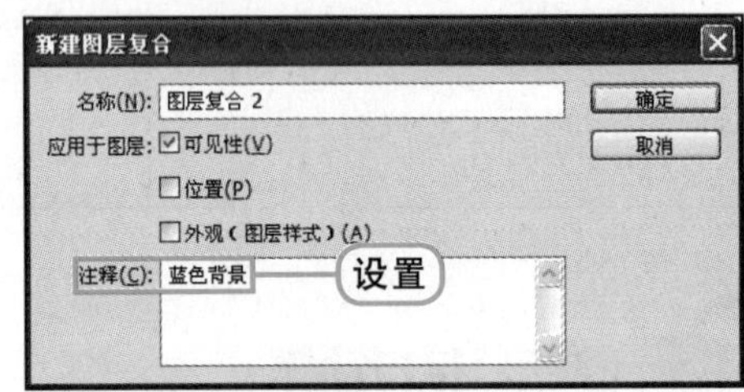

6 隐藏图层

继续在"图层"面板中选择"色相/饱和度1"图层后，在图层前单击"指示图层可见性"按钮，隐藏该图层。

7 新建图层复合

再次新建图层复合，在"新建图层复合"对话框中设置"注释"为"绿色背景"。

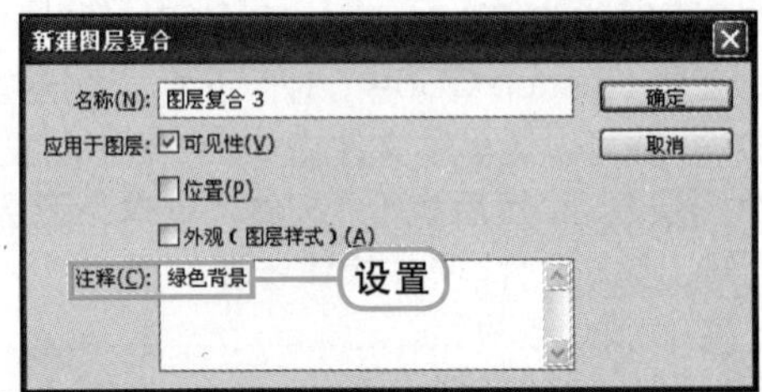

8 查看面板

设置完成后，在"图层复合"面板中可看到创建的三个图层复合。

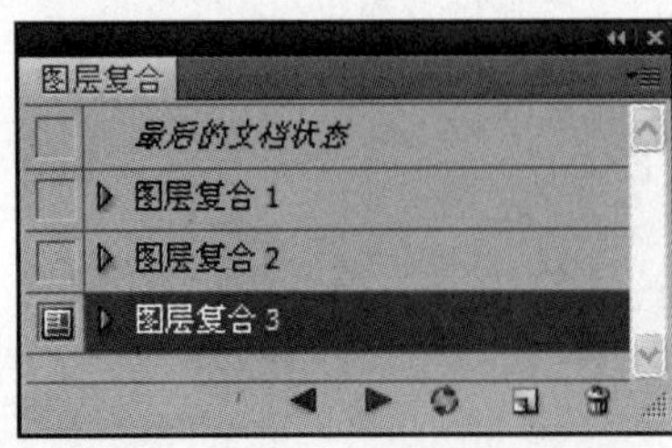

9 选择文件格式

执行"文件>脚本>图层复合导出到文件"菜单命令，在打开的对话框中设置"目标"的位置，在"文件类型"选项下拉列表中单击选择"PDF"，单击"运行"按钮。

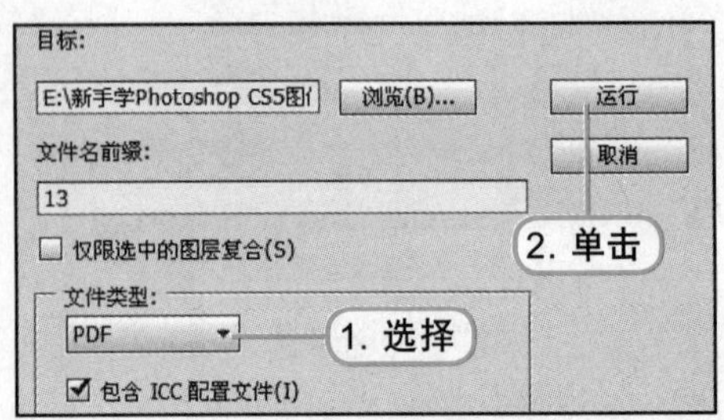

第11章

10 查看导出文件

Photoshop CS5自动运行，将图层复合导出到设定的目标位置中，并打开一个“脚本警告”对话框，提示将图层复合导出到文件成功。在计算机中打开设定的文件夹，可看到3个图层复合导出的PDF格式文件。

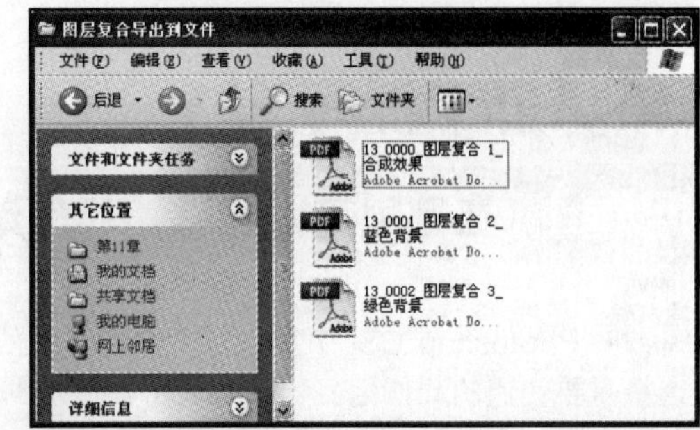

11.3.3 将图层导出到文件

利用“将图层导出到文件”命令可对在Photoshop CS5中处理的PSD文件中的每一个图层新建为不同格式的文件，并存储到指定的位置中。在“将图层导出到文件”对话框中指定导出文件的存储位置，在“文件类型”下选择文件的格式，具体操作步骤如下。

1 打开素材文件

打开随书光盘\素材\第11章\14.psd素材文件，打开文件后在图像窗口中看到花朵图像的效果，并可在“图层”面板中可查看到组成图像的多个图层效果。

2 设置选项

执行“文件>脚本>将图层导出到文件”菜单命令，在打开的“将图层导出到文件”对话框中设置导出文件的存储位置，设置“文件名前缀”为flower，选择“文件类型”为JPEG。

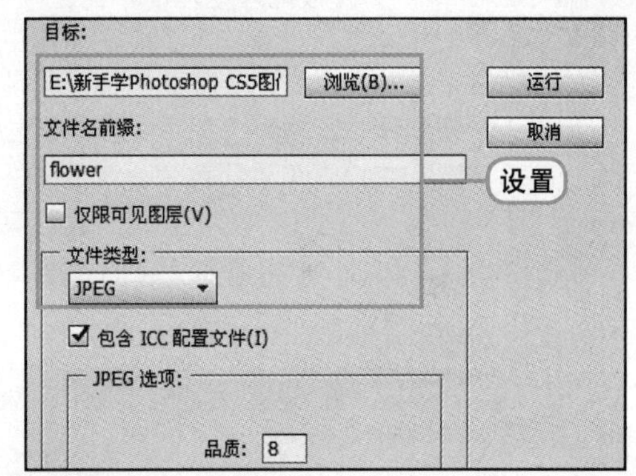

3 确认提示

单击“运行”按钮后，在Photoshop CS5中就会自动将14.psd文件中图像的各个图层导出到指定位置，然后弹出一个“脚本警告”对话框，提示将图层导出到文件成功，此时单击“确定”按钮。

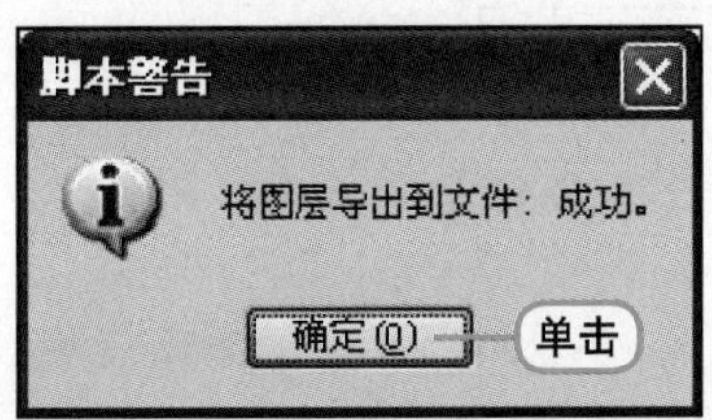

4 查看导出文件

在计算机中打开指定的文件夹中，可看到该文件夹下保存了步骤1中文件图像的每个图层，并以设定的文件名称按顺序命名文件。

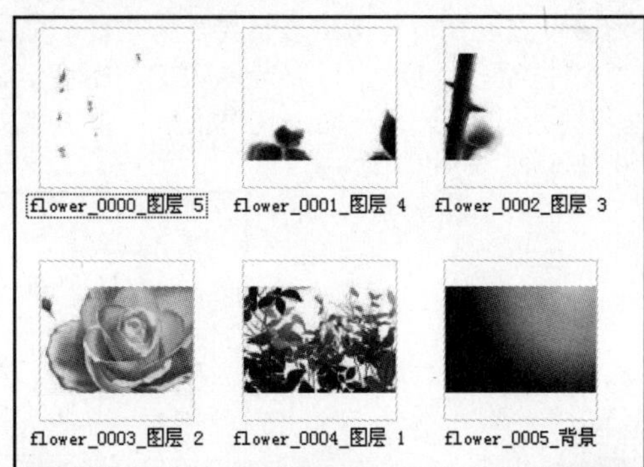

新手提问 123

问题1 在哪里可以查看添加的动作？

答 Photoshop CS5中提供了多种类型的预设动作供用户使用，在“动作”面板菜单中直接选择需要使用的动作组名称，即可将其添加到面板中。单击动作组前方的下三角按钮，即可展开动作组，查看到该组下的动作，如左下图和右下图所示。

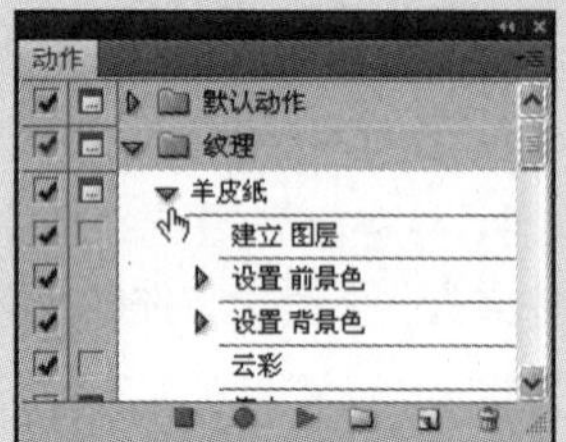

问题2 对于无法记录的动作，应该怎样进行操作？

答 在“动作”面板记录动作时，无法使用绘图工具、调色工具以及执行“视图”和“窗口”菜单下的命令进行记录，为了能在动作中保留这些操作，可以使用“动作”面板菜单命令中的“插入菜单项目”命令，将这些不能记录的操作插入到动作记录中。例如在“动作”面板中创建一个新动作后，执行“视图>显示>网格”菜单命令，则在动作中没有记录下该命令。在面板菜单下选择“插入菜单项目”命令后，打开一个对话框，提示用鼠标选择菜单项，这时执行“视图>显示>网格”菜单命令，可在对话框中看到插入内菜单项为网格，如左下图所示，确定后在“动作”面板中就可看到记录的该操作，如右下图所示。

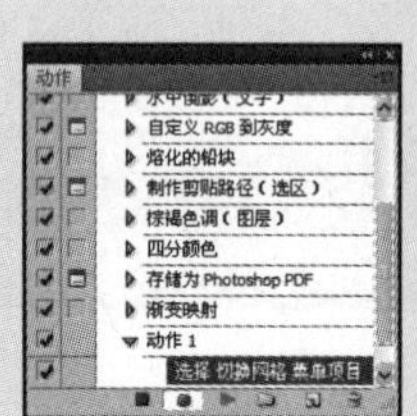

问题3 将图层复合导出为文件时，可以选择哪些文件类型？

答 在利用“将图层复合导出为文件”命令时，利用“将图层复合导出为文件”对话框中的“文件类型”选项，可以选择PSD、BMP、JPEG、PDF、Targa、TIFF和PNG这几种文件类型对图层复合进行存储。在对话框中单击“文件类型”按钮，在下拉列表中可选择这些不同的文件类型，如下图所示。

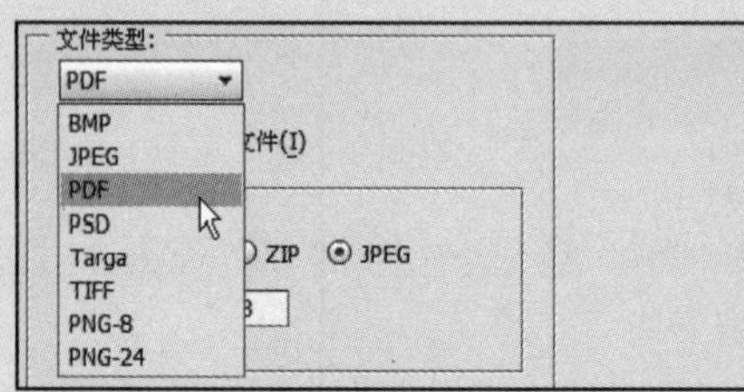

第12章

在使用Photoshop CS5编辑完成精美图像后，还可以利用软件的打印和输出功能来完成对图像最后的处理。对图像的打印是利用“打印”对话框来进行设置，使用“导出”菜单下的命令可以对图像进行不同的输出设置。

打印和输出设置

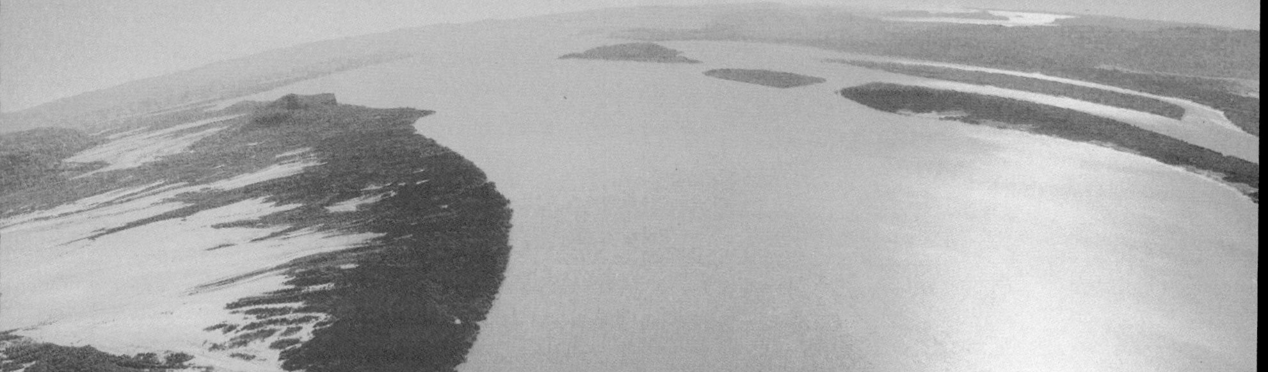

参见随书光盘

- 第12章　打印和输出设置
  - 12.2.1　使用Zoomify命令.swf
  - 12.2.2　将路径导出为Illustrator文件.swf
  - 12.2.3　存储为Web和设备所用格式.swf

难度 ★★☆☆☆

12.1 打印设置

在对图像进行打印前，利用“打印”对话框可对打印的选项进行设置，包括优化打印效果、设置打印的份数、设置页面大小、指定颜色管理等。

12.1.1 使用“打印”命令

利用“打印”命令对图像进行打印设置时，在“打印”对话框中需选择打印设备，再对打印的图像进行调整。可选择对图像进行全部打印或部分打印，能够调整图像打印的位置和缩放比例，以及设置调整打印尺寸、打印份数等，具体操作步骤如下。

1 打开素材文件

执行“文件>打开”菜单命令，打开随书光盘\素材\第12章\01.jpg素材文件。

2 打开“打印”对话框

执行“文件>打印”菜单命令，即可打开“打印”对话框。

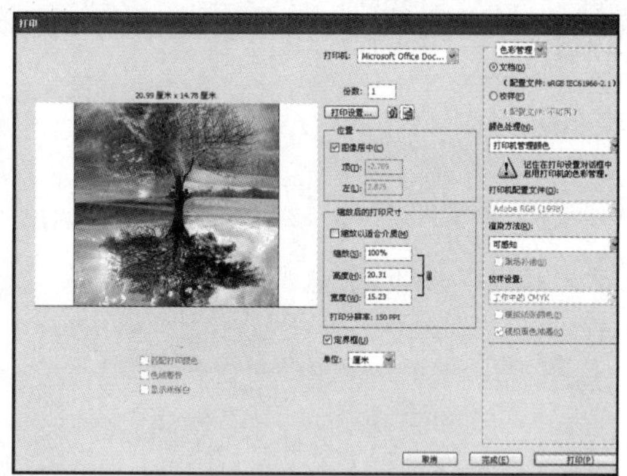

3 更改打印纸张方向

在“打印”对话框中选择计算机连接的打印机，然后单击“纵向打印纸张”按钮，在预览框中可看到打印纸张的方向更改为纵向。

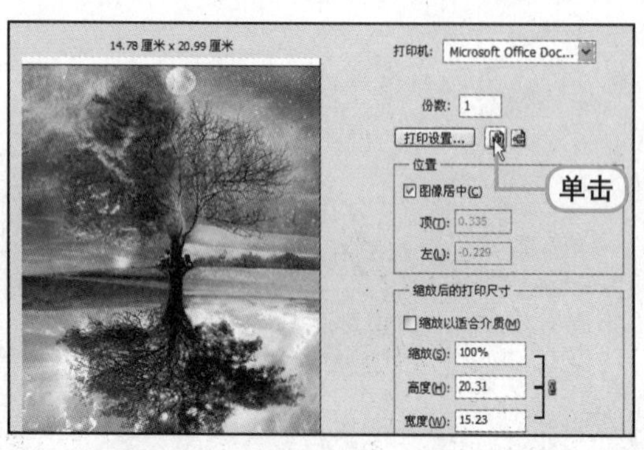

4 设置选项

继续在对话框中设置选项，设置“份数”为4，并勾选“缩放以适合介质”复选框。

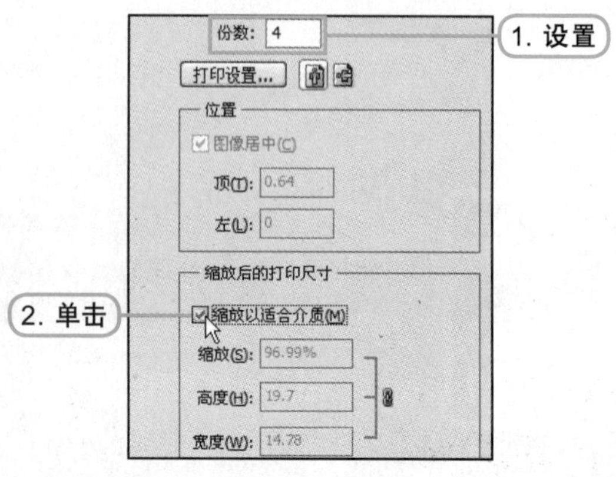

第12章

5 完成设置

在预览框中可看到图像调整到适合纸张的宽度，设置完成后单击“打印”按钮，即可开始在打印机中打印图像。

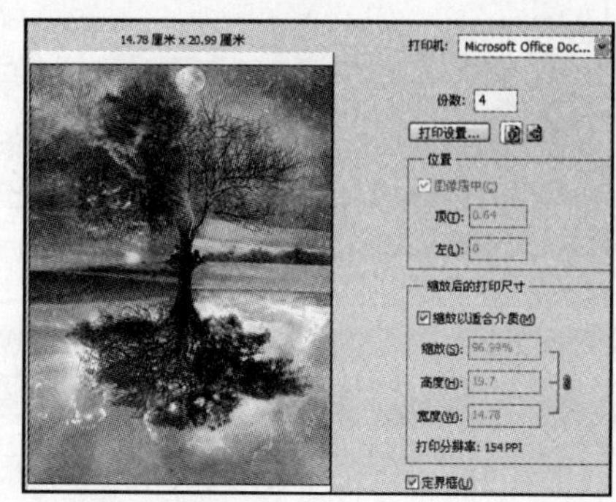

提示：设定边界和出血

在“打印”对话框中，单击右上角的“色彩管理”下三角按钮，在弹出的下拉列表中选择“输出”选项，即可展开“输出”设置选项。在最下方单击“边界”和“出血”按钮，即可打开相应的设置对话框，设置边界和出血的宽度。单击“背景”按钮，在打开的“选择背景色”拾色器中可以任意更改纸张背景的颜色。

12.1.2 打印参数设置

在“打印”对话框中，打印页面的大小为默认的A5大小，如果需要更改页面，那么可以单击“打印设置”按钮，在打开的对话框中对页面的大小进行任意设置，并更改页面的方向，进行“高级”选项的设定，具体操作步骤如下。

1 执行菜单命令，单击“打印设置”按钮

在打开的01.jpg文件中执行“文件>打印”菜单命令后，在打开的“打印”对话框中单击“打印设置”按钮。

2 查看相关信息

在“页面”选项卡下，可以查看到页面的大小和方向。

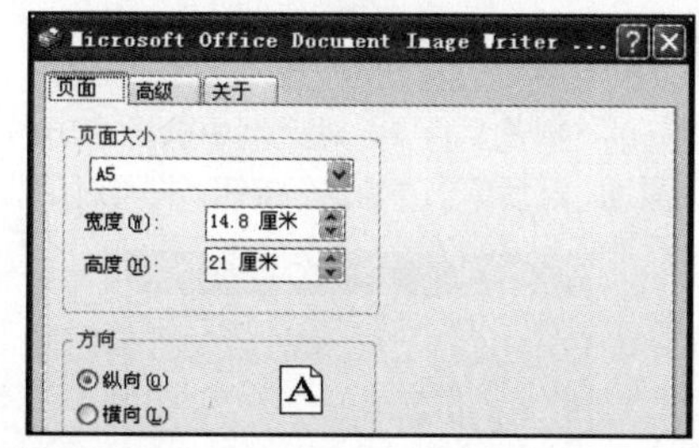

3 选项设置

在“页面大小”下拉列表框中选择“自定义大小”选项，然后在下面的“宽度”和“高度”文本框内输入与图像相同的宽度、高度值。

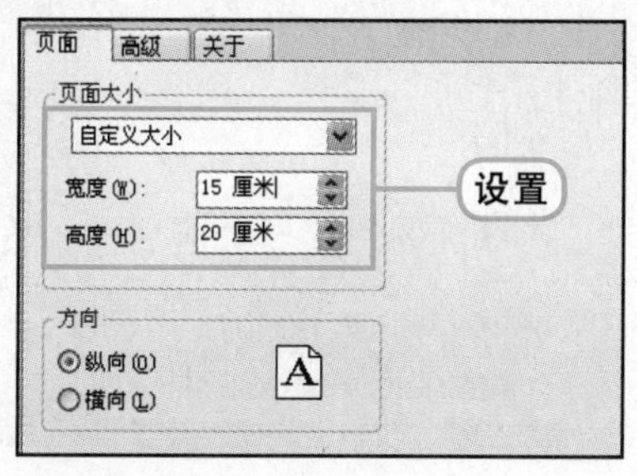

4 初始化安装程序

确认“打印设置”后，回到“打印”对话框中，页面调整到与图像相同的大小，边缘没有多余的空白页面。

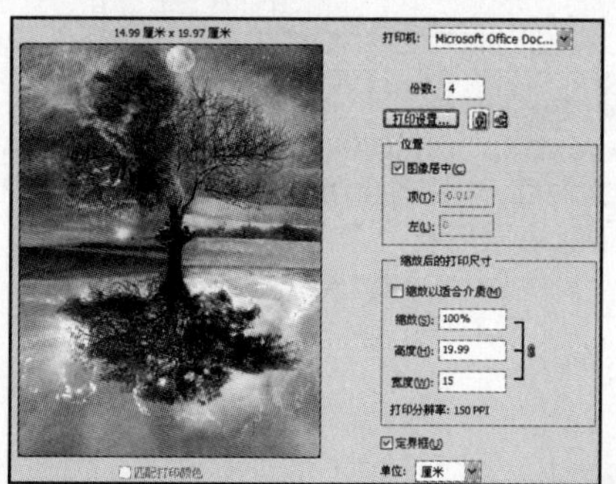

12.2 输出设置

难 度 ★★☆☆☆

在Photoshop CS5中利用“导出”命令可将图像导出为视频文件或将图像中的路径导出为Illustrator文件，可利用Zoomify命令将图像发布到Web服务器中，也可将图像存储为“Web和设备所用格式”。

12.2.1 利用Zoomify命令

利用Zoomify命令可将高分辨率的图像发布到Web上，以便平移和缩放图像，查看到更多的细节。对图像执行“文件>导出>Zoomify”菜单命令，利用打开的对话框设置导出文件的存储位置、名称、品质以及浏览器的大小，确认设置后可在浏览器中打开图像，在浏览器中缩放图像，进行查看，具体操作步骤如下。

1 打开素材文件

执行“文件>打开”菜单命令，打开随书光盘\素材\第12章\02.jpg素材文件。

2 执行菜单命令

执行“文件>导出>Zoomify”菜单命令，在打开的“Zoomify 导出”对话框中单击“输出位置”选项组中的“文件夹”按钮。

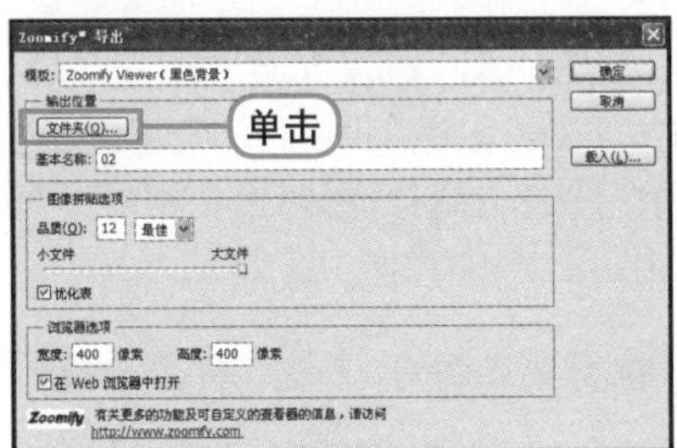

3 选择输出位置

在打开的“浏览文件夹”对话框中选择输出的文件位置为桌面，然后单击“确定”按钮，关闭对话框。

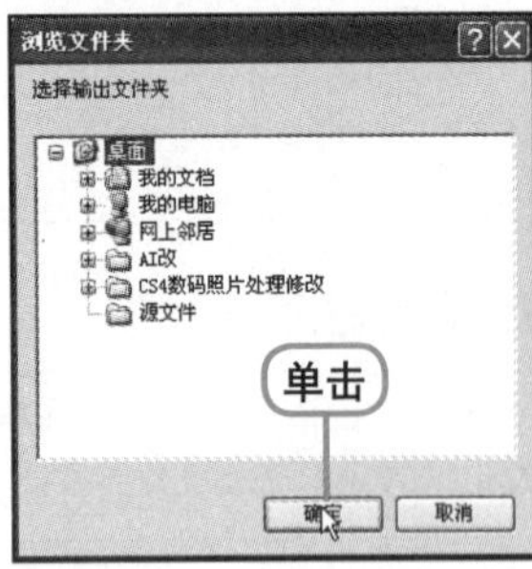

4 设置“品质”参数

回到“Zoomify导出”对话框中，将“品质”设置为“最佳”，然后单击“确定”按钮，Photoshop CS5将自动导出文件。

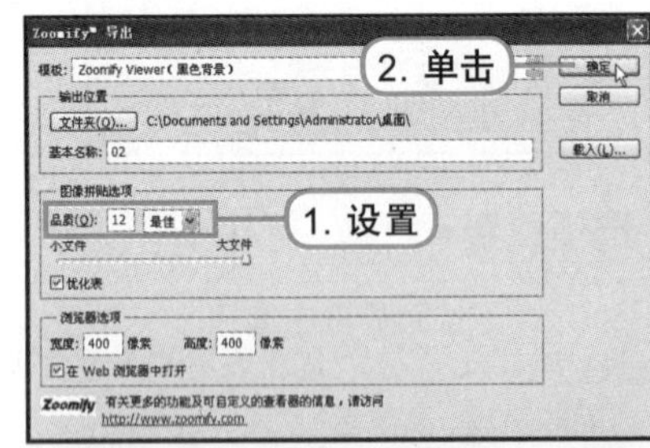

5 显示图像

导出文件后，浏览器自动打开，显示图像。浏览器显示效果如右图所示。

第12章

6 放大显示图像

在图像下方出现一排滑块和按钮，向右拖动滑块，即可放大图像。

7 移动图像显示位置

将鼠标指针放置到图像中，指针变为“抓手工具”样式，单击并拖曳，可移动图像的显示位置。

8 查看图像的其他方式

利用图像下方的上、下、左、右四个方向箭头按钮也可移动图像的显示位置，便于查看图像。

12.2.2 将路径导出为Illustrator文件

利用“导出”菜单下的“路径到Illustrator”命令，可将PSD格式文件下的路径保存为Adobe Illustrator文件格式。在“导出路径到文件”对话框中的“路径”下拉列表框中可选择文件的所有路径或单个路径，确认设置后，即可将路径导出为Illustrator文件，在计算机中找到存储位置后，可看到显示为AI图标的文件。

1 打开素材文件

执行“文件>打开”菜单命令，打开随书光盘\素材\第12章\03.psd素材文件，效果如下图所示。

2 选择路径

执行“文件>导出>路径到Illustrator”菜单命令，打开“导出路径到文件”对话框，设置路径为“所有路径”，然后单击“确定”按钮。

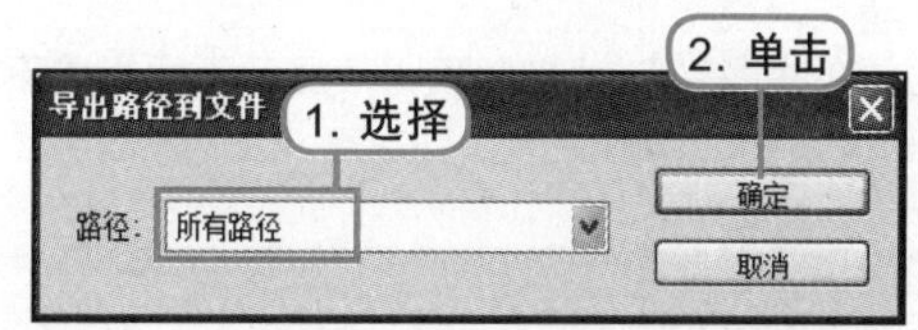

3 选择存储位置

在打开的“选择存储路径的文件名”对话框中可设置文件的存储位置和名称，然后单击“保存”按钮，导出文件完成。

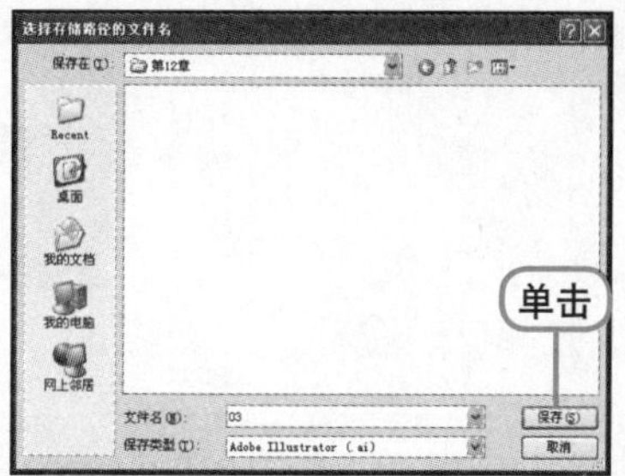

4 查看导出文件

打开导出路径的文件夹，可看到被导出的Illustrator文件以AI图标显示。

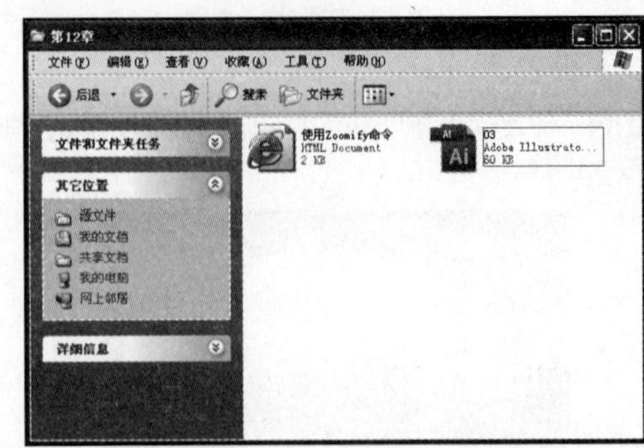

12.2.3 存储为Web和设备所用格式

使用"存储为Web和设备所用格式"命令，可导出和优化Web图像。对图像执行"文件>存储为Web和设备所用格式"菜单命令，在弹出的"存储为Web和设备所用格式"对话框中对图像进行优化设置 。

1 打开素材文件

执行"文件>打开"菜单命令，打开随书光盘\素材\第12章\04.jpg素材文件，效果如下图所示。

2 执行菜单命令，打开对话框

执行"文件>存储为Web和设备所用格式"菜单命令，打开"存储为Web和设备所用格式"对话框。

3 四联预览图像

单击"四联"标签，以四个预览框显示不同格式下的图像效果。

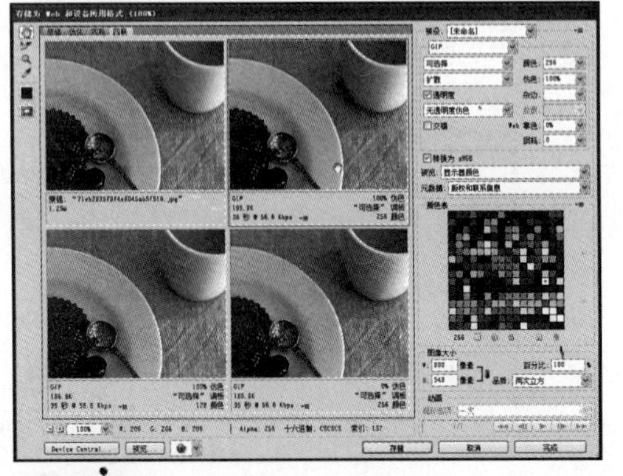

4 设置优化选项

选择右上角的对话框，在右侧的设置项中选择格式为"PNG-8"，并对相应选项进行设置。

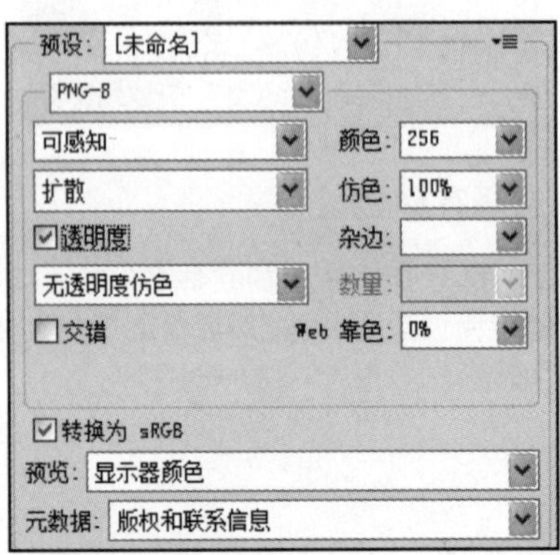

第12章

5 存储颜色表

单击颜色表右侧的扩展按钮，在打开的菜单中选择“存储颜色表”命令，即可打开“存储颜色表”对话框。将该图像所有的颜色信息存储，设置名称后单击“保存”按钮即可。被存储的颜色表可以再次载入使用。

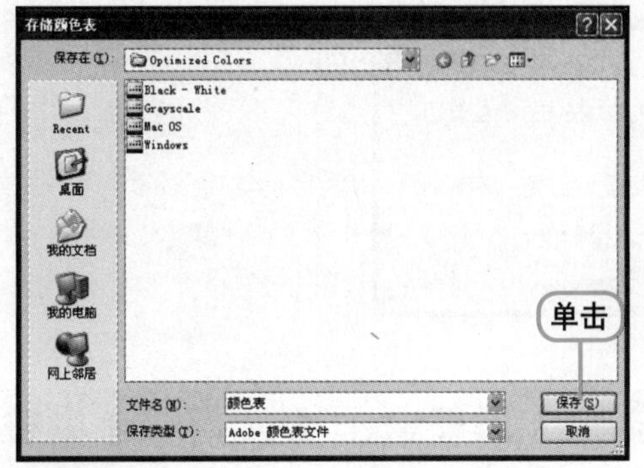

6 用浏览器预览优化结果

回到“存储为Web和设备所用格式”对话框中，单击对话框下方的“在浏览器中预览”按钮，打开浏览器，显示优化后的图像效果，并在图像下方显示图像的所有信息，包括大小、格式、设置等。关闭预览后，回到“存储为Web和设备所用格式”对话框中，单击“存储”按钮，将优化结果保存。

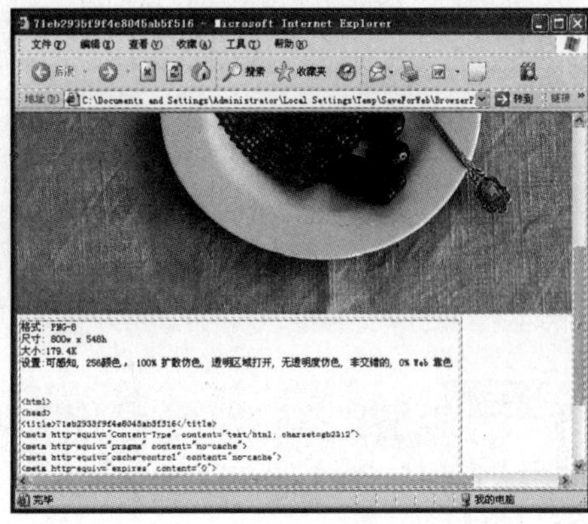

新手提问 123

问题1 打印机都有什么类型，各自有什么优点？

答 打印机可分为激光打印机、喷墨打印机、激光照排机、直接制版机，它们各自发挥其优点，满足用户的不同需求。

1.激光打印机

激光打印机是通过激光源的激光束经声光偏转器调制后，通过多面棱镜对旋转的感光鼓进行扫描，在感光鼓上的光导薄膜层上形成字符或图像的静电潜像。其主要优点是打印速度快，可达20000行/分以上，打印的质量高、噪声小。

2.喷墨打印机

喷墨打印机的基本原理是带电的喷墨雾点经电极偏转后，直接在纸上形成所需字形。其优点是可灵活方便地改变字符尺寸和字体，可采用普通纸、字符和图形，形成过程中无机械磨损、印字能耗小。

3.激光照排机

激光照排机将印前系统制作的版面文字、图像和图形内容精细地扫描到感光胶片上，再将胶片冲洗出来，制版后在印刷机上大量印刷。其优点是文字质量好、输出速度快，版面幅度不受限制。

4.直接制版机

直接制版机将计算机拼组好的页面按照印刷机的型号、折页的要求拼组成大版，通过RIP后直接在印版上成像的设备。它的优点是减少了因为要经过多重步骤而产生的失真率，使生产更加快捷、颜色更加准确。

问题2 什么原因导致打印出来的图像边缘显示不完整？

答 当图像打印超出纸张时，会导致打印出来的图像边缘显示不完整。在“打印”对话框中对图像进行设置后，将图像直接打印时，若页面的图像没有全部显示在打印预览中，系统就会弹出警示对话框，提示图像超出打印页面，如下图所示。此时需要对图像进行裁剪，重新设置后单击“继续”按钮，再对打印机进行选择，即可对图像进行打印。

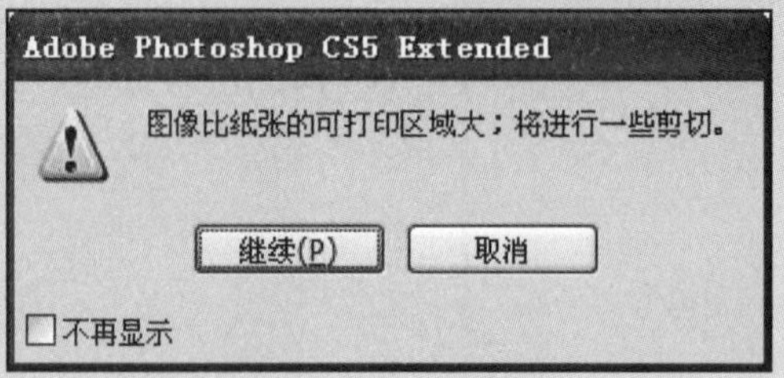

问题3 将绘制的路径导出为Adobe Illustrator文件后，怎样在Illustrator中进行查看？

答 将绘制的路径导出为Illustrator文件后，找到计算机中存储的位置，双击AI文件图标，即可在Adobe Illustrator中打开该文件进行查看，如下图所示。在运行Adobe Illustrator CS5后，执行“文件>打开”菜单命令，选择导出的文件，即可打开查看。还可以在Bridge软件中预览到AI格式下的路径效果。

附录　Photoshop CS5常用快捷键集合

命令名称	所用快捷键
取消操作	Esc
打开工具选项面板	Enter
显示/隐藏选项面板	Shift+Tab
退出Photoshop	Ctrl+Q
获取帮助	F1
剪切选区	F2 / Ctrl+X
复制选区	F3 / Ctrl+C
粘贴选区	F4 / Ctrl+V
显示/隐藏“画笔”面板	F5
显示/隐藏“颜色”面板	F6
显示/隐藏“图层”面板	F7
显示/隐藏“信息”面板	F8
显示/隐藏“动作”面板	F9
显示/隐藏所有命令面板	Tab
抓手工具	H
缩放工具	Z
默认前景色和背景色	D
切换前景色和背景色	X
切换标准模式和快速蒙版模式	Q
切换标准屏幕模式、带有菜单栏的全屏模式、全屏模式	F
用前景色填充所选区域或整个图层	Alt+Delete
用背景色填充所选区域或整个图层	Ctrl+Delete
全部选取	Ctrl+A
反向选择	Shift+Ctrl+I
取消选择	Ctrl+D
选区移动	方向键
将图层转换为选区	Ctrl+单击工作图层
选区以10个像素为单位移动	Shift+方向键

命令名称	所用快捷键
复制选区	Alt+方向键
调整色阶	Ctrl+L
打开“色彩平衡”对话框	Ctrl+B
打开“色相/饱和度”对话框	Ctrl+U
自由变换	Ctrl+T
增大笔头大小	]（右中括号）
减小笔头大小	[（左中括号）
增加画笔硬度	Shift+]（右中括号）
减小画笔硬度	Shift+[（左中括号）
重复使用滤镜	Ctrl+F
移至上一图层	Ctrl+]（右中括号）
排至下一图层	Ctrl+[（左中括号）
移至最前图层	Shift+Ctrl+]（右中括号）
移至最底图层	Shift+Ctrl+[（左中括号）
激活上一图层	Alt+]（右中括号）
激活下一图层	Alt+[（左中括号）
合并可见图层	Shift+Ctrl+E
盖印选中图层	Ctrl+Alt+E
盖印可见图层	Ctrl+Shift+Alt+E
放大视窗	Ctrl+“+”
缩小视窗	Ctrl+“−”
放大局部	Ctrl+空格键+鼠标单击
缩小局部	Alt+空格键+鼠标单击
翻屏查看	Page Up/Page Down
显示或隐藏标尺	Ctrl+R
显示或隐藏虚线	Ctrl+H
显示或隐藏网格	Ctrl+"
打开已有的图像	Ctrl+O
关闭当前图像	Ctrl+W
保存当前图像	Ctrl+S
打印	Ctrl+P
还原/重做前一步操作	Ctrl+Z

读者服务

亲爱的读者：

衷心感谢您购买和阅读了我们的图书。为了给您提供更好的服务，帮助我们改进和完善图书出版，请填写本读者意见调查表，十分感谢。

您可以通过以下方式之一反馈给我们。

① 邮　　寄：北京市朝阳区大屯路风林西奥中心B座20层　中国科学出版集团新世纪书局办公室　收　（邮政编码：100101）

② 电子信箱：ncpress_market@vip.sina.com

我们将从中选出意见中肯的热心读者，赠与您另外一本相关图书。同时，我们将充分考虑您的建议，并尽可能给您满意的答复。谢谢！

读者资料

姓　名：　　性　别：□男 □女　　年　龄：

职　业：　　文化程度：　　电　话：

通信地址：　　电子信箱：

意见调查

书名：《新手学Photoshop CS5图像处理与应用》

◎ 您是如何得知本书的：

□别人推荐　□书店　□出版社图书目录
□杂志、报纸等的介绍（请指明）　□其他（请指明）

◎ 影响您购买本书的因素重要性（请排序）：

(1) 封面封底　(2) 版式装帧　(3) 价格　(4) 前言及目录
(5) 出版社声誉　(6) 作者声誉　(7) 内容的权威性　(8) 内容针对性
(9) 实用性　(10) 书评广告　(11) 讲解的可操作性

对本书的总体评价

◎ 在您选购本书的时候哪一点打动了您，使您购买了这本书而非同类其他书？

◎ 阅读本书之后，您对本书的总体满意度：　□5分　□4分　□3分　□2分　□1分

◎ 本书令您最满意和最不满意的地方是：

关于本书的装帧形式

◎ 您对本书的封面设计及装帧设计的满意度：　□5分　□4分　□3分　□2分　□1分

◎ 您对本书正文版式的满意度：　□5分　□4分　□3分　□2分　□1分

◎ 您对本书的印刷工艺及装订质量的满意度：　□5分　□4分　□3分　□2分　□1分

◎ 您的建议：

关于本书的内容方面

◎ 您对本书整体结构的满意度：　□5分　□4分　□3分　□2分　□1分

◎ 您对本书的实例制作的技术水平或艺术水平的满意度：　□5分　□4分　□3分　□2分　□1分

◎ 您对本书的文字水平和讲解方式的满意度：　□5分　□4分　□3分　□2分　□1分

◎ 您的建议：

读者的阅读习惯调查

◎ 您喜欢阅读的图书类型：　□实例类　□入门类　□提高类　□技巧类　□手册类

◎ 您现在最想买而买不到的是什么书？

特别说明

如果您是学校或者培训班教师，选用了本书作为教材，请在这里注明您对本书作为教材的评价，我们会尽力为您提供更多方便教学的材料，谢谢！